YUNNAN SHENG DAOLU YUNSHU GUANLI JIGOU
QUANLI QINGDAN HE ZEREN QINGDAN SHIYI

云南省道路运输管理机构权力清单和责任清单释义

本书编写组　编

人民交通出版社股份有限公司
China Communications Press Co.,Ltd.

内 容 提 要

本书共分七章，从行政权力清单和责任清单制度的概念入手，分别对道路运输管理行政许可权力清单与责任清单、道路运输管理行政处罚权力清单与责任清单、道路运输管理行政强制权力清单与责任清单、道路运输管理行政检查权力清单与责任清单、道路运输管理行政确认权力清单与责任清单、道路运输管理其他行政权力清单与责任清单进行解析，具有高度的权威性和指导性。

本书适合各级道路运输管理机构工作人员学习参考。

图书在版编目(CIP)数据

云南省道路运输管理机构权力清单和责任清单释义 / 《云南省道路运输管理机构权力清单和责任清单释义》编写组编. — 北京 : 人民交通出版社股份有限公司, 2017.9

ISBN 978-7-114-14067-9

Ⅰ. ①云… Ⅱ. ①云… Ⅲ. ①道路运输—交通运输管理—行政管理—研究—云南 Ⅳ. ①U491

中国版本图书馆 CIP 数据核字(2017)第 191233 号

书　　名：云南省道路运输管理机构权力清单和责任清单释义
著 作 者：本书编写组
责任编辑：姚　旭
出版发行：人民交通出版社股份有限公司
地　　址：(100011)北京市朝阳区安定门外外馆斜街 3 号
网　　址：http://www.ccpress.com.cn
销售电话：(010)59757973
总 经 销：人民交通出版社股份有限公司发行部
经　　销：各地新华书店
印　　刷：北京鑫正大印刷有限公司
开　　本：787×1092　1/16
印　　张：10.75
字　　数：272 千
版　　次：2017 年 9 月　第 1 版
印　　次：2017 年 9 月　第 1 次印刷
书　　号：ISBN 978-7-114-14067-9
定　　价：60.00 元

前　　言

推行地方各级政府工作部门权力清单制度，是党中央、国务院部署的重要改革任务，是国家治理体系和治理能力现代化建设的重要举措，对于深化行政体制改革，建设法治政府、创新政府、廉洁政府具有重要意义。

为贯彻落实深化行政审批制度改革的要求，加快政府职能转变，创新管理方式，推进道路运输行政管理权力运行的公开、透明与规范，云南省道路运输管理局建立了权力清单制度。权力清单制度，以便利行政相对人为宗旨，以服务创新为引领，坚持公开晒权、规范行权、简政放权，努力做到将权力关进制度的“笼子”，让权力在阳光下运行，实现加强对自身约束和接受社会监督的目的。在建立权力清单的同时，云南省道路运输管理局按照权责一致的原则，逐一厘清了与行政职权相对应的责任事项，建立了责任清单。责任清单的建立，使责任主体得以明确，问责机制得到健全，并使道路运输管理机构工作人员严格执行“清单之外无权力，清单之内必须为”，为道路运输管理机构工作人员承担责任和履行义务提供了法律保障。

为使云南省道路运输管理机构工作人员能够更好地学习和掌握道路运输管理的权力清单和责任清单，我们组织编写了《云南省道路运输管理机构权力清单和责任清单》（以下简称《清单》）和《云南省道路运输管理机构权力清单和责任清单释义》（以下简称《释义》），供其在工作中参考。

《清单》共分六章，以清单的形式依次从行政许可类、行政处罚类、行政强制类、行政检查类、行政确认类及行政裁决类对云南省道路运输管理机构的权力与责任进行了详细的解读；《释义》则共分七章，从行政权力清单和责任清单制度的概念入手，分别对道路运输管理行政许可权力清单与责任清单、道路运输管理行政处罚权力清单与责任清单、道路运输管理行政强制权力清单与责任清单、道路运输管理行政检查权力清单与责任清单、道路运输管理行政确认权力清单与责任清单、道路运输管理其他行政权力清单与责任清单进行解析，均具有高度的权威性和指导性。

希望云南省道路运输管理机构工作人员，通过学习《清单》和《释义》，能够有效提高依法行政、依法办事的能力和水平，更好地做好道路运输管理工作。

编者

2017 年 7 月

目 录

第一章　行政权力清单和责任清单制度概论

第一节　行政权力清单和责任清单制度的提出

一、行政权力清单和责任清单制度在我国的发展历程

在法治社会中，权力和责任是一枚硬币的两面。权力意味着责任，没有无责任的权力。权力有多大，责任就有多大；有权必有责，行权必问责。

近年来，党中央和国务院十分重视对行政权力的约束，党和国家领导人多次提出要依法行政，规范权力的行使，"把权力关进制度的笼子里"。地方各级政府，尤其是基层政府及其工作部门承担着繁重的行政管理职能，处在行政权力行使的"一线"，其权力行使的法治化程度，决定了我国国家治理能力现代化的程度和水平。

2015年3月，中共中央办公厅、国务院办公厅联合印发《关于推行地方各级政府工作部门权力清单制度的指导意见》，勾画出推行权力清单制度的目标任务和实现路径。推行权力清单制度，通过建立权力清单和相应的责任清单，明确界定地方各级政府工作部门的职责权限，同时强化权力监督和问责，具有重要的现实意义。

我们所说的权力清单和责任清单是不可分割的，它们实质上都属于权力清单制度的重要内容。

2013年11月12日，由中国共产党第十八届中央委员会第三次全体会议通过的《中共中央关于全面深化改革若干重大问题的决定》指出，要推行地方各级政府及其工作部门权力清单制度，依法公开权力运行流程。2014年10月，中国共产党第十八届中央委员会第四次全体会议通过的《中共中央关于全面推进依法治国若干重大问题的决定》进一步提出，要推行政府权力清单制度，坚决消除权力设租寻租空间。同时，各级政府及其工作部门应依据权力清单，向社会全面公开政府职能、法律依据、实施主体、职责权限、管理流程、监督方式等事项。

在全面依法治国的大背景下，行政权力清单和责任清单制度已成为当下我国法治实践中一个热点问题。因此，梳理一下我国行政权力清单和责任清单制度的发展脉络是很有必要的。

我国推行行政权力清单制度的时间并不长，大体可以分为初始、推动、全面铺开三个阶段。

（一）初始阶段

初始阶段以2004年3月国务院印发《全面推进依法行政实施纲要》（以下简称《纲要》）为标志，主要探索新形势下如何真正推进依法行政。《纲要》确立了法治政府的建设目标，明

确规定了全面推进依法行政的指导思想和具体目标、基本原则、要求、主要任务和措施，是进一步推进我国社会主义政治文明建设的重要政策性文件。

我国行政执法领域存在诸多问题，如有法不依、执法不严、违法不究现象时有发生，人民群众反应比较强烈；对行政行为的监督制约机制不够健全，一些违法或者不当的行政行为得不到及时、有效的制止或者纠正，行政管理相对人的合法权益受到损害得不到及时救济；一些行政机关工作人员依法行政的观念还比较淡薄，依法行政的能力和水平有待进一步提高等，这些问题在一定程度上损害了人民群众的利益和政府的形象，阻碍了经济社会的全面发展。因此，要解决这些问题，适应全面建设小康社会的新形势和依法治国的进程，必须全面推进依法行政，建设法治政府。

《纲要》就此提出依法行政的基本要求，即合法行政、合理行政、程序正当、高效便民、诚实守信、权责统一。其中最为关键的要求便是合法行政、程序正当和权责统一，而关键中的关键又在于明晰权力边界，梳理出各项权力的条目，对越过边界行权的行为要问责。

《纲要》出台后，陆续有地方政府探索以公布其“权力清单”或“执法清单”的方式来规范行政执法。邯郸市政府于2005年8月推进“行政权力公开透明运行”试点工作，把市长的93项法定权力以及所属57个行政部门初步清理出的2084项权力向社会公开。这也被称为我国首份市长权力清单，其最初的设计目的是为了使行政权力公开透明运行，遏制滥用权力、以权谋私等腐败行为。同年9月，郑州市政府公布了《郑州市行政机关执法职责综览》，对46个行政机关的执法权力逐项梳理，列出具有行政执法主体资格的单位118个，共4122项具体行政行为，其中行政许可257项，行政处罚3291项，行政强制175项，行政确认19项，行政给付6项，行政征收77项，行政裁决4项，备案登记等其他具体行政行为293项。地方政府在实践中的这些探索，虽然某些方面还流于形式，甚至有些“粗线条”，但这些有益的尝试为进一步推行行政权力清单制度积累了经验。

（二）推动阶段

推动阶段以2008年5月1日《中华人民共和国政府信息公开条例》（以下简称《条例》）的实施为标志。该条例的实施是我国信息化进程中的一件大事，它显示出我国打造“阳光政府”的信心和决心。《条例》的颁布实施，是全面推进依法行政、加快建设法治政府迈出的重要一步，是贯彻落实国务院《纲要》的一项重要基础工程。行政公开是建设法治政府的前提，对于《纲要》提出的“行政机关要公开行使职能的依据，要公开除涉及国家秘密、商业秘密、个人隐私以外的有关行政信息，要公开行政决定，且公布的信息应当全面、准确、真实”等要求，《条例》将其具体化、法制化。

推行政府信息公开，是提高科学执政、民主执政、依法执政能力和水平，构建社会主义和谐社会的必然要求；是推进社会主义民主，建设法治政府的重要举措；是建立行为规范、运转协调、公正透明、廉洁高效的行政管理体制的重要内容。全国政务公开领导小组把推进行政权力公开透明运行作为深化政务公开的关键措施，重点加以推动。

《条例》颁布实施后，各地方政府及时跟进。2008年6月，江苏省政府办公厅下发了《关于开展行政权力网上公开透明运行工作的意见》（苏政办发〔2008〕50号），《关于行政权力网上公开透明运行信息系统建设的实施方案》（苏政公开办〔2008〕8号），2010年1月，江苏省行政权力网上公开透明运行系统正式开通运行。根据《江苏省行政权力网上公开透明运

行管理暂行办法》(苏政办发〔2010〕140 号)第十三条规定,实施主体要按照法律、法规、规章、规范性文件和“三定”规定的有关要求,组织开展行政权力清理,编制行政权力基本信息、外部流程图、内部流程图和行政处罚裁量基准。山东、河北、浙江等省(自治区、直辖市)也都制定了相关意见和方案。

2010 年,中国共产党中央纪律检查委员会、中国共产党中央委员会组织部印发了《关于开展县委权力公开透明运行试点工作的意见》(以下简称《意见》)。《意见》提出,要按照党内有关法规文件,明确划分县党代会、县委全委会、县委常委会及其各会成员,明确县委各职能部门的职责和权限,编制职权目录,编制并公布决策、执行、监督等权力运行流程。

2010 年 11 月,《国务院关于加强法治政府建设的意见》发布实施,这是继 2004 年 3 月国务院发布《纲要》后,加强法治政府建设、规范行政权力运行的又一重大举措。其总体要求为可以概括为:深入贯彻科学发展观,认真落实依法治国基本方略,以建设法治政府为奋斗目标,以事关依法行政全局的体制机制创新为突破口,以增强领导干部依法行政的意识和能力、提高制度建设质量、规范行政权力运行、保证法律法规严格执行为着力点,全面推进依法行政,不断提高政府公信力和执行力,为保障经济又好又快发展和社会和谐稳定发挥更大的作用。同时,在行政权力行使方面作出具体要求。一方面要加强对行政法规、规章和规范性文件的清理,坚持立“新法”与改“旧法”并重。对不符合经济社会发展要求,与上位法相抵触、不一致,或者相互之间不协调的行政法规、规章和规范性文件,要及时修改或者废止。建立规章和规范性文件定期清理制度,对规章一般每隔 5 年、规范性文件一般每隔 2 年清理一次,清理结果要向社会公布。另一方面,要把公开透明作为政府工作的基本制度,拓宽办事公开领域。所有面向社会服务的政府部门都要全面推进办事公开制度,依法公开办事依据、条件、要求、过程和结果,充分告知办事项目有关信息。要规范和监督公共企事业单位的办事公开工作,重点公开岗位职责、服务承诺、收费项目、工作规范、办事纪律、监督渠道等内容,为人民群众生产生活提供优质、高效、便利的服务。

2013 年,中央部署在新一轮地方政府职能转变和机构改革工作中明确提出“梳理各级政府部门的行政职权,公布权责清单,规范行政裁量权,明确责任主体和权力运行流程,严格按照法定权限和程序履行职责”。这是我国明确推行权力清单制度的肇始。

(三)全面铺开阶段

全面铺开阶段以 2013 年 11 月《中共中央关于全面深化改革若干重大问题的决定》的公布为标志。随着中央高层释放的深化行政执法体制改革的信号越来越明晰,更多的中央政府部门、地方政府及其工作部门参与到行政权力清单的梳理工作中来。

2014 年 2 月,国务院办公厅下发的《关于公开国务院各部门行政审批事项等相关工作的通知》要求,各部门在通知印发后 10 日内在本部门门户网站公开本部门目前保留的行政审批事项,包括:项目编码、审批部门、项目名称、设定依据、审批对象,以及收集社会各界对进一步取消和下放行政审批项目意见的具体方式等。2014 年 3 月,国务院审改办在中国机构编制网公开了国务院各部门行政审批事项汇总列表,涉及国务院 60 个部门正在实施的行政审批事项共 1235 项。以《国务院各部门行政审批事项汇总清单》中“编号 01001”的一份具体权力清单为例,该行政审批事项记载了项目名称为“境内外资银行外债借款规模审批”,审批类别为“行政许可”,无子项,审批部门为“国家发展和改革委员会”,无其他共同审批部门，审批对象为企业，设定依据为《国务院对确需保留的行政审批项目设定行政许可的决定》第6项与《境内外资银行外债管理办法》（国家发展改革委、中国人民银行、银监会令第9号）第5条，无备注。这也为地方政府及其工作部门设定权力清单树立了样板。

2014年6月，上海市发展改革委员会公布了2014年权力清单，共有41项权力事项纳入清单，其中行政审批事项24项，政府定价事项17项。上海市发展改革委员会主要探索了从梳理权力—确认权力—优化权力运行流程的权力清单制度建设模式，并将权力清单制度和网上办事、项目审查、行政审批标准化管理相结合，建立权力清单动态调整机制作为进一步推进权力清单制度的工作重点。2014年10月，上海市杨浦区2014年版行政权力目录开始在其机构编制网上线公开，杨浦区成为上海全市首个"晒"出政府行政权力目录的区县。杨浦区将推行权力清单制度分为全面清权、优化确权、阳光晒权和监督制权等阶段。2014年首次分批公布的行政权力目录中共有行政权力4407项，其中审批514项、处罚3586项、征收8项、强制105项、确认26项、裁决3项、给付95项、其他70项。

2014年10月，浙江省政府在公布权力清单的基础上，还公布了所属工作部门的"责任清单"，包括：43个部门主要职责543项，细化具体工作事项3941项，涉及部门边界划分事项165项，编写案例165个，建立健全事中事后监管制度555项，公共服务事项405项。

2014年12月，中央机构编制委员会办公室公布了《国务院各部门行政审批项目汇总清单》，涉及国务院60个部门正在实施的行政审批事项共1235项。国务院要求，各部门将不得在清单之外实施行政审批。与此同时，江苏、山东等部分省（自治区、直辖市）政府权力清单制度已经公布施行。

2015年3月，李克强在《政府工作报告》中承诺，制定市场准入负面清单，公布省级政府权力清单、责任清单，切实做到"法无授权不可为、法定职责必须为"。同月，中共中央办公厅、国务院办公厅印发了《关于推行地方各级政府工作部门权力清单制度的指导意见》（以下简称《指导意见》），要求将地方各级政府工作部门行使的各项行政职权及其依据、行使主体、运行流程、对应的责任等，以清单形式明确列示出来，向社会公布，接受社会监督。

《指导意见》要求地方各级政府对其工作部门经过确认保留的行政职权，除保密事项外，要以清单形式将每项职权的名称、编码、类型、依据、行使主体、流程图和监督方式等，及时在政府网站等载体公布。垂直管理部门设在地方的具有行政职权的机构，其权力清单由其上级部门进行合法性、合理性和必要性审核确认，并在本机构业务办理窗口、上级部门网站等载体公布。权力清单公布后，要根据法律法规"立""改""废""释"情况、机构和职能调整情况等，及时调整权力清单，并向社会公布。对权力清单未明确但应由政府管理的事项，政府部门要切实负起责任，需列入权力清单的，按程序办理，建立权力清单的动态调整和长效管理机制。

在建立权力清单的同时，还应按照权责一致的原则，逐一厘清与行政职权相对应的责任事项，建立责任清单，明确责任主体，健全问责机制。已经建立权力清单的，要加快建立责任清单；尚未建立权力清单的，要把建立责任清单作为一项重要改革内容，与权力清单一并推进。

权力清单公布后，地方各级政府工作部门、依法承担行政职能的事业单位、垂直管理部门设在地方的具有行政职权的机构等，都应严格按照权力清单行使职权，切实维护权力清单

的严肃性、规范性和权威性。要大力推进行政职权网上运行,加大公开透明力度,建立有效的权力运行监督机制。对不按权力清单履行职权的单位和人员,依纪依法追究责任。

2015 年 4 月,上海市浦东新区公布了区级政府部门的权力清单和责任清单,将行政权力分为行政审批、行政处罚、行政强制等 18 类,权力清单的依据是法律、行政法规、部门规章、市政府规章以及浦东新区综合配套改革文件。权力清单将行政责任分为部门主要职责、行政协同责任、事中事后监管制度、重点行业重点领域监管措施、公共服务导航等 5 个模块。在共计 6456 项权力事项中,行政处罚 5234 项,占 81%;行政强制 256 项,占 4%;行政审批 251 项,占 4%;其他各项权力 715 项,占 11%。责任清单共计 1423 项,主要职责 513 项,行政协同责任 125 项,事中事后监管制度 158 项,重点行业重点领域监管措施 89 项,公共服务导航 538 项。

二、行政权力清单与责任清单相关概念

(一)行政权力的概念

对"行政权力"的界定,主要有两种解释,一是认为行政权力即国家行政机关执行法律、法规、政策的权力,单指行政机关的执行权。二是认为行政权力即国家行政机关享有的权力,除行政执法权外,还享有行政立法权等权力。这里所说的行政权力,是指较为狭义的行政执法权,不包括行政立法权等权力。

(1)行政权力具有单方意志性。行政权力是行政机关或有权机关通过单方意志改变行政相对人的行为,而被支配的行政相对人一方无权以自己的意志从事任何愿意从事的行为,即行政相对人在权力关系中处于被动,主要表现是其意志与行为的分离,即无法用自己的意志力支配自身的行为,其行为是主动方意志力的表现。行政权力是国家行政机关的意志力对行政相对人行为的支配,而行政相对人只有服从的义务。当然,这种命令与服从的关系存在于一定的行为规则之中,这种规则或是正式的法律文本,或是具有法律性质的行政文本。例如,《中华人民共和国宪法》(以下简称《宪法》)第八十九条关于国务院权力的规定就使国务院的权力基本上以行政法规的形式出现。同时,行政权力在运行过程中是受法律规则限制的,正是一系列行为规则的存在,使行政权力的运行受到约束,以免因其率性而为侵害公民和法人的正当权益。

(2)行政权力的行使主体和行使权限具有法定性。首先应明确的是,权力行使主体与权力关系主体性质不同。权力关系主体既包括了权力行使者又包括权力承受者,权力行使主体则仅指权力行使者。主体的法定性,是说权力行使者的资格必须通过国家宪法或者行政法赋予才能取得。我国行政系统中的诸多行政机构都有行政机关的名分,但其并不行使行政权,因此,某一机构是否能够行使行政权并不能以该机构的性质一概而论。在行政系统中管理内务的行政机构就是这样,其有行政机关之名但无行政机关之实。还有一种情况,即一些组织本不是行政机关,但由于某些特殊原因却行使国家权力,如行政法中的授权机构。例如,《中华人民共和国铁路法》(以下简称《铁路法》)就将有关铁路行政权的权力法定化于铁路运输企业之中。这些企业虽没有行政机关之名,但都有行使行政权之实。

在行政权力的权限方面也有严格的法律规定,不能越权行使,与此相对应的是行政权力越权无效原则。所谓越权无效,是指行政主体在行政权力行使中一旦超出了自己所行使的

法定职权范围,不论这种权力行使是正确还是错误,不论这种权力是否给行政相对人带来益处,都不发生法律效力,更不能得到法律的保护。此外,行政越权还包括行政权行使立法权或司法权的情形。而行政权在行政系统内部亦有诸多属于越权的情形,如行政权超越职能权限、行政权超越层级权限、行政权超越部门权限等。行政权超越了法定幅度、超越了行政主体的行为类型、超越了行政主体的行为方式等都以行政越权论处。越权无效中的“无效”是行政主体行使的某些权力被宣告为无效,作为无效的权力行使不能对行政相对人产生法律效力。同时,宣告某种权力无效的过程实质上是相关主体对行政主体进行制约的过程。《中华人民共和国行政诉讼法》(以下简称《行政诉讼法》)和《中华人民共和国行政复议法》(以下简称《行政复议法》)都规定“行政主体的行政行为超越职权将被审判机关和复议机关予以撤销。”

(3)行政权力行使产生相应的行政拘束力。行政权力的行使会产生相应的法律效果,对行政权法律后果的分析大多反映在行政权行使的拘束力、强制力、公定力、确定力等方面。一个行政权力行使以后,对行政权力行使主体、行政权力承受对象和行政权力中的第三人都会产生拘束力、强制力、公定力和确定力等。行政权力一旦作出,首先受到约束的是行政相对人,对其产生强制力和拘束力,这种拘束力所体现的是行政主体意志的法律化;其次要对行政主体本身产生约束力,行政法上行政权力对行政主体的效力主要体现于确定力方面,即行政权力在作出以后就宣告了该主体在法律上的一种确定状态,该确定状态不允许行政主体随意改变与权力行使相关的行政事项,进而也构成行政相对人对行政主体后续行为的正当期待;再次,行政权力对第三人产生效力,该效力体现于公定力方面,就是行政权力行使以后设立了一个权利义务关系或确立了一个秩序,其他社会公众必须认同行政权力所设立的秩序。

(二)行政权力清单、责任清单的概念

从字面上来看,行政权力清单、责任清单就是“详细记载有关行政权力和相应法律责任的纸”。一般而言,权力清单、责任清单中应包含以下内容:一是项目名称,代表某项具体的行政权力;二是项目类别,代表行使该项行政权力指向的某类具体行政行为;三是实施主体与实施对象,代表行政主体与行政相对人;四是设定依据,代表行政权力的合法性来源;五是实施程序、实施基准等事项;六是违反法定职责的情形;七是违反法定职责应负的法律责任等。

权力清单、责任清单制度是通过对行政权力行使中的具体类型进行列举或者概括,使特定行政主体所行使的行政权力和相关法律责任反映在一个具有细目的清单之上,使这个清单能够为行政主体权力的行使提供依据,并能够通过该清单对行政主体的行为进行约束,在行政主体履职违法时按清单所列承担相应的责任。权力清单则是通过正式的规范文本或者是非正式的内部文本,对行政系统的行政权力予以明确列举,并成为依据的行政法文件或者不具有行政法效力的相关文本。

简而言之,行政权力清单、责任清单是指将行政主体的行政权力及其相应法律责任,运用行政法手段对其类型加以列举、概括的具体文本。

三、制定行政权力清单与责任清单应贯彻的主要原则

权力清单、责任清单的梳理和制定,需要遵循以下原则:

(1)权责法定原则。“法无授权即禁止”,对政府而言,权力依法设定是一项基本原则,它是法治政府的题中要义。凡是法律没有规定的,政府就不得为之,更不能在法律之外设权、用权。权力来源于人民,人民通过法律将权力授予行政机关。对行政机关来说,法无授权不可为。当下,有的地方政府或政府工作部门在梳理权力清单和责任清单时争相列举权力,有意逃避责任,有的权力务虚不务实,有的权力明减暗增,责任边界模糊不清。权力清单和责任清单所呈现的不正常现象,给权力清单、责任清单的规范化和法治化带来了挑战。所以,在制定权力清单、责任清单时应严格遵循权责法定的原则。

(2)权责统一原则。“有权必有责,用权必受监督”,权力清单、责任清单并不只是政府权力和责任的简单罗列和堆积。“法定责任必须为”,权力清单必须与责任清单一同制定、一并推行,只有实现权力与责任相统一,政府才能更好地行使权力、履行职责,才能有效避免越权、滥权等违法行为的发生,才能遏制“有利不放”、“无利推让”等不良势头的蔓延。

(3)权责公开原则。“阳光是最好的防腐剂”,权力只有在阳光下运行,才能避免权力寻租和权力腐败。政府权力清单、责任清单制定出来之后,就应公之于众,让人民群众知道政府具有哪些权力、担负何种职责,明白政府哪些可以为,哪些不能为。只有接受社会公众的监督,才能形成倒逼之势,使行政权力的行使不至于出轨。

(4)权利保障原则。“一切权力属于人民”,政府的权力是人民授予的,这是政府合法性的来源和基础。因此,政府权力的存在,其根本意义在于保障公民权利。政府权力的设置应当有助于实现最广大人民的根本利益,从这个意义上说,政府不能一味地扩充自身的权力,而是要通过限权、清权与削权来充分保障公民的权利。当下,我们所推行的行政审批制度改革和“壮士断腕”式的简政放权正是权利保障原则的有力彰显。

(5)适度拓展原则。权力清单与责任清单制度是依法厘定行政职能的权力配置新机制,法律规范是权力清单与责任清单建设的基础,根据权力法定原则,有法律依据的必须按照法律规定运行职能,清晰界定推行权力清单与责任清单制度的依据及其规则。同时,在法治原则基础上,应当适当地创新权力清单与责任清单形式,创新制度模式。

四、制定权力清单和责任清单是法治政府的应有之义

依法行政,建设法治政府,是全面落实依法治国基本方略的核心内容。多年来,中国政府采取一系列措施切实推进依法行政,建设法治政府。党的十八大把法治政府基本建成确立为到2020年全面建成小康社会的重要目标之一。党的十八届二中、三中、四中、五中全会对加快法治政府建设提出了新要求,作出了新部署。

法治政府,首先是一个有限有为的政府,是一个有明确权力边界的政府。法治政府的权力是有限的,它能够按要求提供公共产品,履行好公共服务、社会管理、市场监管和经济调节的职能。权力的有限性,体现在行政机关本身职权的有限性。即政府只能在法律赋予的职权范围内行使权力,不能超越法律授权。这也就是“职权法定”的原则。一旦政府突破了法定范围,就要承担相应责任。

权力清单和责任清单制度完全符合建设法治政府的要求。建立权力清单的目的是为了控制权力并使其在法治的范围内行动,厘清政府与市场、政府与社会的关系。按照“权力法定”“法无授权不可为”的原则,梳理政府权力,使政府行使的每一项权力都有明确的法律依

据，要求政府行动要受到事前规定并公开的规则的约束，这种规则使得市场主体能够预见政府在某种特定情况中将如何行使强制权力，并据此安排自己的事务。因此，建立权力清单，需要在法治规范的控制和约束下，在法律授权范围内行政，法律没有规定的事项不可为，不能越雷池一步，以此来最大限度防止政府的越位、缺位与错位。

但是，仅靠权力清单不足以遏制权力滥用、权力腐败等异化现象，还要有相应的责任追究机制。应规定权力不履行、不适当履行的责任以及如何追究。因此，需要推出与权力清单相匹配的责任清单。责任清单与权力清单是共生的，有权必有责，政府要行使权力，就要承担对等的责任。只有将权力和责任有机结合起来，对权力形成全方位、经常化、立体式的监督和责任追究机制，才能真正做到还权于民，推进法治政府的建设。

五、权力清单和责任清单的关系

权力清单和责任清单都是转变政府职能、建设法治政府的重要举措。权责一致，有权必有责。权力清单与责任清单相互配套、相互制约，共同构建“权界清晰、分工合理、权责一致、运转高效”的政府治理体系。责任清单是为落实权力清单而设的，权力清单中各项权力的顺利实施，离不开责任清单的保障。

但权力清单和责任清单存在以下两个方面的不同：

一是内涵不同。权力清单是以清单形式详细列举政府部门的行政权力并予以公开，明确政府该干什么，不该干什么；而责任清单则是明确部门职责及与相关部门的职责边界，一旦不作为、乱作为，就必须承担相应的责任。二是作用不同。权力清单按照“法无授权不可为”的要求，将该放的权放开，主要针对政府乱作为的问题；责任清单则是按照“法定责任必须为”的要求，把该管的事管住，主要针对政府不作为的问题。尽管存在较大差异，但从根本上来说，权力清单和责任清单是行政法治的两面，相辅相成，不可分割。

第二节　行政权力清单制度的内涵及意义

一、行政权力清单制度的内涵

（一）行政权力清单制度溯源

行政权力清单实际上是以列举的方式明确行政执法机构所支配的权力。这种以列举方式明确国家机关权力的界限，最早可追溯至1789年的美国宪法。该宪法第一条第八款以列举的方式列明国会的立法权限，所涉事项包括为合众国的共同防御和全民福利提供经费征税；与外国、州与州间，以及对印第安部落的贸易；设立邮政局及建造驿站；设置最高法院以下的各级法院等。第九款为国会禁止立法的内容。根据三权分立原则，国会立法事项由联邦政府行使，因此，第八款和第九款涉及事项分别为联邦政府管辖事项和禁止管辖事项；除第十款所列事项各州不得管辖外，其余事项都留由各州管辖。即美国宪法授权国会以立法“清单”的形式划定了联邦政府的权力，“清单”以外的事项一律禁止联邦政府行使管辖权，此即美国联邦行使行政权力应该遵循的“法无明文授权不可为”规则。

美国联邦政府通过列举式“清单”设定政府的有限权力，原因在于当时的制宪者们认为，

统治者在野心和奢侈的怂恿下，必会扩大权力，因此需找出一些“办法”来限制专横和防止滥用权力。最终找到的“办法”就是通过美国宪法及国会立法对联邦政府职权进行控制与约束。

同时，美国宪法还蕴含“主权在民”的思想，即“政权的一切和平的起源都是基于人民同意的”，即政府有限的权力来源于人民的授权，而由人民选举出的国家立法机关制定的法律即是人民意志的体现，因此应该被一体遵循。我国人民代表大会制度的建立无疑借鉴了此类进步思想。而行使人民代表大会制度的机构———全国人民代表大会及其常务委员会制定的法律应该被一体遵循，即具有其正当性。

根据我国人民代表大会制度设立的宗旨，可推测我国行政权力是法定有限的，其职权范围应由立法主体的立法予以明确。目前，我国行政机关的职权主要规定在《中华人民共和国宪法》第八十九、一百零七、一百零八条，以及《国务院组织法》和《地方各级人民代表大会和地方各级人民政府组织法》中。行政机关行使职权的具体法律依据有《中华人民共和国行政处罚法》（以下简称《行政处罚法》）、《中华人民共和国行政许可法》（以下简称《行政许可法》）、《中华人民共和国行政强制法》（以下简称《行政强制法》）和法规、规章等。但上述关于我国行政权力的授权规定，都是笼统授权规定，如对于县级以上地方各级人民的职权，《地方各级人民代表大会和地方各级人民政府组织法》第五十九条第五款规定：“管理本行政区域内的经济、教育、科学、文化、卫生、体育事业、环境和资源保护、城乡建设事业和财政、民政、公安、民族事务、司法行政、监察、计划生育等行政工作。”但是具体包括哪些事项，法律并没有列明。与美国联邦政府“法无明文授权不可为”不同，我国此类笼统授权表明，行政权力行使除了遵循“法无明文授权不可为”规则外，还遵循私法领域“法无明文禁止皆可为”规则，从而扩大了行政权力的职权范围，使行政机关成为无所不管的“万能家长”，也是导致我国行政权力任性、滥用的制度根源。

而目前的“行政权力清单”能够进一步细化此类笼统规定，梳理各行政机关在法定职权范围内的具体管辖事项，不仅有效控制了行政权力的滥用，还体现了有限政府的理念，是我国依法行政从宏观叙事向微观执行转变的标志之一。

综上，我国制定“行政权力清单”，要遵循宪法、法律、法规、规章的规定，并遵守“不得与上位法❶相冲突”的“法律优先”原则。

（二）行政权力清单制度的特点和所要达到的目标

行政权力清单制度是通过对行政权力行使中的具体类型进行列举或者概括，使特定行政主体所行使的行政权力反映在一个清单之上，使这个清单能够为行政主体的权力行使提供依据，并能够通过该清单对行政主体的行为进行约束。

权力清单能够明确政府及其工作部门的权力，把权力关进制度的“笼子”。这个“笼子”以法律法规为材质，置于阳光下接受监督。权力清单给权力划定边界，并向权力的服务对象公开公布，以公开、透明的方式，详尽地规定权力运行的程序、环节、过程，明确政府在与市场

---

❶这里的“上位法”是指法律效力等级高的法。由于制定机关不同，法的效力等级也不同，在不同的效力等级的法之间，效力等级高的为上位法，效力等级低的为下位法。如在法律与行政法规之间，法律是上位法，行政法规是下位法；在行政法规与地方性法规之间，行政法规是上位法，地方性法规是下位法。

和社会互动中的职责，逐步形成权责清晰、程序严密、运行公开、监督有效的权力运行机制，从而做到可执行、可考核、可问责。让权力在阳光下运行，最大限度地杜绝权力运行中存在的乱作为、以权谋私等乱象。

这是行政权力公开透明运行的一项基础工作，其对于各级政府及其各个部门权力的数量、种类、运行程序、适用条件、行使边界等予以详细统计，形成目录清单，为权力划定清晰界限。换言之，清单所涵盖的范围就是行政权力的合法行使范围，清单以外就是行政权力不能随意进入的范围。权力清单制度的任务包括合法确权、编制清单以及编制权力运行流程图、时限表，关键环节是准确及时向社会公布，并主动接受社会监督。

1. 行政权力清单的特点一是清单的完整性。

具体包括两个方面：一方面是权力范围的完整性，即行政权力清单应当完整涵盖各级政府和各个政府部门的行政权力。另一方面是权力事项的完整性，即行政权力清单的事项应当明确权力，全面、完整地披露权力的基本要素。

二是各项权力的内容及表述的精确性。具体包括两个方面：一方面是内容的精确性，即行政权力清单的各项内容应当具体而精确；另一方面是用语的精确性，即行政权力清单的用词应当与国家法律、法规和其他规范性文件保持一致。

三是突出清单所列权力的强制性和行使权力的约束性。建立行政权力清单制度是深化行政体制改革的一项基础性工作，对各级政府和工作部门在具体的实施标准、实施步骤和时间节点上都有强制性要求。在权力范围方面，行政权力清单之外无权力，清单外用权即违法；在权力行使方面，必须按照清单的内容、程序行使权力，不按规定行使即违法；在新增权力方面，原则上不再新增权力，确有需要的，必须经过严格审查并按程序报相关权力部门批准。

2. 行政权力清单要达到的目标

一是权力清单的内容应尽可能全面，严防遗漏。所谓全面，是从层级、部门、领域三方面而言，即层级全覆盖、部门全覆盖、领域全覆盖。层级全覆盖，是指纵向从顶至底，从中央到基层的各级党和政府都应全面推行权力清单制度，不存在不受监督的特殊层级；部门全覆盖，是指横向到边，即凡是掌握公共权力的党政部门（国家安全机关除外）都应制定并公开自身的权力清单，不存在不受监督的特殊部门；领域全覆盖，是指除涉及国家机密的权力之外，所有其他公共权力都应在统计和公开之列，不存在不受监督的特殊权力。三个“全覆盖”应成为权力清单制度的基本原则，这不仅符合公平原则，而且能有效消除权力公开的暗区、盲区，提高制度的权威性和有效性。

二是权力清单的编制应统一、规范。权力清单的编制过程、公开过程，都要由全国统一的制度加以规范，不能由各地区、各部门随意开展。制度化是确保权力清单制度严肃性和严格性的基本条件。

三是各项权力应明确而具体。即权力清单中所列权力不能模糊笼统、一带而过。具体而言，权力清单应涵盖各级党和政府及其各个部门、各主要党政领导岗位的各类权力（包括决策权、审批权、执法权、监督权等）。清单不仅要明确各项权力的职责权限，而且要明确权力的法律依据和法定程序，包括权力依据、负责部门、监督投诉渠道等。权力清单的具体化意味着要做到两个“全面”，一方面要全面涵盖各项权力，另一方面要全面反映每项权力的要

素。唯有权力清单制度具体化，才能确保社会监督的效果，防止虚报、瞒报、谎报等作假行为，实现对权力的有效监督与制约。同时要保证用语的精确性，保证行政权力清单的用词与国家法律、法规和其他规范性文件一致。

四是应公开透明。将编制完的权力清单及权力运行流程图及时、准确、完整地向全社会公开，主动接受社会监督。公开工作也应做到制度化和流程化，公开权力不仅应成为官方与社会的共识，而且应成为对各级党政部门的强制性要求。

二、行政权力清单的本质属性

(一)行政权力清单的本质和特点

首先，权力清单和责任清单的制定是法律汇编的过程，而非权力创制的过程。在行政权力数量上，必须忠实地记载所有法律条文规定的权力，行政主体不能超越规范性法律文件设定或减少某一项权力。就实体性行政权力而言，行政主体没有任何"发挥"的空间，因此不可能是法律编纂。部门自行发布的文件，不得作为职权设定和行使的依据。部门内部管理职权，不得列入权力清单。

其次，在梳理过程中，如果有相关意见或建议，行政主体须经法定程序提请有权机关决定，属于法律清理的一个前置程序。这是行政主体中的内部行为，并不由有权机关亲自进行，本身不具有法律效力，只有经过有权机关作出相关决定后，整个法律清理过程才算完成。

再次，行政主体在一定范围内具有某些灵活性。在不违反规范性法律文件的前提下，行政主体仍有较大的裁量余地，可自行规定有关行政权力的具体行使方式，如转移、下放、整合、严管、加强等，这带有一定规则创制的色彩。

总之，最终呈现给公众的完整行政权力清单的静态文本，总体上是一部法律汇编，同时兼有一定的规则创制属性。即在权力的设定依据上，体现法律汇编的属性；在权力的运作方式上，除法律汇编外，还体现一定规则创制的属性。

(二)如何处理依法行政和依清单行政的关系

行政权力清单公开后，一般认为"清单之外无权力"，不得在清单之外实施行政行为。如《关于公开国务院各部门行政审批事项等相关工作的通知》(国发〔2015〕6 号)要求："各部门不得在公开的清单外实施其他行政审批，不得对已经取消和下放的审批项目以其他名目搞变相审批，坚决杜绝随意新设、边减边增、明减暗增等问题。对违反规定的将严肃追究相关单位和人员责任。"

从理想状态来看，如将所有设定依据"一网打尽"，则不可能存在清单以外的权力，但在梳理中难免存在疏漏，以致在清单中遗漏了某项法律规定的权力，应如何处理？

我们认为，不应当对行政权力清单作形而上学的僵化理解。政府是依法行政，而不是简单机械地"依清单行政"，遗漏了某项权力，如果有法律依据，一方面应及时修订清单，将其尽快补充进去，另一方面应对这一情况进行说明，该行使的权力还是要坚决行使。例如在湖南省的王某诉某县工商行政管理局工商行政处罚及行政赔偿一案中，被告工商局向法院提供的执法依据为《无照经营查处取缔办法》《互联网上网服务营业场所管理条例》《湖南省工商行政管理机构行政处罚自由裁量权参照标准》(湘工商法〔2015〕6 号)、《湖南省工商行政管理局市场主体违法行为记录公开办法》(湘工商企字〔2012〕260 号)等，拟证明处罚决定合法。但原告认为应当与工商部门的权力清单配合使用才合法,并申请调取湖南省工商局“权力清单”。经调查,被告处并无“权力清单”。法院认为,以上证据是被告作出处罚决定和执法所依据的行政法规和规范性文件,应依法予以确认。

该案中,被告县工商行政管理局并未制作行政权力清单,仅提供了行使行政处罚权的相关法律依据,法院认为被告是否提供行政权力清单,完全不影响对相关法律依据的认定,从一个侧面印证了行政权力清单在权力设定依据上法律汇编的本质属性。即,原告县工商行政管理局是依法行政而非依清单行政。

三、推行权力清单制度的意义

推行行政权力清单的作用,可以比较形象地用“三只手”来概括。一是管住政府“乱摸的手”。2014 年 3 月,李克强总理在沈阳视察时谈到“不要让人家说,政府的手闲不住。只要哪儿出现个新东西,你都要去摸摸它”。行政权力清单应划清政府与市场、政府与社会的边界,使行政法律得以具体落实,规范行政权力的边界和范围,有利于把权力关进“笼子”里。二是用好市场“看不见的手”。行政权力清单制度将提高市场主体的依法维权能力和政治谈判效率,保障市场主体“法无禁止皆可为”的创造活力,而且清单将一定程度地克服政府与公众信息不对称等问题,降低经济社会活动的“政务成本”。三是斩断“寻租的黑手”。行政权力以清单形式公开,让人民群众监督权力,使行政权力规范化、阳光化,有效规范行政自由裁量权行使,减少权力寻租空间。清单公开也为上级政府和监督部门掌握、监督各级政府部门的公共权力行使状况提供了有效途径。

(一)推行权力清单制度,有助于厘清行政权力边界,警惕和防止行政权力的扩张和肆意行使

现代政府是有限政府,必须为行政权力设定边界。习近平总书记指出,为了更好地发挥政府作用,就要切实转变政府职能,深化行政体制改革。转变政府职能,实质上要解决政府应该做什么、不应该做什么的问题。全面推进行政权力运行法治化,应加快推进政府机构、职能、权限、程序、责任法定化,推进政府事权规范化、法治化,使行政权力于法有据、依法行使、受法制约。推行权力清单制度,有利于政府部门及其工作人员清楚自身到底有多少职权,以便更好地履行职能、承担责任。

长期以来,各级政府和部门对自己拥有多少权力往往并不十分清楚。层级之间、部门之间职责划分不明确、职责交叉重叠问题比较突出。推行权力清单制度,有利于进一步厘清层级之间、部门之间的职责关系,突出不同层级政府的管理和服务重点,有利于根据行政职权更加科学合理地设置机构、配备人员,促进政府运行的精简统一效能。

权力清单制度要求对政府部门现有行政职权进行全面梳理,凡是市场能够自我调节和公民、法人及其他组织能够自主决定、自担风险、自律管理的事项,政府不再干预。政府管得过多,直接干预微观经济活动,不仅影响市场在资源配置中发挥的决定性作用,增加交易成本,还容易滋生腐败。因此,应坚持把简政放权作为加快政府职能转变的“先手棋”和“当头炮”,坚决放权于市场、放权于社会。地方政府应在对所有行使行政权力的单位和部门进行系统梳理清查、摸清行政权力底数的基础上,按照“职权法定、程序法定、简政放权、质量第一”的原则,取消、下放、转移和整合有关行政权力,该放的坚决放开、放到位,实现权力的

"瘦身"。

政府权力来自于人民，行政权力是人民让渡给行政机关代为行使的那部分权力。因此，一切行政权力必须源于法律法规的授权。法律法规没有授权、现实中却在行使的行政权力，均属违法。明确权力清单，就是明确非授权即禁止的原则，最大限度防止政府的越位、缺位与错位，这就要求依据法律法规制定行政权力清单，规范和界定政府及其职能部门的法定权力和责任，使每一项权力行使都做到流程完整、环节清晰、公开透明。具体来说，就是要加快建立与权力清单相对应的责任清单，明确责任事项、责任主体、追责情形，倒逼权力清单落实到位。研究制定权力清单和责任清单动态调整机制，完善事中、事后监管和问责、追责机制，消除和防范权力设租寻租空间，坚决纠正不作为、乱作为、慢作为的问题，确保行政权力行使不越位、不错位、不缺位。

同时，我们应该看到，行政权力与其他权力一样，具有天然的扩张性，在运行中一旦偏离设置权力的本来目的，就会出现权力滥用、权力寻租、权力腐败等异化现象，导致政府职能履行不到位、行政效率低下、市场机制不能充分发挥作用。推行权力清单制度，就是要给行政权力打造一个制度的"笼子"，使之科学有效运行。

阳光行政是权力清单制度的最大特点。既然一切权力都源于法律法规的授权，为什么还要实行权力清单制度呢？原因就在于这个制度安排的关键就在"清单"二字，即"公开"。阳光是最好的"防腐剂"，把权力关进制度的"笼子"里只是第一步，还要把它放到阳光下，置于群众的视线里。一方面，告诉群众政府拥有权力的数量、规模和边界；另一方面，告诉群众政府行使每一项权力的依据、流程和时限。这样就避免了信息不对称造成的权力异化空间，便于群众监督行政权力运行。

权责一致是权力清单制度的基本原则。权力意味着责任，行政权力应当授之有据、行之有规、错之有责。公布政府部门的权力清单，也就同时公布了其责任清单。为保证权力与责任的对等性，还要建立对违规用权的监督问责机制，以防止行政权力肆意膨胀、为所欲为，出现异化。

（二）推行权力清单制度，有助于规范行政主体依法行使其手中的权力

自古以来，权力就是一把双刃剑，在法治轨道上运行可以造福人民，在法律之外运行则极有可能危害国家和人民的利益。习近平总书记多次强调，要加强对权力运行的制约和监督，把权力关进制度的"笼子"里。全面推进行政权力运行法治化，必须加快建立结构合理、配置科学、程序严密、制约有效的行政权力运行机制，依法对行政权力运行的各个方面和环节进行严格规范。而推行行政权力清单制度就是保证行政主体依法用权的重要举措。

权力清单制度正是针对权力运行的关节点、薄弱点、风险点，梳理各项规章制度，用制度管权、管事、管人，用制度规范、约束和引导行政行为，用制度提高行政工作的质量和效率。按照科学、合理原则，着力增强制度设计的前瞻性和可操作性，编牢制度的"笼子"，确保其真正管用。权力清单能强化制度执行，防止"制度虚置""制度空转""制度规避"，切实维护制度的权威性、严肃性。编制权力清单，固化权力运行和业务操作程序，确保权力运行的每个环节都有程序规定，防止权力滥用。在行政决策方面，坚持把公众参与、专家论证、风险评估、合法性审查、集体讨论决定作为重大决策行为的法定程序。在行政执法方面，坚持严格规范公正文明执法，完善执法程序，明确执法操作流程，建立执法全过程记录制度，推行重大

执法决定审核制度，提高执法效率和规范化水平。

通过权力清单制度，可以推进行政权力运行公开。按照"以公开为常态、不公开为例外"的原则，进一步健全和完善政务信息公开工作体制机制，依法向社会全面公开政务信息，推进决策公开、执行公开、结果公开，让权力在阳光下运行，杜绝"暗箱操作"。

（三）推行权力清单制度，有助于推进国家治理体系和治理能力现代化，切实提高行政效能

党的十八届三中全会提出，全面深化改革的总目标是完善和发展中国特色社会主义制度，推进国家治理体系和治理能力现代化。这一论断将推进国家治理体系和治理能力现代化作为全面深化改革的总目标，对于中国的政治发展，乃至整个中国的社会主义现代化事业来说，具有重大而深远的理论意义和现实意义。

国家治理体系就是规范社会权力运行和维护公共秩序的一系列制度和程序，它包括规范行政行为、市场行为和社会行为的一系列制度和程序。政府治理、市场治理和社会治理是现代国家治理体系中三个最重要的次级体系。更进一步说，国家治理体系是一个制度体系，分别包括国家的行政体制、经济体制和社会体制。有效的国家治理涉及三个基本问题：谁治理、如何治理、治理得怎样。这三个问题实际上也就是国家治理体系的三大要素，即治理主体、治理机制和治理效果。党的十八届三中全会强调要推进国家治理体系和治理能力的现代化，说明我们现存的治理体系和治理能力还相对落后，跟不上社会现代化的步伐，不能满足人民日益增长的政治经济社会文化生态需求。如果不采取突破性的改革举措解决国家治理中存在的紧迫问题，那么我们目前的局部性治理危机便有可能转变为全面的统治危机和执政危机。

国家治理能力和治理体系的现代化，关键是制度现代化。制度的发生、形成和确立是人类活动沉积的结果。大力推行权力清单制度是一次崭新的行政实践，必将为国家治理体系注入行政治理的强大内生动力。

同时，推行权力清单制度是提高行政效能的重要方式。行政效能强调数量与质量、功效与价值、目的与手段、过程与结果的统一。由于行政管理和行政执法的广泛性、复杂性，权力行使过程中容易出现滥用或者超越职权、失职、缺位、错位等问题。公布权力清单目录，有利于明确权力边界，增强组织内部的协调性和外部的遵从性，部门内外达成共识，一定程度上可减少不必要的摩擦冲突，降低行政管理和运行成本，提高行政效能。

（四）推行权力清单制度有助于提升执法人员法治素养，从源头上预防和治理腐败

权力清单的最大好处就是让执法人员能清晰了解自己所掌控的权力，哪些能为，哪些不能为；哪些从前能为，如今不能为；哪些事情该办，何时办结，不办或拖办应当承担什么样的法律责任，这些都应在权力清单上写得清清楚楚、明明白白。权力清单制度让官员厘清了为与不为的界限，认清了法与非法的底线，权力清单制度推行的过程即是官员学法、知法、用法的进程，对提升官员法治素养具有重要作用。

习近平总书记强调，要坚持依法治国、依法执政、依法行政共同推进，坚持法治国家、法治政府、法治社会一体建设。如果把法治政府视为一座高楼大厦，权力清单制度则是撑起这座高楼的坚实地基。用权力清单管住权力的滥用与恣意，让政府不再任性、执法人员不能违法、群众不用"走后门"，这是建设法治国家、法治政府、法治社会的最佳契合点。

权力缺少必要的制约监督，是滋生腐败的重要原因。行政权力在运行中一旦偏离设置权力的本来目的，就会出现权力滥用、权力寻租、权力腐败的现象。以清单形式对各项行政权力进行明确规定，不仅要告诉群众政府拥有权力的数量、规模和边界，接受社会监督，还要告诉群众政府行使每一项权力的依据、流程和时限，更能有效减少各种权力越界行为，维护法律法规的权威性。同时，通过完善权力监督制约机制，有利于建立结构合理、配置科学、程序严密、制约有效的权力运行机制；有利于消除权力运行中的暗箱操作、权力寻租和灰色地带，增强行政权力运行的透明度；有利于健全行政职责体系和问责制度，遏制滥用职权、以权谋私等违纪违法和腐败现象蔓延；有利于进一步提高政府公信力，推动政府反腐倡廉建设。

第三节　行政责任清单制度的内涵及意义

一、责任清单制度的内涵

如果说行政权力清单的重点在于“法无授权不可为”，解决行政主体的“乱作为”问题，那么，责任清单作为与权力清单相配套的改革举措，其重点则是“法定职责必须为”，解决行政主体的“不作为”问题。

责任清单，可以解决政府管理缺位、不作为的问题。责任清单的目的之一便是将各部门职责从笼统模糊到细化明确，这也是开展责任清单的意义所在。

（一）责任清单的概念

所谓责任清单，是指行政执法部门将本部门的各项行政职权对应的责任，以清单形式明确列示出来，向社会公布，接受社会监督，其重点在于“法定职责必须为”，目的在于解决行政主体的“不作为”问题。

制定责任清单的目的就是要以社会关注和人民群众反映的突出问题为导向，重点明确部门履职范围，解决职责交叉重叠问题，理顺职责关系，清晰责任边界，加强事中事后监管和社会公共服务。

了解责任清单的内涵应把握三个原则：

一是职责法定原则。责任清单原则上以“三定”规定，有关法律法规规章，以及党中央、国务院和省、市党委、政府规范性文件为依据，没有合法依据的，不纳入编制范围。

二是权责一致原则。根据全面深化改革的要求，围绕全面正确履行政府职能，重点明确部门履职范围，解决职责交叉重叠，理顺职责关系，厘清责任边界，加强事中事后监管和社会公共服务。

三是公开透明原则。责任清单应当规范、完整、清晰、准确，并主动向社会公开（涉及国家秘密及其他依法不予公开的除外），方便公民、法人和其他组织办事，接受社会监督。

（二）责任清单所的任务

设立责任清单的目的在于让政府扮好“守夜人”的角色。法治政府仅靠事前监督是建立不起来的，从某种意义上来讲，事中、事后的监管是更重要的环节。

责任清单所要解决的是执法机构职责交叉、彼此纠缠的问题。之所以会造成这一局面，与行政权力的天然扩张冲动有关。与此同时，现代社会的发展日新月异，由此产生的众多新事物，亟待被归类和管理，在一定程度上也打乱了执法机构旧有的权责划分。所谓责任清单，与其说是一个新创意，不如视之为对"旧有分工体系"的一次修复。因此，制订"责任清单"，有利于梳理职能分工。一方面，是以严格的监督、惩戒程序，来捍卫既有的权力；另一方面，则是以动态的评估、跟进程序，来让"清单"与实际需求充分对接。

责任清单的任务大致有以下几条：

一是梳理部门职责。根据有关法律、法规和规章，政府职能转变和机构改革方案，部门"三定"规定，党中央、国务院和省、市、区党委、政府规范性文件等，对部门职责进行认真梳理，重点明确部门履职范围和具体工作事项，凡是没有合法依据的，不列入部门职责范围。

二是厘清相关部门的职责边界。进一步理顺部门之间的职责交叉，明确相关部门的履职界限。对涉及多个部门管理的职责，特别是社会关注度高、群众反映强烈的市场监管、食品安全、安全生产、环境保护等方面的职责，依据有关规定，明确相关部门的职责分工和牵头部门，分清主次责任和主办、协办关系。

三是制定加强事中、事后监管的制度措施。按照转变政府职能、简政放权的要求，改善和加强政府管理，完善监管制度，创新管理方式，增强治理能力。针对权力取消、转移、下放（含属地管理）、保留等事项，明确监督检查的对象、内容、方式、程序、措施及处理办法，避免监管真空和管理缺位。

四是明确公共服务事项。按照强化公共服务的要求，梳理部门以促进社会发展为目的、直接为行政相对人行使各项权利创造和提供必要条件所开展的具体服务事项，重点保障基本民生需求的基本公共服务内容，以方便企业和群众办事，接受社会监督。

2014 年 12 月，河北省政府办公厅印发了《关于建立责任清单制度的实施方案》（冀政办函〔2014〕100 号）。方案规定要厘清相关部门的职责边界，理顺部门之间的职责交叉重叠，明确相关部门的履职界限。坚决纠正行政不作为、乱作为的问题。2015 年 4 月，河北省政府部门公开责任清单。责任清单共涉及 50 个省政府部门主要职责 692 项（不含涉密事项），根据部门职责细化具体责任事项 3933 项，与相关部门有职责边界的管理事项 364 项，制定加强事中事后监管的制度措施 460 项，公共服务事项 387 项。各个部门的责任清单分为四个部分，分别是部门职责、与相关部门的职责边界、事中事后管理制度和公共服务事项。其中，"部门职责"一项是列举具体的工作事项，"与相关部门的职责边界"一项是根据管理事项具体化为相关部门、职责分工、相关依据和案例四部分；事中事后管理制度每一项下列举详细内容；公共服务事项分为服务事项、主要内容、承办机构和联系电话。

（三）推行责任清单的目标

一是建立责任政府，提升政府治理能力。中国的责任政府对人大负责、对最广大人民群众负责，责任政府建设的关键在于强调人民群众利益的至上性、公共利益的至上性。责任清单制度的建构思想正是基于对政府与人民关系的重新审视与回归，其首要目标是要建立责任政府。有权无责、有责无权都是畸形的政府模式。在全面深化改革的关键时期，政府责任重大，同时也对政府的治理能力和治理水平提出了更高要求，尤其是政府对民众的合理诉求要做出及时、有效的回应。建立责任清单制度、明晰政府部门的具体责任，本身就是完善政府治理体系内容、提升治理能力的过程。

二是建立法治政府，依法确定政府责任。法治政府就是依法治理各种公共事务的政府。

政府的治理行为要根据法律法规来实施，在治理过程中，政府也要受到法律法规的约束。法治政府强调法制与政府行为的动态结合与有机统一，法制是建立法治政府的前提。法治政府是遵法守法、严格依法行政的政府，是体现法治精神、具有法治思维的政府。缺乏法治约束的政府就会乱作为或者胡作为，必然造成极大的社会危害。因此，建构责任清单制度一定要做到责任法定。政府作为责任主体，有自己的正当利益与需求，责任清单不是打压政府权力，而是明确并督促其正当行使权力。责任清单要体现权力与责任的动态平衡，权力意味着责任，但权力与责任的统一性必须通过法律法规予以确定，只有依法设定合理的、明示的责任，才能避免权力边界的模糊和权力的任意扩张。责任清单制度要体现法治精神，以建设法治政府为理念目标之一，这不仅符合有限政府未来的发展趋势，而且这样的政府也必然是有效有为的政府。

三是建立服务政府，切实履行公共服务责任。服务政府是在公民本位、社会本位理念指导下，经过法定程序并按照公民意志组建起来的以为社会公众服务为宗旨并承担服务责任的政府。我国政府是全心全意为人民服务的政府，政府性质决定了责任清单制度建构的目标指向、责任清单内容、责任清单实施都要体现和突出为人民服务的理念。责任清单制度要求政府要始终心系广大人民群众的正当利益需求，政府公务人员要以为人民服务为根本责任。确定责任清单内容的标准是广大人民群众的物质文化需求，认定政府部门责任的标准是是否为广大人民群众提供了满意的服务。

四是建立效能政府，规范权力有效运行。建设效能政府是现代政府努力的一个重要方向。政府效能指的是政府的效率与能力。目标与责任是促使政府提高效率的两个动力因素，效能政府建设的目标取向在于政府在制定和执行公共政策时能够高度重视广大人民群众的物质文化需求，并以较低成本、较高效率满足人们日益增长的多样化需求。责任清单通过规范政府的各项事权，减少不适合由政府继续管理的事务，为提高政府效率提供支持；通过明确政府部门的各项职责、规范政府办事的各项流程，为提高政府效率奠定基础。有效履行责任清单制度中规定的责任是政府自身学习的过程，也是政府与社会公众进行交流互动、借鉴先进管理经验的过程，这样的过程自然有利于促进政府能力的提高。同时，责任清单向社会公开，便于社会公众监督，也能够保证政府的效能建设不会偏离正确的轨道。

二、如何理解责任清单制度中的“责任”

在权力清单基础上建立的责任清单是与权力清单对应的、配套的清单。责任清单以细化政府部门职责、理清责任边界、健全权力监管制度为核心，强化政府部门的公共服务理念，形成权责明确、权责一致、分工合理、运转高效的部门职责体系。

责任清单中的“责任”性质体现在四个方面：第一，责任清单中的“责任”是政府自身的主体责任。政府部门是行使行政权力的机关，具有法定的行政职权，有权力就有责任，政府部门必然要承担与职权相应的行政职责。第二，责任清单中的“责任”是一种政治责任。政治主导行政，行政从属于政治，行政是政治在具体行政管理中的执行过程。行政虽然不是政治的全部，但行政部门必须主动贯彻执政者的政治意图、执行其政策主张，通过积极履行行政职责对促进政治稳定和社会稳定发挥重要作用。第三，责任清单中的“责任”是一种监督责任。这种监督责任既是政府部门上下级之间、部门自我的主体监督责任，也是人大机关、新闻媒体、社会公众对政府部门的监督责任。第四,责任清单中的“责任”是积极行政责任。政府部门对其承担的责任必须积极作为、敢于担当,应当积极履行职权职责,不得推诿扯皮,对不正当行使职权、消极履行、不履行行政职责的行为应当问责、追责。

(一)处理好责任与权力的关系

当民众把权力委托给政府的时候,政府对民众的责任也就由此产生了。责任与权力紧密关联、相伴而生,责任来源于权力,并且随着主体行使权力的机会和地位的消失而消除。责任与权力具有一致性和对应性,权力行使主体的职务越高、权力越大,责任也就越大,反之责任就越小。政府的责任需要用责任清单的形式确定下来并向社会公开,政府责任的履行情况也需要用制度化的形式确定下来,并用法律和制度对不履行职责者追究责任、给予相应的惩处。政府部门及其公务人员要把责任清单内的事情做好,不能消极懈怠。责任清单内的责任执行情况是政府各部门业绩考核的重要指标,如果不正常履行责任清单内的责任,就要承担由此造成消极后果的相应处罚。对涉及多部门之间的责任承担情况,责任清单要进行明确划分;涉及平行部门之间配合的权力与责任,各部门要积极主动配合,不要打部门之间责任界限的擦边球。建构责任清单,首先要厘清每个政府部门的主要职责、具体工作事项、部门之间的职责边界事项,其中,每个部门的主要职责都要有对应的具体工作事项及责任科室;部门之间的责任分工要明确,要明确部门之间的权力职责边界,便于社会公众理解、领会,并维护自身的合法权益。

(二)处理好责任与义务的关系

人民赋予政府权力的目的是让政府合法、合理的使用权力来为人民服务。责任与义务是政府部门同一职权事项的两面,政府依法行使权力既是责任也是义务。从责任到义务的认识转变是政府自身道德意识的深化过程,政府部门及工作人员要把责任作为义务去承担、完成,必须依靠有效的监督来保障。责任清单制度确立的部门职责实际上是对政府部门责任与义务的事前明示与确认,是对政府“必须为”的职权事项的一种事前监督。责任清单制度形成的事前监督主要明确政府部门的主要职责、具体工作事项,事中事后监管制度是对事前监督的完善与补充,主要涉及每个部门的职权事项监管办法、监管监督检查指标、目标责任制考核、部门及工作人员的年度考核等。建构责任清单制度,在明确政府部门主要职责和具体工作事项的基础上,必须建立事中事后监管制度,形成事前、事中、事后监督的完整结构,这样才能有效保障政府部门责任与义务的履行,才能对行政权力的行使起到有效的监督和制约作用。

(三)处理好责任与效能的关系

政府效能是政府在实现特定行政目标过程中能力的发挥程度,以及政策实施的效果。责任清单明确了政府责任,为政府效能的提高打下了制度基础。责任清单减少了政府不必要的事权与责任,从根源上减少了政府的行政成本。降低行政成本是深化行政管理体制改革、提高政府效能的重要内容。简化行政审批流程,可以提高政府的办事效率;明确部门责任,加上对履职责任的全过程监督,可以有效提高政府效能。用权力清单与责任清单规范政府行为、用负面清单规范市场行为,三者相互配套,有利于实现政府治理能力与治理体系现代化的目标。

(四)处理好责任与服务的关系

建立责任清单制度是适应社会主义市场经济发展要求、加快行政体制改革、建设服务政

府的需要。责任清单制度确立的责任观，强化了政府部门及公务人员的责任意识，这种责任意识在根本上就是要切实做好自己本职工作的职责意识和服务意识。在日常工作中，政府部门及工作人员在职责意识和服务意识的支配下，应不断提升服务能力、提高服务质量，通过为社会公众提供周到、全面的公共服务，获得人民群众的认同与支持。政府广泛接受社会公众的意见、建议并改进工作方式，可以使政府公共服务效果优化、人民群众更加满意。责任清单要明确强调政府部门的服务事项，使每个政府部门都有各自对应的公共服务事项，推进服务政府的建设进程。

三、推行责任清单制度的重要意义

一是推动自身改革，促进职能转变。建立责任清单制度、明晰政府部门的具体责任是政府治理体系内容不断完善、治理能力不断提升的过程，是政府的“自我革命”。当前，各级执法机构简政放权力度空前，但这并不意味着可以不作为。在经济全球化的背景下，执法机构要做的工作更多、要求更高、责任更重。责任清单制度在推动执法机构自身改革、简政放权的同时，也促进其职能转变，加强事中和事后监管，把部门责任贯穿于工作全过程，更加精准把握“放、管、治”的最佳结合点，把工作做得更到位。

二是倒逼权力规范，促进效能提升。建立责任清单制度，需要按照有权就有责、权责一致的原则，追根溯源责任依据。在梳理责任过程中，权力事项必然再次受到检验，可以发现并调整取消依据不充分的权力事项，确保权力的合法性。推行责任清单制度是对部门责任的事前明示与确认，是对“必须为”的职权事项的事前监督，便于公众对行政活动进行有效监督，从而倒逼权力运行更加规范。同时，通过减少不适合执法机构管理的事务，从根本上降低行政成本；通过明确部门职责，规范办事流程，强化履职责任监督，促进行政效能提升。

三是推进依法行政，建设法治政府。推行责任清单制度，有助于为推进立法与改革相衔接、建设完善的法律规范体系等提供有力保障。除此之外，还有助于推进行政主体在机构、职能、权限、程序、责任等方面的法定化，进一步明确法定职责，落实主体责任，有效克服懒政、怠政，防止不作为和乱作为的现象，有助于做到程序透明，接受社会监督，保障行政相对人权利和义务，保证执法行为的效率和公平，推进依法行政和法治质检建设。

四是强化责任意识，提升服务质量。责任清单制度确立的责任观，有利于强化公务人员的责任意识，从根本上增强做好自己本职工作的职责意识、服务意识，从而在这两种意识的支配下不断提升服务能力和服务质量。同时，通过广泛接受社会公众的意见和建议，不断改进工作方式，提高公共服务水平，使公共服务效果优化，人民群众更加满意。

第四节　道路运输管理行政权力清单和责任清单制度的提出

2014 年，交通运输部开始大力推进行政审批制度改革，出台了《关于加快转变政府职能深化行政审批制度改革的意见》（交法发〔2014〕178 号），取消下放 26 项行政审批项目，将 12 项工商登记改为后置，推进权力清单制度建设，加强事中事后监管。

2015 年 12 月，时任交通运输部部长杨传堂在 2016 年全国交通运输工作会议上指出，“十二五”期间，法治政府部门建设不断深化，综合交通运输法规体系框架基本形成。建立管理权力清单制度，事中事后监管能力不断提升，行政审批“一个窗口”建设取得积极成效，交通运输简政放权、放管结合、优化服务取得积极进展。

交通运输行业全面贯彻党的十八大和十八届三中、四中、五中全会精神，深入贯彻落实习近平总书记系列重要讲话精神，目的在于更好地适应、把握、引领经济发展新常态，推进结构性改革，到小康社会全面建成时，基本形成交通运输领域基础性制度体系，基本建成法治政府部门。全面推进法治建设，加快形成完备的综合交通运输法治制度体系、高效的交通运输法治实施体系、严密的交通运输法治监督体系、有力的交通运输法治保障体系，基本建成职能科学、权责法定、执法严明、公开公正、廉洁高效、守法诚信的交通运输法治政府部门。

一、道路运输管理机构推行权责清单制度的现实意义

（一）是落实党的十八大、十八届三中、四中、五中全会精神和“四个全面”重要思想的需要

党的十八大提出“法治是治国理政的基本方式”，把“法治政府基本建成”作为全面建成小康社会的重要目标之一。交通运输部门必须深入贯彻落实党的十八大、十八届三中、四中、五中全会和习近平总书记系列重要讲话精神，准确把握“四个全面”战略布局要求，围绕法治政府建设目标，以法治考评为主要抓手，把法治要求贯穿到交通运输规划、建设、管理、运营服务、安全生产的各个领域，努力建成交通运输法治政府部门，为交通运输行业改革发展提供法治引领和保障。

交通运输部提出，到 2020 年，基本建成职能科学、权责法定、执法严明、公开公正、廉洁高效、守法诚信的交通运输法治政府部门，推进交通运输治理体系和治理能力现代化。交通运输法律规范体系、法治实施体系、法治监督体系、法治保障体系基本形成；运用法治思维和法治方式深化改革、推动发展、化解矛盾、维护稳定的各级交通运输部门领导班子，职能科学、权责法定、运行规范的各级交通运输行政机关，严格规范公正文明执法且保障有力的交通运输执法队伍基本建成。

道路运输管理机构作为交通管理部门的重要组成部分，必须重视法治建设，实现依法管理，而权力清单和责任清单的制定，则是做好这一切的基础工作，同时也是行业法治工作的重要组成部分。

（二）是落实全面建设交通运输法治政府部门主要任务的需要

2013 年，交通运输部出台了《关于全面建设交通运输法治政府部门的若干意见》（交政法发〔2013〕308 号），提出了交通运输法治政府部门的总体建设目标，即法治意识显著增强，法治理念深入人心，法治精神、法治价值得到普遍认同；综合运输法规体系更加科学完善，促进各种交通运输方式协调发展的法律法规建立健全；交通运输部门各项公权力的行使纳入法制轨道，行政权力运行更加规范透明；执法队伍素质和管理明显提升，执法监督更加有力；交通运输部门的市场监管、社会管理和公共服务职能基本到位，形成诚信规范、竞争有序的交通运输市场环境，依法行政水平全面提高。到 2020 年，基本建成交通运输法治政府部门。

交通运输部提出，为实现以上任务，在法治政府部门建设中应遵循以下原则：

一是依法行政原则。把法治建设贯穿到交通运输改革发展全过程，通过加强制度建设、提高决策水平、规范行业管理、严格依法办事，积极破解发展难题，使交通运输改革发展全面

纳入法治的轨道。二是服务为先原则。把服务人民群众、服务经济社会发展作为交通运输法治政府部门建设的根本出发点和落脚点，强化市场监管和公共服务职能，寓管理于服务，做到管理利民、服务便民、执法为民，使交通运输改革发展成果更多、更公平地惠及全体人民。三是监督制约原则。建立健全权力运行制约和监督体系、深入推行行政执法责任制，把交通运输部门的各项行政权力"装进制度的笼子"，确保决策权、执行权、监督权既相互制约又相互协调，做到行政权力依法取得，行政程序依法履行，行政行为依法作出，行政责任依法承担。四是夯实基础原则。完善交通运输部门依法行政的基础管理制度，加强基层执法站所建设，改善基层法治环境，规范基层执法行为，提升基层执法队伍素质和形象。

按照以上原则要求，包括道路运输管理部门在内的交通管理领域应做好的基础性工作就是权力清单和责任清单的制定。因为按照依法行政原则，只有梳理出清晰的执法依据，才能真正落实这一原则；按照监督制约原则，只有具备了制造"笼子"的良好材质，才能做出结实管用的"笼子"，进而将各项权力关进这个"制度的笼子"。而这里的执法依据也好，材质也罢，就是梳理出来的有效的法律法规，即清晰的权力清单和责任清单。

（三）是推进道路运管领域政务公开，化解社会矛盾的需要

道路运输管理和老百姓的生活密切相关，长期以来存在的问题也较多，人民群众对其还有许多不满意的地方。其中的原因一方面和执法人员的素质、能力相关，另一方面也和信息公开的程度不高有关。有些执法行为本来有据可查，合法合规，但是由于老百姓对相关规定不了解，从而产生隔阂甚至矛盾。因此，制定并公布道路运输管理领域的权力清单和责任清单并及时公之于众，是十分必要的。

通过制定并公布权力清单，健全交通运输政府部门信息公开工作机制，拓宽信息公开渠道，可以让人民群众了解道路运输管理部门财政预算、公共资源配置、重大建设项目审批和实施等领域的程序和相关责任。道路运输管理机构应通过公布权力清单以及完善与其相配套的工作流程，完善办事公开制度，逐步扩大网上查询、交费、办证、年检、求助等服务项目的范围，为人民群众提供快捷、方便的优质服务。另外，还要通过推进行政权力公开运行机制，梳理行政权力清单，规范行政权力运行流程，探索推行行政权力网上运行和全程电子监察，实现行政权力运行公开化、规范化。

制定并公布权力清单，相当于在各级道路运输管理部门领导干部和工作人员面前树立起了一面"镜子"，让执法人员经常"正正衣冠"，树立法律至上的理念，摒弃法律工具化的思想，准确理解法律，正确实施法律，从而在根本上杜绝借法将行政权力部门化、部门权力利益化、部门利益法制化的倾向，强化权限意识、规则意识、程序意识、责任意识，将一切行政行为纳入法律制度的调整范围，不允许任何单位和个人有超越宪法和法律的特权。

二、道路运输管理机构如何制定权责清单

为深入贯彻《中共中央关于全面推进依法治国若干重大问题的决定》，落实中共中央办公厅、国务院办公厅《关于推行地方各级政府工作部门权力清单制度的指导意见》（中办发〔2015〕21 号），交通运输部于 2015 年 9 月 6 日出台了《关于全面深化交通运输法治政府部门建设的意见》（交法发〔2015〕126 号），全面深化交通运输法治政府部门建设，从顶层设计的角度为包括道路运输管理机构在内的交通行政管理部门制定权责清单指明了方向。

(一)道路运输管理部门推行权力清单和责任清单制度应明确的几个问题

(1)权责清单的制定,在遵循"谁行使,谁制定"原则的同时,也应注意制定程序的合法性和公正性。

根据国务院《关于推行地方各级政府工作部门权力清单制度的指导意见》(中办发〔2015〕21号)和部分省(自治区、直辖市)关于制定权力清单的部署,目前我国制定权力清单和责任清单主要遵循"谁行使,谁制定"的原则。制定者主要是行使职权的行政机关,同时各级政府组成部门、特设机构、直属机构、部门管理机构和直属事业单位、部门所属事业单位以及行使行政权力的其他有关单位也具有清单制定权。这就意味着,有多少个行政机关和组织,就有多少个清单制定主体。可见,权力清单和责任清单制定主体可谓纷乱多元。根据"谁行使,谁制定"原则确定权力清单制定主体,可以防止权力清单因脱离实际而导致其无法适用。然而,清单制定的根本目的是为了防止滥用行政职权,控制无处不在、管理面广的行政职权,让权力行使者自己编织束缚自己的"笼子",即使内容可能公正合法,其程序的公正性也难免受到质疑。

鉴于此,为了保证我国行政权责清单内容的合法性与合理性,不能为了清单的可行性就一味遵循"谁行使,谁制定"的原则,而置程序合法性于不顾。清单的制定应以"行政职权法定原则"为主,抬高清单制定主体的行政层级,如可以规定享有行政立法权的主体有权制定权力清单,其余行政主体只能制定执行性清单,即以上级权力清单的内容为限,细化清单内容,不得有所超越和违反,不得进行创设性清单制定,以保证权力清单的合法性。此外,为体现宪法规定的"主权在民"原则,建议考虑增加"谁授权,谁审查"的原则,即行政权力清单的制定和公布必须经过同级国家权力机关的审查监督。

(2)在权责清单制定过程中,应加强规范性文件监督管理。在交通行政执法领域,存在大量法律、法规之外的规范性文件,这些文件往往成为执法人员的执法依据。在制定权力清单和责任清单过程中,我们必须明确这些规范性文件的性质,加强对它们的监督、审查和管理。除法律另有规定外,规范性文件不得设定行政许可、行政处罚、行政强制、行政收费等事项,不得减损公民、法人和其他组织合法权益或者增加其义务。应通过修改完善《交通运输部规范性文件合法性审查办法》(交法发〔2015〕144号),明确规范性文件合法性审查的范围、主体、程序、责任等,从严对规范性文件实施合法性审查。探索建立规范性文件失效制度,规范性文件有效期届满的自动失效,确需继续实施的,应当予以明确。交通运输部已经明确,要启动交通运输规范性文件专项清理工作,并制定了时间表,即2017年年底前,各级交通运输部门要完成对现行规范性文件的清理工作,并将清理结果向社会公布。逐步建立每年向社会公布现行有效规范性文件目录制度,在制定权力清单和责任清单时,应注意做好对这些规范性文件的审查和管理。

对道路运输管理部门规范性文件的审查和管理,其目的在于坚持"法无授权不可为"和"法定职责必须为",避免法外设定权力,避免在没有法律法规依据情况下作出减损公民、法人和其他组织合法权益或者增加其义务的决定。

(3)应通过权力清单、责任清单的制定和公布,强化对道路运输管理执法权力的制约和监督。

坚持以"公开为常态、不公开为例外"的原则,推进决策公开、执行公开、管理公开、服务

公开、结果公开。依法公布涉及公民、法人或其他组织权利和义务的交通运输规范性文件。推行行政执法公示制度，及时公开行政许可办理依据、条件、程序、结果以及行政处罚案件主体信息、案由、处罚依据及处罚结果等。推进交通运输政务公开信息化，加强互联网政务信息数据服务平台和便民服务平台建设，积极探索推行行政权力网上运行。

清单公布后，应自觉接受人大监督、民主监督、司法监督、审计监督、纪检监察监督、舆论监督等外部监督。支持法院受理、审理交通运输行政案件、尊重并执行法院生效裁判。同时强化内部制约机制，强化内部流程控制，防止权力滥用。在做好事前监督工作的同时，加强事中事后监管措施，在法治的轨道上及时完善和创新交通运输事中事后监管机制。

(4)如何依法对道路运输管理权力清单中行使权力的主体进行界定和确认。

一般而言，行使道路运输管理权力的主体是交通行政管理机关，但也存在由法律法规授权的部门行使行政职权(这些实施部门为事业单位)的情况。如果为依法委托行使的行政职权，实施部门仍为政府机关，承办机构为事业单位，应在备注中写明“依法委托”字样。

授权和委托的法律依据在《行政许可法》《行政处罚法》等法律中均有明确规定。

一般情况下，行政许可由具有行政许可权的行政机关在其法定职权范围内实施。但《行政许可法》第二十三条明确规定，法律、法规授权的具有管理公共事务职能的组织，在法定授权范围内，以自己的名义实施行政许可。

《行政许可法》第二十四条规定，行政机关在其法定职权范围内，依照法律、法规、规章的规定，可以委托其他行政机关实施行政许可。委托机关应当将受委托行政机关和受委托实施行政许可的内容予以公告。委托行政机关对受委托行政机关实施行政许可的行为应当负责监督，并对该行为的后果承担法律责任。受委托行政机关在委托范围内，以委托行政机关名义实施行政许可；不得再委托其他组织或者个人实施行政许可。

行政处罚权也是如此。如《行政处罚法》第十六条规定，国务院或者经国务院授权的省(自治区、直辖市)人民政府可以决定一个行政机关行使有关行政机关的行政处罚权，但限制人身自由的行政处罚权只能由公安机关行使。

《行政处罚法》第十七条则规定，法律、法规授权的具有管理公共事务职能的组织可以在法定授权范围内实施行政处罚。

关于委托，在《行政处罚法》第十八条有明确规定：“行政机关依照法律、法规或者规章的规定，可以在其法定权限内委托符合规定条件的组织实施行政处罚。行政机关不得委托其他组织或者个人实施行政处罚。委托行政机关对受委托的组织实施行政处罚的行为应当负责监督，并对该行为的后果承担法律责任。受委托组织在委托范围内，以委托行政机关名义实施行政处罚；不得再委托其他任何组织或者个人实施行政处罚。”

同时，《行政处罚法》第十九条规定，受委托组织必须符合以下条件：依法成立的管理公共事务的事业组织；具有熟悉有关法律、法规、规章和业务的工作人员；对违法行为需要进行技术检查或者技术鉴定的，应当有条件组织进行相应的技术检查或者技术鉴定。

《中华人民共和国道路运输条例》(以下简称《条例》)对此有具体体现。《条例》第七条首先规定了主管全国道路运输管理工作的部门是国务院交通主管部门，负责组织领导地方行政区域的道路运输管理工作的是县级以上地方人民政府交通主管部门。与此同时，有明确授权县级以上道路运输管理机构负责具体实施道路运输管理工作。

（二）道路运输管理机构行政权力清单和责任清单的制作

当前行政权力清单和责任清单制定的制作，一般是由本级或上级政府牵头，由本级政府的工作部门或下级政府具体负责对本单位行政权力的梳理，按图索骥，将一项项的行政权力记载下来，同时提交在梳理过程中整理的相关清理意见，再由本级或上级政府将无权决定的意见提请有权机关决定，在不与法律、法规、规章相冲突的前提下，它们可以对行政权力的具体行使方式作出规定，最终公布一部完整的行政权力清单。

地方道路运输管理机构在编制权力清单的过程中，应在全面梳理现有行政职权的基础上，清理调整并依法审核确认行政职权，参考交通运输部已经公布的权力清单和责任清单样式，厘清权力界限，优化权力运行流程，进而制定出有用、实用、管用的权力清单和责任清单。

（1）认真研读交通运输部公布的管理权力清单制度。

为贯彻落实国务院关于深化行政审批制度改革的要求，加快政府职能转变，创新管理方式，推进交通运输部权力运行的公开、透明与规范，2014 年 11 月 26 日，交通运输部公布了《关于建立交通运输部管理权力清单制度的公告（试行）》（交通运输部令 2014 年第 61 号，以下简称《公告》）。《公告》以便利行政相对人为宗旨，以服务创新为引领，坚持公开晒权、坚持规范行权、坚持简政放权，努力做到将权力关进制度的笼子，让权力在阳光下运行，实现加强对自身约束和接受社会监督的目的。

《公告》的附件包括：行政审批事项及审批流程、2013—2014 年 11 月行政审批项目取消下放后的后续监管措施、行政管理服务创新目录、规章、规范性文件清理安排等内容。

以《行政审批事项及审批流程》为例，汇总公布交通运输部及部直属有关单位实施的行政审批事项共 46 项。审批事项及流程图包含了事项名称、受理方式、办理期限、受理部门、许可机关、审批流程、提交材料目录等内容。通过对审批事项目录化管理，从工作机制上杜绝审批权力随意设置问题；通过公开审批流程，最大限度方便群众办事；通过对审批事项开展实施监督检查，及时发现和纠正行政权力实施过程中存在的问题。

在《公告》的附件 2：《2013—2014 年 11 月行政审批项目取消下放后的后续监管措施》中，列举了从 2013 年以来，交通运输部取消和下放 26 项行政审批事项后，采取的后续监管措施。该文件指出，要在有关领域将实行宽进严管，通过备案、现场监管等方式强化监督，确保既放得开、又管得住，更好地规范交通运输市场秩序，维护交通运输市场良好的发展环境。

交通运输部作为我国交通运输管理领域的最高级别政府部门，初步制定并公布了管理权力清单，为下级交通运输管理部门制定权责清单提供了样板和参考。包括道路运输管理机构在内的各级交通行政管理机关应认真研读，并结合自身职责，梳理并制定出各自的权力清单和责任清单。

（2）摸清现状，做好梳理，这是制定权责清单最基础性的工作。

制作权力清单和责任清单，首先要做的工作就是要搞清楚当下该行政权力主体的基本情况，即该行政主体行政权力的来源，亦即所有法律、法规、规章、其他规范性文件赋予该机构的主要职责以及其内设机构和人员编制等。在将所有的行政权力选取出来之后，确定权力名称，并根据行使该行政权力时行政主体所作出的具体行政行为进行分类梳理，逐条逐项进行登记。

在中共中央办公厅、国务院办公厅印发的《关于推行地方各级政府工作部门权力清单制

度的指导意见》(中办发〔2015〕21 号)中,明确规定,地方各级政府工作部门要对行使的直接面对公民、法人和其他组织的行政职权,分门别类进行全面彻底梳理,逐项列明设定依据,汇总形成部门行政职权目录。各省(自治区、直辖市)政府可参照行政许可、行政处罚、行政强制、行政征收、行政给付、行政检查、行政确认、行政奖励、行政裁决和其他类别的分类方式,结合本地实际,制定统一规范的分类标准,明确梳理的政策要求;其他类别的确定,要符合国家法律法规。

(3)对现有的道路运输管理行政权力加以清理调整并依法审核确认。

在做好全面梳理工作基础上,要按照职权法定原则,对现有行政职权进行清理、调整。对没有法定依据的行政职权,应及时取消,确有必要保留的,按程序办理;可下放给下级政府和部门的职权事项,应及时下放并做好承接工作;对虽有法定依据但不符合全面深化改革要求和经济社会发展需要的,法定依据相互冲突矛盾的,调整对象消失、多年不发生管理行为的行政职权,应及时提出取消或调整的建议。行政职权取消下放后,要加强事中事后的监督管理。

行政权力的根本依据是法律法规,基本依托是政府部门的职能。因此,要对照法律法规及"三定"方案,结合工作实际、群众要求、行政审批制度改革情况,认真梳理各部门及内设机构主要职能及行政权力。在权力清单清理过程中,既要摸清权力的总体情况,也要摸清每一项权力的情况;既要看权力是否合法合规,也要看权力是否合时合需;既要看权力运行的内容,也要看权力运行的程序;既要看权力运行的结果,也要看权力运行的效率;既要看权力行使,也要看责任承担,从而全面梳理出各项行政权力,掌握其法律依据、运行程序、行使效率及对应的责任。

道路运输管理机构对清理后拟保留的行政职权目录,按照严密的工作程序和统一的审核标准,依法逐条逐项进行合法性、合理性和必要性审查。需修改法律法规的,要先修法再调整行政职权,先立后破,有序推进。在审查过程中,要广泛听取基层、专家学者和社会公众的意见,审查结果按规定程序由同级党委和政府确认。

清理调整工作是制定权力清单的重点与难点。如针对没有法律、法规、规章作为设定依据的行政权力,包括下位法与上位法相抵触、旧法与新法相冲突、调整对象已消失、适用期已过等不同情形,应予以取消。在权力清单清理过程中,要对现有权力进行现实研判,提出取消、转移、下放、整合、严管、加强等调整意见。需要说明的是,这些意见针对的权力如果是有规范性法律文件作为授权依据,必须提请有权机关处理;只有在不与现有规范性法律文件相冲突的前提下,政府才可能存在相对自主的空间。

(4)权力清单的公布。

道路运输管理机构对其经过确认保留的行政职权,除保密事项外,要以清单形式将每项职权的名称、编码、类型、依据、行使主体、流程图和监督方式等,及时在政府网站等载体上公布。同时,权力清单交由上级交通行政管理部门进行合法性、合理性和必要性审核确认,并在本机构业务办理窗口、上级部门网站等载体上公布。权力清单可以作为内部文本,也可以作为外部文本。如果仅仅作为内部文本,那么这类行政权力清单只可以作为行政主体内部类似业务指南的工作手册,只有当它作为外部文本被公开后,它才会对行政主体产生实际约束作用,其本身也才会具有行政法价值。

三、建立保障道路运输管理权力清单和责任清单制度运行的配套制度

一是在做好调研的前提下，从道路运输管理领域的执法特点出发，做好权力清单的顶层设计或者顶层指导工作。我国作为一个单一制国家，国家的立法权大部分集中在中央，各级地方政府的法定权力大部分都是自上而下授权的。因此，权责清单制度的全面推行，很大程度上依赖国家层面上建立权力清单和责任清单制度。如果因为行业的不同导致执法领域的不同，使得统一的清单制度模式难以制定，可以考虑从行业的顶层设计做起。以交通运输领域为例，交通运输部可在充分调研的基础上，对交通运输领域权力清单的基本要素作出统一规定，以便于下级部门操作。

二是建立权力清单和责任清单动态调整机制。一方面，权力清单和责任清单制度对我们来说还是一个新生事物，很多做法还处于探索阶段，需要不断调整。另一方面，包括道路运输管理机构在内的执法权力的调整也是一个长期的过程，更是一个法治化程度很高的过程。随着经济社会发展和转型的加快，执法依据和政府职能转变等方面也会随之发生变化，因此必须及时对权力清单和责任清单进行调整，按规定程序确认、公布，确保权力清单和责任清单科学有效、与时俱进，使政府职权管理科学化、规范化、法制化。此外，在汇总权力和责任的过程中，难免有所疏漏，也需要及时查缺补漏，及时调整变化。

三是建立运政权力运行流程优化制度，适应互联网快速发展的需要。权力配置和权力运行是权力清单和责任清单制度的“两翼”。随着治理理念的转变、人员素质的提高、治理能力的增强、信息技术的不断进步和广泛运用，行政权力运行流程具有很大的改善空间，特别是权力清单和责任清单制度促进了电子政务普及化、智能化，有可能给行政权力运行流程带来革命性的变化。因此，需要按照规范运行、技术先进、便民高效、公开透明的要求，建立行政权力运行流程优化制度，整合网上网下，减少办事环节，压缩办理时限，简化办事手续，降低办事成本，实现全程公示，进而实现便捷的“一站式”网上服务，并用电子政务系统设定的程序来规范行政权力运行流程，提高权力运行效益，确保权力行使公平公正、依规合法。

四是建立和健全权力清单和责任清单的监管制度。简政放权和完善监管是一枚硬币的两面，在简政放权的同时，必须加强监管。对于取消和下放的审批事项，必须建立责任明确、任务清晰、程序规范的事中事后监管制度。监管不应流于形式，应可操作、可监督、可追溯，确保监管真正到位，把上下级政府从职权同构变为监督者与执行者的关系，克服权力下放后容易出现的熟人社会和“领导个人说了算”对依法行政的干扰，避免重蹈“一抓就死，一放就乱”的覆辙。要健全违法行政责任追究制度，强化对行政不作为、乱作为的问责，严格按照责任清单所规定的事由启动问责程序，公开问责过程。

第二章　道路运输管理行政许可权力清单与责任清单解析

第一节　行政许可基本原理

一、行政许可的含义

1. 行政许可的概念

随着市场经济的快速发展，行政许可这个术语频繁出现在政府的行政管理和公众的经济、社会活动中。我们知道，行政许可在现实生活中起着合理配置稀缺资源、预防危害社会的行为或事件发生、促进经济持续发展和社会协调进步的作用。但究竟什么是行政许可，在《行政许可法》出台前，学者们众说纷纭，制度上也没有关于行政许可的含义说明。国外有关行政许可的概念有以下说法。

在美国，行政许可主要有四种：一是允许(Permit)，即对具备了某种客观技能和水平的人从事某种活动的一种许可，如为有驾驶技能的驾驶员颁发机动车驾照；二是资格证明(Certification)，即对具有相应教育经历或者专业资格的人从事特定职业的一种能力证明；三是特许(Franchise)，是对有限资源进行配置的一种方式，如出租汽车的经营许可；四是执照(License)，是对经营关系公众健康、社会福利事业的一种许可，如餐馆经营执照。

在英国，行政许可源自英王的特权，后来随着英王行政权力的逐步缩小，特许权不断减少，但政府在行政管理中却广泛地借鉴了这种管理方式。由此，行政许可被当作是对被限制、禁止或者非法事情的一种允许。

在日本，行政许可是指行政机关对法律规定的一般性禁止行为在特定的场合、对特定的人解除其禁止的一种行政行为，如药店、当铺的营业许可。与此相联系的还有特许和认可，其中，特许是对国民设定其原本不拥有的权利或者权利能力的行政行为，如电气、铁路等企业的经营许可；认可是指行政机关补充第三者的合同行为、共同行为等法律行为，使其具有法律上的效力的行政行为，如农地权利转移许可。

《行政许可法》对行政许可的内容作了明确界定，该法第二条规定："本法所称行政许可，是指行政机关根据公民、法人或者其他组织的申请，经依法审查，准予其从事特定活动的行为。"按照上述对行政许可的界定，行政许可有以下三个特征：

第一，行政许可是依照申请采取的行政行为。行政机关针对行政相对人的申请，依法采取相应的行政行为。行政机关不因行政相对人准备从事某项活动而主动颁发许可证或者执照。行政相对人提出申请，是颁发行政许可的前提条件，但这并不代表申请使行政许可具有双方行为的性质。行政许可是行政机关基于行政权而为的单方行为，申请并不意味着必定得到行政机关的认可。行政相对人提出申请,是其从事某种法律行为之前必须履行的法定义务。

第二,行政许可是一种经依法审查的行为。行政许可并不是一经申请即可取得,而要经过行政机关的依法审查。这种审查的结果,可能是给予或者不给予行政许可。行政机关接到行政许可申请之后,首先审查决定是否受理。属于本机关职责范围,材料齐全,符合法定形式的,予以受理。受理之后,根据法定条件和标准,按照法定程序,进行审查,决定是否准予当事人的申请。审查应当公开、公平和公正,依照法定的权限、条件和程序,以保证行政许可决定的准确性。

第三,行政许可是一种授益性行政行为。行政行为按对相对人权益的影响为标准,可分为授益性行政行为和非利益性行政行为。授予行政相对人权利或使相对人取得利益的行政行为是授益性行政行为;剥夺与限制行政相对人权益或要求行政相对人履行义务的行为是非利益行政行为。行政许可与行政处罚和行政征收等行政行为不同,后者是基于法律对行政相对人权益的一种剥夺和限制,而前者是赋予行政相对人某种权利和资格,是一种准予当事人从事某种活动的行为,因此是授益性行政行为。

此外,行政许可还具有区别于其他行政行为的一些特点。第一,它是一种外部行政行为。行政许可法律关系的主体是对外行使行政管理职权的行政机关和受行政机关管理权限约束的相对人,即公民、法人或者其他组织,这一点决定了它是区别于行政机关内部的审批行为和行政机关之间以及上下级行政机关的审批行为。即,行政许可是一种外部行政行为,而不是一种内部行政行为。所谓内部行政行为,是指作用于行政机关内部、行政机关之间或与其有隶属关系的行政工作人员的行政行为。而外部行政行为直接作用于行政机关之外的公民、法人或者组织。第二,行政许可是一种要式行政行为。行政行为以是否具有法定形式要求为标准,可以分为要式行政行为和非要式行政行为。行政许可除了要遵循一定的法定程序,还应以正规的文书、格式、日期、印章等形式予以批准。行政机关作出准予行政许可的决定,需要颁发行政许可证件的,应当向申请人颁发加盖印章的许可证、执照或者其他许可证书,如资格证、资质证或者其他合格证书,以及批准文件或者证明文件等。因此,行政许可是一种要式行政行为。第三,行政许可的功能在于抑制公益上的危险或影响社会秩序的因素,是一种事前控制手段,因而它不同于行政处罚、行政强制等事后或事中所采取的手段。

2. 行政许可的性质

行政许可的基本性质是,它是对特定活动进行事前控制的一种管理手段。对行政许可现象进行解释和说明的理论很多,并且随着国家对经济和社会生活干预程度的变化,还在不断创新、发展。目前有关行政许可的理论观点,大致有三种:

第一种观点认为,行政许可是普遍禁止的解禁,普遍禁止的例外。该观点认为,应当许可的事项,在没有此种限制以前是任何人都可以产生的行为。因为根据法律规定的结果,其自由受到限制,所以许可是对自由的恢复,即不作为义务的解除,并非权利的设定。在早期自由资本主义时期,需经政府许可的事项很少,只有一些很特别的事项需经政府批准,如销售酒和枪支等。这些事项对全社会来说,都是禁止的,只有经政府许可的,才可以特别处理。因此,这时的法学理论通常把行政许可视为普遍禁止的解禁。

第二种观点认为，行政许可是一种权利的赋予，是一种授益性行政行为。即认为行政许可是赋权行为，相对人本没有此项权利，只是因为行政机关的允诺和赋予，才使其获得了一般人不能享有的特权。因为到了现代，国家大量干预经济生活和社会生活，需经政府许可的事项大量增加，这时已难以用解禁说来解释如此广泛的行政许可现象，这就产生了赋权说。

第三种观点吸收了上述两种观点，认为行政许可是解禁与赋权的统一，认为行政许可在性质上具有“赋权”与“限权”双重性质，这种双重性是一个问题的两个方面。对于从许可中受益的相对人来讲，行政许可是一种赋权行为，但对于未经许可或不予许可的相对人来讲，则是一种限制和排斥权利的行为，如准予驾驶机动车，准予开办会计师事务所等，因而是授益性行政行为。但是，对更多未被赋予权利者来说，则是一种禁止，是对行使某种权利的限制，如所有未取得驾驶执照的人都不得驾驶机动车，未被批准开办会计师事务所者，一律不得开办等。在法治国家，公民可以从事一切活动，除非法律有禁止。许可正是权利与禁止这二者的结合点。例如，为了维护社会秩序和公共利益，对驾驶机动车必须实行许可制度。驾驶机动车是一件具有危险性的事情，因此一般人不得驾驶机动车；但驾驶机动车对个人又会产生利益，如求职、就业等，因而又应该允许驾驶机动车。为了利用其有利方面，防止损害他人利益和公共利益的事情发生，国家就需要实行驾驶机动车的许可制度，禁止一般人驾驶机动车，但会驾驶机动车、懂得驾驶规则的人能够获得许可。

二、行政许可的种类

根据不同的标准，可以对行政许可作不同的分类。

按照划分标准的不同，行政许可可分为如下几类：

(1)行为许可与资格许可。行为许可是直接允许申请人从事某种活动，资格许可是赋予申请人某种资格。其实，取得某种资格的目的也是为了从事某种活动，只是许可的直接程度不同。

(2)依据审批程序的宽严程度不同或者对象不同，可分为普通许可和特别许可。

(3)按照许可之后是否还批准其他人的许可申请，可分为排他性许可和非排他性许可。

(4)根据许可证的证明程度，可分为独立许可和附文件的许可。

(5)根据许可是否附有相应的义务，可分为权利性许可和附义务许可。

在现行法律、法规和实际做法中存在审批、审核、批准、认可、同意、核准、登记、备案等名目繁多、称谓各异的许可形式。实际中出现多种形式的许可，一方面是由于行政管理对象的多样性，导致行政管理方式的多样性；另一方面是由于对行政许可的设定和实施不规范。

《行政许可法》按照行政许可的性质、功能和适用条件，将行政许可划分为普通许可、特许、认可、核准和登记五种。

1. 普通许可

是行政机关准予公民、法人或者其他组织从事特定活动的事项。这一类事项的范围非常广泛，包括直接关系国家安全、经济安全、公共利益、人身健康、生命财产安全的事项，比如机动车驾驶许可、道路运输从业资格许可等。这一类事项设定行政许可的目的是防止危险和保障安全。其主要特点是：第一，在这些范围内，相对人行使法定权利或者从事法律没有禁止但附有条件的活动，需经批准；第二，许可事项一般没有数量控制；第三，法律、法规对这类许可事项规定的条件和标准比较明确，行政机关的自由裁量权受到限制；第四，能否取得许可，与申请人自身的条件有关，并且取得的许可不得转让。上述几方面的内容，相互之间有一定的独立性，但有些也不能完全分开，特别是关于直接关系公共安全、人身健康、生命财产安全等方面的事项，往往是一个事物的几个方面，并不能完全划分开来。

2. 特许

是赋予公民、法人或者其他组织特定权利并且具有数量限制的事项。这类许可事项一般与民事权利有关，许可的结果是向相对人授予某种民事权利，功能是分配有限的自然资源和公共资源。这类许可事项的特点是：第一，其目的是为了合理配置、利用现有资源，防止出现资源利用中的无序状态。第二，申请人获得许可，通常要支付一定的代价，特别是有关自然资源开发、利用方面的许可。第三，许可与民事合同发生竞合，国家以自然资源和公共资源所有者的身份，向申请人颁发许可，既是以行政权力准许申请人从事开发利用的活动，又可以说是以特定的民事主体身份，转让民事权利。第四，申请人取得的许可，一般可以依法转让。第五，这类许可一般都有数量限制。

3. 认可

是资格资质方面的事项。公民、法人或者其他组织为公众提供服务，所从事的职业和工作直接关系公共利益，因而国家要求从事这些职业或行业的公民和组织具备特殊的资格和条件。在这一领域设定许可，主要目的是提高从业水平或者某种技能、信誉。其特点是：第一，这种许可事项限于为公众直接提供服务的特定职业和行业，间接提供服务，不需要设定许可。对于一些单位、企业内部的一些岗位、职位的资格要求，可以由各单位规定资格条件，而不必由国家来统一确定资格。第二，这些职业和行业直接关系公共利益。第三，从事这些职业或行业要具备特殊信誉、特殊条件或者特殊技能，并且需要国家统一规定。这里包含了三个“特殊”，可见其不同于其他的职业或行业。第四，这类资格资质的授予，通过考试、考核方式确定。第五，资格资质与相对人的身份相联系，不能转让、不能继承。目前，公民的职业资格许可主要有两类：一是职业资格许可。如律师资格证，《中华人民共和国律师法》规定，律师执业应当取得律师资格和执业证书；执业医师资格证，《中华人民共和国执业医师法》规定，国家实行医师资格考试制度。医师资格考试分为执业医师资格考试和执业助理医师资格考试。医师资格考试成绩合格，取得执业医师资格或者执业助理医师资格。二是劳动技能资格许可。《中华人民共和国劳动法》规定，国家确定职业分类，对规定的职业制定职业技能标准，实行职业资格证书制度，由经过政府批准的考核鉴定机构负责对劳动者实施职业技能考核鉴定。

有关企业和组织的资格、资质，主要有施工企业、勘察单位、设计单位、监理单位资质证书，证券交易所会员资格，测绘资格资质，从事工程建设项目招标代理业务的招标代理机构资格证等。

4. 核准

是对特定物的检测、检验和检疫。这一类事项通常被认为是对物的许可，其实，物与人联系起来，进入到社会生活中，才具有法律上的意义，孤立存在的物是没有法律意义的。在行政许可中，表面上看是对物的许可，实质上是对物的所有人支配和使用该物的一种许可。如国家行政主管部门对电梯进行检验并颁发合格证，表面上看是检验电梯是否安全、合格，

其实质是允许所有权人使用该电梯。如果所有权人不打算把该电梯投入使用,或者只用作展览,就不需要检验其是否安全合格。再有,如对动植物的检验,表面上看只是对这种物的检疫,但其目的是为了允许其所有权人销售、加工该动植物。这一类许可事项的特点是:第一,以对物的检验、检测和检疫为依据决定是否许可,行政机关没有自由裁量权;第二,以既定的技术规范和技术标准作依据,没有数量限制;第三,这种许可相对于被许可人有一定的独立性,被检定为合格的物,在其所有权发生转变时,对该物品的许可仍然有效;第四,这种许可的实质是许可该物的所有权人使用、销售该物品。

核准与普通许可既有区别,又有联系。就其共同点来说,都是准予申请人从事某种活动;就其区别而言,普通许可所列事项,侧重于特定的活动,并且这种活动不与特定的物联系起来;而核准所列事项,虽然最终也是准许申请人从事某种活动,但这种活动是与特定的物联系起来的。

5. 登记

是确定主体资格方面的事项,主要形式是登记。其功能是通过登记,确立个人、企业或者其他组织的特定主体资格。其特点是:第一,未经合法登记、取得特定主体资格的,不得从事相关活动;第二,没有数量上的限制;第三,对申请材料一般只进行形式审查,通常可以当场作出是否准予的决定;第四,行政机关没有自由裁量权。

登记许可主要有两类:一类是企业法人登记,确立其市场主体资格;另一类是社会组织登记,包括社会团体、事业单位、民办非企业单位登记等,以确立其从事社会活动的资格。这两类主体的确立,都需要按照法定条件登记。对于登记是否属于行政许可,立法过程中有不同意见,有的认为登记只是一种确认行为,不属于许可;有的认为当事人不登记,从事相关活动属于违法,因此也是行政许可。总的来看,我国的登记种类比较多,有些登记属于事后确认性质,不属于许可,如房屋登记、抵押登记等。但有一些登记,实际是为了取得行为能力、活动资格,因此这种登记属于行政许可。

三、行政许可法的适用范围

《行政许可法》界定了什么是行政许可,并且规定了行政许可的设定和实施,应当说已经比较清楚地划定了《行政许可法》的调整范围。但是,由于行政许可现象非常复杂,对什么是行政许可,人们看法不一。比如,对结婚登记是否属于一种行政许可行为就有不同的看法。有的认为结婚登记符合《行政许可法》规定的行政许可定义,首先是当事人的申请,只有当事人的申请才能启动结婚登记;其次是经依法审查,婚姻登记机关要审查当事人是否符合结婚的条件,如是否达到法定婚龄,是否属于近亲属,是否患有医学上不宜结婚的疾病等;第三,符合法定条件的,准予结婚,结成夫妻关系;第四,未经登记而同居的,属于违法行为,不受法律保护。因此,结婚登记是一种行政许可。反对者则认为,尽管结婚登记符合上述定义,但也不是一种许可行为。行政机关的登记仅是一种确认,证明双方的夫妻关系。决定结婚是男女双方当事人的自主权,行政机关不能决定也不能干涉这种行为。如果我们把结婚登记都当成行政许可,容易助长行政权对公民权利的干涉。对这个问题的争论,反映了《行政许可法》的定义并没有完全解决《行政许可法》的调整范围问题。特别是《行政许可法》草案说明中的解释,行政许可就是通常所说的“行政审批”,而行政审批通常被理解为行政机关所作的审批,这种审批在行政机关的工作中是非常普遍的。严格来讲,行政审批只是依审批主体所作的界定,它和行政机关依相对人的申请而进行的审批,是有交叉重叠的。这就需要进一步从反面来界定《行政许可法》的调整范围,将不适用《行政许可法》的事项排除在外。《行政许可法》对不适用《行政许可法》调整范围事项的规定,排除的是那些同《行政许可法》规定的行政许可事项有密切联系、在工作中难以严格区分、执行中又难以按《行政许可法》规定办理的事项。

《行政许可法》明确规定不适用行政许可制度的事项有两类:一是有关行政机关对其他机关人事、财务、外事等事项的审批。每一个行政机关通常都承担特定的社会管理职能,属于管理者;但同时它们也是被管理者,国家对行政机关的人、财、物等实行集中统一管理,由指定的行政机关负责审批、划拨和监督等工作,以保障国家财政资金运转的效率和人事任用的公平,促进行政机关的协调运转。例如,每个行政部门都有自己的预算,这些预算是本级预算的组成部分,只有经财政部门批复之后,才可以执行。又如行政部门开展外事交流活动,以本部门名义谈判和签署属于本部门职权范围内事项的协定,需要会商外交部。财政、外事部门对这些事项的审批,虽然符合行政许可的一些特点,但它行使的不是一种社会管理职能,其对象是特定的行政机关,而不是非特定的公民、法人或者组织。因此,这种审批不属于行政许可,不适用《行政许可法》。需要说明的是,这里的"其他机关"不仅包括了行政机关,还包括了国家权力机关、司法机关以及政党、团体等组织。二是行政机关对直属事业单位有关事项的审批。我国的法人组织中有企业、事业单位和国家机关,其中事业单位不同于企业法人,是为发展特定的事业而设立的法人组织,通常不以营利为目的,致力于发展社会公益事业,如学校、医院、科研单位和文艺团体等。由于历史的原因,我国社会公共事业和福利事业的兴办,很多都是由国家出资来兴办的,因此,我国的行政部门直接管理着一大批这样的事业单位。行政机关对这些单位进行管理,少不了要对事业单位的各种事项进行审批。但这种审批是基于行政机关对这些单位的直接隶属关系,即这些单位是由国家出资兴办的,由国家授权特定的行政部门来进行管理,而审批权来源于国家出资和资金划拨,不同于行政机关对一般性社会事务的管理,因此不属于行政许可,不适用于《行政许可法》。

除了《行政许可法》第二条明确规定不适用的行为外,在实践中还有一些容易同行政许可、行政审批相混淆,但不具有行政许可特征的行政行为,这些行政行为也不适用于《行政许可法》,主要有如下三类。

一是内部审批行政行为,即上级行政机关基于行政隶属关系对下级行政机关有关请示报告事项的审批。在行政管理中,下级行政机关经常就工作中的一些重要计划、规划、决策以及贯彻执行法律、法规和国家方针政策中的问题请示上级国家机关,由上级国家机关予以审查批准。这种审查批准,是一种内部行政法律关系,是行政机关内部上下级领导关系的一种体现,不同于作为外部行政法律关系的行政许可,因此这种审批不适用《行政许可法》。当然,在上级对下级报批事项的审批中,有一些是下级行政机关受理的公民、法人或者其他组织的申请,按照管理权限,经本级行政机关审查提出意见后,报上级审批。这种审批属于行政许可决定程序中的一个环节,应当适用于《行政许可法》。

二是处置财产权利的审批,如行政机关以出资人的身份对国有企业资产处置等事项的审批。这种审批是因为资产所有权而产生的,行使的是所谓的"老板权"。国家对国有资产

处置的审批，由于交由行政机关去审批，因此在过程中产生了主体的竞合。这时的行政机关具有双重身份，既是行政管理机关，又是国有资产所有者的代表。它在对国有资产处置进行审批时，是作为所有者的代表在履行职责，因此不属于行政许可。这里如果不分清其中的法律关系，就容易混淆两种审批的性质。随着国有资产管理体制的深化，这种审批区别于行政许可的特点将越来越明显。就全国而言，国务院设立国有资产管理委员会，作为其特设机构，负责国有资产的管理。国有资产管理委员会不属于行政机关，因此对国有企业有关事项的审批，当然不属于行政许可。

三是行政机关确认财产权利及其他民事关系的登记。我国的登记种类很多，概括起来是两类：一类是确认登记，主要包括产权登记、抵押登记、结婚登记、收养登记、个人身份登记、特定事实登记等，这类登记不属于行政许可，但属于事后程序，是保护和确认登记人的权利，而不是重新赋予其权利。在这类登记中，行政机关行使的不是行政管理权，而是以第三人的身份出现，起证实和确认作用。另一类是设立、开业登记。设立法人登记的实质是取得民事权利能力和行为能力。因此，设立、开业登记都属于行政许可。

四、行政许可的作用

1. 规范行政许可的设定和实施

这可以概括为最直接的立法目的，也反映了行政许可立法的必要性。所谓行政许可设定权，就是规定公民、法人或者其他组织从事某些特定的活动，需要事先经行政机关批准的权力。过去，行政许可的设定权不够明确，设定主体比较混乱，致使行政许可事项不断增加，加大了经济发展成本，甚至阻碍了经济和社会的发展，打消了公民、法人或者其他组织的创造性和积极性。为了从源头上解决行政审批过多过滥的问题，《行政许可法》在立法宗旨上，开宗明义，规范了行政许可的设定。《行政许可法》在规范行政许可的设定上，主要从两个方面入手：一是规范行政许可的设定范围，明确了可以设定行政许可的主要事项；二是规范设定行政许可的主体，严格限制和减少设定主体。根据《行政许可法》的规定，享有行政许可设定权的，只有法律、行政法规（包括国务院的决定）、地方性法规以及省级人民政府规章。过去曾大量设定行政许可的部门规章，被取消了设定权；对省级人民政府设定行政许可，也作了严格的限制。除了法律、行政法规（包括国务院的决定）、地方性法规和省级人民政府规章外，其他规范性文件一律不得设定行政许可；凡是设定了行政许可的，一律无效，并予以撤销。这对从源头上治理行政审批过多过滥的现象具有重要意义。行政许可的实施，就是指行政机关按照法定的程序，批准或者不批准公民、法人或者其他组织的行政许可申请活动以及对被许可人的监督和管理等。过去，由于行政许可的实施程序没有统一立法，行政许可的办理，在不同地区、不同部门均有很大的差异。有些审批程序不公开、不公平，成为腐败滋生的"温床"；有些审批程序非常烦琐，不利于老百姓办事。行政许可立法，一方面要减少行政审批，另一方面要简化行政审批程序。实施行政许可，要做到公正、公开，公布许可条件，禁止暗箱操作；一个行政机关实施行政许可涉及机关内部几个环节的，应当"一个窗口"对外；依法需要几个部门许可的，要集中统一办理，尽量减少多头审批；决定行政许可，行政机关应当听取当事人的意见，不予许可的要说明理由等。

2. 实现保护公民利益和维护公共利益的统一

这可以理解为行政许可立法的间接目的,即在规范行政许可的设定和实施的过程中所要达到的目的。它体现了行政许可法的价值取向。主要包括以下几点:

(1)保护公民、法人和其他组织的合法权益。国家行政机关在负责组织、领导和管理国家行政事务,行使国家行政管理职权的过程中,根据宪法、法律、行政法规、地方性法规以及行政规章的规定,可以采取行政措施,依职权做出各种具体行政行为。虽然行政机关的行政行为必须依据法律或者在法律规定的范围内做出,但国家行政机关在国家机构中是机关最大、工作人员最多,管理的范围和涉及的领域最广,同公民关系最为密切的机关,在行使职权时也最容易与相对人发生纠纷。就行政许可的实施而言,行政机关可以批准或者不批准行政许可申请人的申请,可以撤销、吊销、注销已经颁发的行政许可,可以对被许可人进行种种监管等。这些权力运用不当,都有可能侵犯被许可人的合法权益。《行政许可法》对行政许可设定和实施进行规范,在设计有关制度和程序的时候,一个重要的指导思想就是要保护公民、法人或者其他组织的合法权益。如行政许可的设定和实施,应当依照法定权限、范围、条件和程序;应当遵循公开、公正、公平、便民的原则。公民、法人或者其他组织对行政机关实施行政许可,享有陈述权、申辩权;有权申请行政复议或者提起行政诉讼;其合法权益因行政机关违法实施行政许可受到损害的,有权依法要求赔偿。特别是《行政许可法》还规定了信赖保护原则,即公民、法人或者其他组织依法取得的行政许可,受法律保护,行政机关不得擅自撤销。这些都是保护公民、法人或者其他组织合法权益的直接体现。

(2)维护公共利益和社会秩序。不同公民的权利和自由的有机组合、和谐相处的状态构成了社会发展和稳定所必需的秩序。维护这种秩序,是社会成员的一种共同利益和要求。当某个个体的权利和自由超越一定的界线,不断膨胀和扩大时,就会影响或损害他人的权利和自由,进而损害公共利益和社会秩序。因此,对权利和自由的行使要有一定的限制和监督,这就是行政管理的任务之一。公共利益和社会秩序并不脱离公民的权利和自由单独存在,而是通过具体的权利和自由体现出来。对公共利益和社会秩序的维护,也是从根本上维护大多数人的利益。行政许可立法致力于在保护公民权利与维护公共利益和社会秩序方面寻找最佳结合点。如行政机关实施行政许可,一方面要坚持公开、公平和公正的原则,接受公民、法人或者其他组织的监督;另一方面,要对被许可人从事许可活动实施有效监督,对违法从事许可活动的个人和组织,依法给予处理。需要指出的是,公共利益在本质上是非人格化的利益,是不特定的多数人的利益,它与部门利益、单位利益和小集体利益是有本质区别的。实践中,有的假借公共利益之名,行谋取部门利益、小集体利益之实,这是应当予以警惕和注意的。

(3)保障和监督行政机关有效实施行政管理。保障公民的权利和自由,维护公共利益和社会秩序,都需要行政机关积极开展工作来实现。但在对行政机关权限的赋予上,要两者兼顾。行政机关的权限过小、手段过少,会影响上述目的的实现;但权限过大,缺乏监督,就有可能导致权力滥用,同样会影响上述双重目的的实现。正是基于以上要求,《行政许可法》对行政机关的规定,包括两个方面,一是保障行政机关依法行使职权,二是监督行政机关依法履行职责。在行政法的发展历史中,先后有两种理论观点:一种强调管理,即行政法就是管理法,侧重于保障行政机关行使职权,赋予其充分的法律手段;另一种则强调控制和抑制行政权,以保护公民的权利。现在,我国的行政法理论已基本形成了一种共识,即对行政机关,

既要保障其依法行使职权，又要加强对其行使权力活动的监督。我国的《行政诉讼法》《行政复议法》《行政处罚法》等都体现了这一思想，《行政许可法》也不例外。一方面，赋予国务院和省级人民政府一定的行政许可设定权，方便他们及时运用行政许可手段进行管理；规定行政许可的实施机关和实施程序，保障行政机关依法实施行政许可；赋予行政机关监督检查权，保障了行政机关对行政许可的监管；规定违反行政许可管理的法律责任，保障了行政机关的处罚手段等。另一方面，监督行政机关实施行政管理，如在行政许可的实施过程中，规定了行政机关的具体责任；公民可以提请行政复议和行政诉讼；上级行政机关、监察机关等可以监督行政机关实施行政许可的行为；行政机关及其工作人员违法实施行政许可应当承担相应的法律责任等。

第二节　道路运输行政许可权力清单解析

一、道路运输管理行政许可的设定原则与程序

在党中央、国务院的正确领导和相关部门的大力支持下，交通运输行政审批制度改革迈出了坚实步伐，取得了明显成效，先后分四批取消下放了17项行政审批项目，改革成效初步显现。通过解放思想、转变职能、下放权力和取消审批，交通运输行业在实践中提高了思想认识，激发了市场活力，发挥了地方作用，创新了管理方式，加强了宏观管理，深化改革的红利不断释放。

设定行政许可是指法定的国家机关按照法定的程序，独立作出哪些行为需要经过批准才可以进行，应当按照什么样的程序和条件来进行批准或者不批准的规定。我国行政许可的设定，最基本的和最主要的形式还是法律，在地方主要是地方性法规。

（一）设定行政许可的基本原则

1. 按照法定的权限、范围、条件和程序设定行政许可

《行政许可法》第四条规定："设定和实施行政许可，应当依照法定的权限、范围、条件和程序。"

依法办事是法治的一项基本原则，它体现在行政管理领域，就是要依法行政。依法行政，简单地说，就是法定的行政机关，在法定的权限范围内，按照法定程序履行行政管理职责，并接受监督。行政机关的设立及其职权的赋予，应当由法律规定。行政机关要按照法律规定的权限和程序行使职权，并接受司法机关和有关机关的监督。本条的规定，就是依法办事原则、依法行政原则在设定和实施行政许可上的具体体现。

（1）按照法定的权限设定行政许可。这包括三层含义：一是设定权由法律赋予。《行政许可法》为了减少行政许可，从源头上治理行政许可过多过滥的问题，减少了行政许可的设定主体，特别是取消了设定大量行政许可的部委规章的行政许可设定权，并对地方政府规章的行政许可设定权，也作了严格限制。行政许可的设定只能由全国人民代表大会、国务院、有权制定地方性法规的省（直辖市、自治区）人民代表大会及其常务委员会、有权制定地方政府规章的省级人民政府行使。二是有权设定行政许可的机关，应当按照《中华人民共和国立法法》（以下简称《立法法》）规定的权限和《行政许可法》的规定设定行政许可。我国《立法

法》规定了全国人民代表大会及其常务委员会的专属立法权，规定了行政法规和地方性法规以及规章的权限范围。行政法规、地方性法规和规章在设定行政许可时，应当遵守上述权限范围的规定，不得越权设定行政许可。同时，还应当遵守《行政许可法》的有关规定，对于《行政许可法》规定可以设定行政许可的事项，应在上位法没有设定行政许可的情况下，下位法才可以设定行政许可；上位法已经设定了行政许可的，下位法只能对实施该行政许可作具体规定。就地方性法规和省级人民政府规章而言，不得设定应当由国家统一确定的公民、法人或者其他组织的资格、资质的行政许可；不得设定企业或者其他组织的设立登记及其前置性行政许可。其设定的行政许可，不得限制其他地区的个人或者企业到本地区从事生产经营和提供服务，不得限制其他地区的商品进入本地区市场。三是没有行政许可设定权的机关和组织，一律不得设定行政许可。

(2)按照法定的范围设定行政许可。即所设定的行政许可，要符合《行政许可法》中规定可以设定行政许可的事项范围。《行政许可法》对可以设定行政许可的事项，规定了几个大的方面，主要是国家安全、公共安全、人身健康、生命财产安全；自然资源的开发利用和公共资源的配置及特定行业的市场准入；公民、法人或者其他组织的资格资质；确定企业或者其他组织的主体资格等方面的事项。并且即使在《行政许可法》规定的可以设定行政许可的事项范围内，如果能够通过市场竞争机制调节，行业组织和中介机构自律性管理或者采用事后监督方式，能够予以规范和约束的，可以不设定行政许可。按照法定的范围实施行政许可，就是实施行政许可要严格依据法律、法规的规定，实施机关不得擅自扩大行政许可的项目和种类。

(3)按照法定的程序设定行政许可。设定行政许可是一种立法行为。设定行政许可按照法定程序，就是要遵守有关的立法程序。法律由全国人民代表大会或者其常务委员会制定。全国人大常委会审议制定法律，一般实行三审制，也就是只有经过三次常委会会议审议后才能交付表决。行政法规由国务院常务会议或者全体会议讨论决定，以国务院令的形式发布。地方性法规由省级人大或者其常委会制定或者批准。地方政府规章要由省、市政府常务会议或者全体会议讨论决定，以政府令的形式发布。在立法过程中，要广泛征求和听取意见，听取意见可采取座谈会、论证会和听证会等形式。对设定行政许可，《行政许可法》还专门规定，应当明确规定行政许可的实施机关、条件、程序、期限。起草法律草案、法规草案和省级政府规章草案，拟设定行政许可的，起草单位应当采取听证会、论证会等形式广泛听取意见，并向制定机关说明设定该行政许可的必要性、对经济和社会可能产生的影响以及听取和采纳意见的情况。这些都是设定行政许可时应当遵守的程序。

2. 设定行政许可，应当遵循公开、公平、公正的原则

公开、公平和公正是现代行政程序中的三项重要原则，行政许可作为行政行为中的一种，其设定和实施，也要遵循这三项原则。公开、公平和公正是相互联系的。公开是一种手段，公平、公正是目的，公开促进公平、公正的实现；公平、公正必然要求行政行为公开，“暗箱操作”是没有公平、公正可言的。公开、公平和公正都要通过程序来保障和实现，没有法定的程序，这些原则既无法实现，也没有判断标准。

(1)公开原则。

公开的本意是不加隐蔽。行政程序中的公开，其基本含义是政府行为除依法应当保密

的以外，应一律公开进行；行政法规、规章、行政政策以及行政机关作出影响行政相对人权利、义务的行为的标准、条件、程序应当依法公布，允许相对人依法查阅、复制；有关行政会议、会议决议、会议决定以及行政机关及其工作人员的活动情况应允许新闻媒介依法采访、报道和评论。设定过程要公开，即在设定过程中，对设定的必要性、可行性，设定行政许可的成本等，要广泛征求意见，采取多种形式，让公众参与行政许可的设定。主要要求包括：第一，制定行政法规、规章、政策的活动应当公开，法规、规章、政策制定之前应广泛征求和充分听取相对人的意见。第二，行政法规、规章应一律在政府公报或其他公开刊物上公布。第三，允许新闻媒介对有关政策法规予以公开发布。

不予公开的例外情形有如下几种。当行政许可涉及国家秘密、商业秘密和个人隐私时，不适用公开原则。根据《中华人民共和国保密法》的规定，国家秘密是关系国家的安全和利益，依照法定程序确定，在一定时间内只限一定范围的人员知悉的事项。根据《中华人民共和国反不正当竞争法》的规定，商业秘密是指不为公众所知悉，能为权利人带来经济利益，具有实用性并经权利人采取保密措施的技术信息和经营信息。个人隐私是指公民个人生活中不愿为他人公开或知悉的秘密。这里有两个问题需要说明：一是作为行政许可的依据，即法律、法规文件，没有例外，应当一律公开；二是公开的例外不等于不公开。公开方式有主动公开、依申请公开；按范围不同，有对公众公开、对特定的相对人公开两种方式。行政许可如果涉及国家秘密、商业秘密和个人隐私，则不对公众公开，但应对当事人公开。

在行政许可的设定过程中贯彻公开原则，对于保护行政许可申请人的合法权益，克服行政机关的官僚主义，促进廉政建设，提高行政效率，具有重要的意义。

(2)公平、公正原则。

公平和公正是历史悠久的法律原则，也是法律所追求的价值目标。公平和公正在内涵和外延上，尽管并不完全相同，但其共同点远远多于不同点。因此，通常把它作为一个原则来研究。在行政程序中，公平、公正的基本精神是要求行政机关及其工作人员办事公道，不徇私情，合理考虑相关因素；要求行政机关及其工作人员平等对待相对人，即同样情况，同样对待，不同情况，不同对待；不因相对人的不同身份、民族、种族、性别或者不同宗教信仰而予以歧视。无论是公正还是公平，都包括实体和程序两个方面的要求。实体要求是：第一，不偏私，即要求行政机关及其工作人员严格依法办事。法律不是确定某一个人的特殊利益，也不是针对某一个人或某几个人的，而是根据社会的整体利益所作的规定。公平、公正应当以依法办事为标准；离开依法办事，公平、公正就难以判断。第二，平等对待当事人。这是公民在法律面前一律平等的宪法原则在行政法领域的具体体现。行政机关实施行政行为，都必须平等对待任何相对人，不能因相对人的身份、民族、性别、宗教信仰等的不同而给予不平等的待遇。平等对待并不排除对弱势群体的照顾，对少数民族、女性或社会上处于弱势地位的群体(残疾人)不仅不应歧视，还应根据实际与可能，适当地对他们予以优待和照顾。第三，合理考虑相关因素，不专断。所谓“相关因素”，包括法律法规规定的条件、政策的要求、社会公正的准则、相对人的个人情况、行为可能产生的正面或负面效果等。所谓“专断”，就是不考虑应考虑的相关因素，凭自己的主观认识、推理、判断，任意、武断地作出决定和实施行政行为。公平、公正的程序要求是：第一，自己不做自己的法官。行政机关工作人员在处理涉及与自己利害关系的事务时，应当主动回避或根据当事人的申请回避。第二，不单方接触。

行政机关的行政行为同时涉及两个或者两个以上相对人的利益时,不能在一方当事人不在场的情况下,单独与另一方当事人接触和听取其陈述,接受其证据。第三,对相对人作出不利的行政决定时,应事先通知相对人,并听取相对人的陈述和申辩意见。

设定行政许可,应当遵循公平、公正的原则,实质是立法上要体现公正、公平的原则,因为设定行政许可本身是一种立法行为。其具体要求主要是:第一,设定许可的条件和标准要公平合理。设定行政许可体现公平、公正的要求,就是要合理规定颁发许可的条件和标准,这种条件和标准应是客观的,是从事许可行为所应当具备的。与从事许可行为不相关的条件和标准,就不应当作出规定。第二,标准和条件要统一,不得因为当事人所在的地区、行业、所有制不同,就规定不同的条件和标准。第三,要规定和设计公平、公正的程序。这种程序既要保护申请人的合法权益,也要维护第三人的合法权益,同时还要便于行政机关工作,提高办事效率。

对于如何判断是否做到了公平、公正,即公平、公正的标准问题,有三种不同观点:第一种观点认为公平、公正是主观的,主要看实施行政许可的人员的态度,只要实施行政许可没有背离行政许可本身的目的和原则,就是公平和公正的。第二种观点认为,公平、公正的标准应当是客观的,是一般人都能发现和判断的。第三种观点认为公平、公正的标准应当包括主观和客观两方面,两者要兼备。不管按哪一种观点去理解,都要同法律规定的程序和要求结合起来,脱离法律的规定,讨论公平、公正是困难的。

3. 设定行政许可,应当符合立法目的和社会利益

《行政许可法》第十一条规定:“设定行政许可,应当遵循经济和社会发展规律,有利于发挥公民、法人或者其他组织的积极性、主动性,维护公共利益和社会秩序,促进经济、社会和生态环境协调发展。”

(1)应当遵循经济和社会发展规律。

行政许可的设定与经济和社会发展的程度直接相关。特定领域的行政许可权力始终离不开特定的经济发展水平与社会的发达程度。生产力决定生产关系,生产关系反作用于生产力;经济基础决定上层建筑,上层建筑反作用于经济基础。这是历史唯物主义对经济和社会发展规律的探索和总结。行政许可属于行政管理制度,属于上层建筑的组成部分。对行政许可管理手段的运用,要符合经济社会发展规律。行政许可运用得当,可以调节经济和社会中的各种矛盾,促进经济和社会的发展;反之,行政许可运用不得当,滥设许可,将会导致经济发展成本过高,阻碍经济和社会的发展。改革开放以来,经过十几年的发展,我国已经在很多必要的行政管理领域设置了行政许可制度,在维护经济和社会秩序,保障国家、社会和公民的权利和利益方面,起到了积极作用,但由于缺乏统一的法律规定,许可设置过多、过滥,程序烦琐,在很多方面已经走向反面,成为阻碍经济发展、损害公民权利的“扰民制度”,有些还成为腐败滋生的“温床”,弊端日益显露。为了克服不当行政许可给经济发展带来的阻力,一些地方首先自发地开展了行政审批制度的改革,减少行政审批,规范审批程序,方便当事人办事。这一改革随后被中央肯定,进而在全国范围开展行政审批改革,并将改革成果法律化,这显示了我们对行政许可制度认识的深化。

(2)应当有利于发挥公民、法人或者其他组织的积极性、主动性。

无论是将行政许可理解为普遍禁止的解除,还是对公民权利的赋予,抑或是解禁与赋权

的统一,行政许可都涉及公民的权利和自由。因此,在设定行政许可时,要正确对待公民的权利和自由,要有利于发挥公民、法人或者其他组织的积极性、主动性。人是社会的细胞和要素,人类社会发展的历史一再表明,一个社会是否有活力,是否具有发展潜力,最关键的是要看这个社会中的人是否能保持活力,充分发挥其创造力。如果在一个社会里,个人的任何行动都需经许可后才能产生,这个社会肯定缺少发展的内在活力;相反,赋予个人权利和自由,就会最大限度地发挥个人的聪明才智,保证社会物质财富的增加,促进社会的进步与发展。一个发达的文明社会必然是其成员的聪明才智得到极大发挥的社会。行政许可具有双重性,合理设定,可以有效地配置社会资源,为个人施展才智创造良好的社会秩序;相反,设置过多、过滥,或者不合理,必然抑制个人的创造性和积极性,影响其聪明才智的发挥。因此,设定行政许可,应当有利于发挥公民、法人或者其他组织的积极性和主动性。所设定的行政许可,应当是政府行政管理最必要的,应将其限定在限制和影响公民权利和自由的最低限度方面,更不能遏制甚至剥夺公民的权利和自由。近年来,个别地方曾发生过公民申请结婚登记时,竟要检查申请人的处女膜,以确定其是否有婚前性行为,不让检查就不准登记的事件。这无疑是荒诞的,是对公民隐私权的粗暴侵犯。

(3)维护公共利益和社会秩序。

人对自由的向往和追求,必然导致其超越既有的约束和限制,而人是社会中的人,必须与他人共同生存、生活。这就需要在保障个人自由的同时,维护公共利益和社会秩序。行政许可的设定,很多是出于维护公共利益和社会秩序的直接需要。对于直接关系国家安全、公共安全、人身健康和生命财产安全以及生态环境保护的事项,如爆炸品等危险物品的生产、储存、运输、销售和使用等,不仅是可以设定行政许可,而且是应当设定行政许可,不得存在管理上的漏洞,否则将导致严重的后果。

(4)促进经济、社会和生态环境协调发展。

整个人类社会发展的历史就是一部人类不断改造自然、征服自然的历史。在人类的历史进程中,人类本身不仅从大自然那里获取了维持生存与发展的物质资料,而且改造了自然。在人类与自然的关系问题上,人类社会的发展经历了一条曲折的道路。随着人类改造自然的能力不断提高,以及对自然界的开发不断加大,自然生态愈发不平衡,各种生态环境问题日益显现,如水源污染、矿产资源枯竭、野生动物灭绝等,人类的生存环境受到破坏。在此情况下,人类开始认识到人与自然的相互依赖性,强调对自然的保护,以及人与自然的和谐相处。为此,通过行政许可制度调整人与自然的关系,如设置采矿许可、狩猎许可、排污许可等,可以促进对自然资源的合理利用与保护。因此,设定行政许可,要兼顾经济、社会和生态环境的协调发展。

(二)设定行政许可的程序规定

1. 行政许可设定范围

《行政许可法》第十三条规定:“通过下列方式能够予以规范的,可以不设行政许可:①公民、法人或者其他组织能够自主决定的;②市场竞争机制能够有效调节的;③行业组织或者中介机构能够自律管理的;④行政机关采用事后监督等其他行政管理方式能够解决的。”

(1)依法由公民、法人或者其他组织自主决定的事项。

法学理论通常认为,凡是法律未禁止的,就是公民可以行为的;而对国家机关来说,凡是法律未赋予其权力的，都意味着是禁止的。这种理论比较合理地表述了国家权力与公民权利的分配。在这种权利和权力的配置下，公民的权利和自由是广泛的，它包括了政治、民事等多方面的权利。其中，民事权利包括了财产权、人身权等，人身权又包括了姓名权、肖像权、名誉权等。公民权利和自由的行使，有些不涉及他人的权利和自由，如人格权、通信秘密等；还有一些权利和自由，虽然与社会生活发生关系，但通过正常的分析和判断，是可以自主决定的，国家对这类行为不去干预。例如，过去争论的一个问题，对保姆是否要设定资格？赞成者认为，保姆进入另外一家的家庭生活，密切接触家庭的财产，看管和护理小孩和老人，事关一家的财产与生命安全。鉴于一些地方发生了保姆骗走小孩、盗窃财物等情况，因此应当设定资格许可。另一种观点认为，保姆的品性如何，雇用一个什么样的保姆，采取什么方式进行管教，聘请者完全可以自主决定，不需要国家来干预，即使国家设定了资格许可，上述现象仍然会发生，因此完全没有必要设定资格许可。显然，聘请保姆这类的事情，是当事人可以决定的事情，也应当由当事人自主决定，设定许可是政府过度干预的表现。

(2)市场机制能够有效调节的事项。

对经济的调节有两种，一种是市场竞争调节，还有一种是政府调节。政府调节是在市场调节失灵或市场调节滞后情况下的一种行政干预。进行这种干预时，需动用行政权力，对一些经济生活实施许可制度。在市场竞争可以有效调节时，行政干预就要退出。如在市场经济条件下，商品如何定价，完全可以由生产者和销售者确定，因为商品价格与商品的质量紧密联系，如果质次价高，就会无人购买；物美价廉，就会争相购买，市场竞争完全可以解决价格问题。再有，一些行业的投资，也是可以通过平均利润率来调节的，当某一行业的投资回报超过平均利润时，其他行业的资本就会转入到该行业；当某一行业的利润低于平均利润时，该行业的资本就会退出，使该行业的投资减少，改变供求关系。因此，对于这样一些由经济规律可以解决的事情，政府不要去干预，即不要设定行政许可。

(3)行业组织或者中介机构能够自律管理的事项。

行业组织是联系市场主体与政府的桥梁，中介机构是市场主体之间的媒介。它们具有自律、服务、灵活、高效等特点，是市场经济发育和成熟不可缺少的因素。随着市场经济的发展，行业组织和中介机构蓬勃兴起。这些组织和机构自我管理和自我服务，经过一段时间的发育和成长，逐渐规范和完善，可以承担起一部分社会管理职能，从而减少政府的行政管理压力，实现政府职能的转变。因此，对于一些可以由行业组织自律、中介机构服务可以解决的事项，也不要设定行政许可。特别是一些资格资质、对物品的检测检验等，完全可以由行业组织来规范确认，如电工、烹饪、电脑软件运用以及对产品质量的认证等。将这些工作交由行业组织或中介服务机构办理，既可减少政府职能，也可以避免某些行政机关工作人员借审批谋私，还可借此调动行业组织和中介服务机构的积极性，培育和完善社会服务功能。

(4)事后监督等其他方式能够解决的事项。

行政许可只是众多行政管理手段中的一种。对于行政许可管理手段的选择，应当与其他管理手段相比较，看哪一种的管理成本更低、效果更好。对于通过其他方式能够解决，且能达到与行政许可具有相同作用和效果的，也不要设定行政许可。如通常对于广播电台、电视台播出什么样的节目，出版社出版什么样的书籍，事先并不去审查。但播出或出版之后，如发生版权纠纷、侵犯名誉权等问题，可以通过事后监督、处罚等解决。因此，对播出的节目

或出版的书目原则上不需要事先审查。再有，经营、销售一般生活用品和工业用品，不需要审批，如发生销售假冒伪劣产品，消费者可以投诉，市场监管部门可以处罚解决，因此不需要许可。而对于经营、销售危险物品，如易燃、易爆品等危险物品，就需要经过严格的审批，因为这类事项是属于事后难以补救或者会造成重大损害的事项。

2. 行政许可设定依据

我国的立法体制是统一、多层级的立法体制。全国人民代表大会及其常务委员会可以制定法律，国务院可以制定行政法规，省、自治区、直辖市以及较大的市的人民代表大会及其常务委员会可以制定地方性法规，经济特区所在地的省、市的人民代表大会及其常务委员会可以制定经济特区法规，民族自治地方的人民代表大会可以制定自治条例和单行条例。此外，国务院各部、委员会、中国人民银行、中华人民共和国审计署和具有行政管理职能的直属机构可以制定规章，省（自治区、直辖市）以及较大的市的人民政府可以制定规章。法律、行政法规、地方性法规、自治条例、单行条例、规章都是我国法律体系的组成部分，行政许可的设定权就是在这些立法形式之间进行分配。制定行政许可法的主要目的之一，就是要规定哪些机关可以设定行政许可，以什么形式设定行政许可。

（1）法律的设定权。

法律是全国人民代表大会及其常务委员会制定的规范性文件，是《中华人民共和国宪法》（以下简称《宪法》）之下效力层次最高的规范性文件。全国人民代表大会是国家最高权力机关，在国家机关的权力分工中，全国人民代表大会及其常务委员会是行使国家立法权的立法机关，由它对公民的权利和自由作必要的限制，符合法治精神和原则。因此，《行政许可法》规定法律可以设定行政许可。但是，法律设定行政许可的权力也不是无限的。首先，法律也要尊重《宪法》的原则和精神，充分保护《宪法》确定的公民的权利和自由，要尽量少设行政许可。其次，法律设定行政许可，还要受《行政许可法》第十二条的限制，即一般应在第十二条规定五类事项的范围内设定行政许可。虽然《行政许可法》规定法律可以超出这五类事项设定行政许可，但应当理解为这是例外规定，是在特别需要的情况下才可设定，不是可以不受限制，任意扩大设定范围。第三，法律设定行政许可还要受《行政许可法》第十三条的限制，即通过《行政许可法》第十三条规定的四种方式可以解决的，也不应设定行政许可。

（2）行政法规的设定权。

行政法规是国务院制定的规范性文件。国务院是国家最高权力机关的执行机关，是最高行政机关，根据《宪法》和《立法法》规定，国务院可以制定行政法规。在我国的法律体系中，行政法规是效力层次仅次于宪法、法律，其设定权的范围较大，根据《行政许可法》第十二条的规定，行政法规和法律设定的行政许可的范围是一样的。但实际上，行政法规的设定范围要小于法律，根据《行政许可法》第十四条的规定，尚未制定法律的，行政法规可以设定行政许可。因此，在行政法规与法律的关系上，法律没有规定的，它可以规定；法律有规定的，它可以作具体规定，不得与法律相抵触。此外，行政法规设定行政许可还要受《立法法》第八条限制。《立法法》第八条列举了全国人民代表大会及其常务委员会的专属立法权，行政法规不得设定《立法法》规定只能由法律规定的事项，或者须经法律明确授权。另外，行政法规还应当在《行政许可法》第十二条规定的五类可以设定行政许可的事项范围内设定行政许可，虽然《行政许可法》第十二条规定的行政法规还可以对其他事项设定行政许可，但应当理解这是例外授权,应慎重使用。此外,行政法规设定行政许可应遵守《行政许可法》第十三条的规定,通过《行政许可法》第十三条规定的四种方式可以解决的,也不应设定行政许可。

(3)国务院决定的设定权。

根据《宪法》第八十九条,国务院发布决定是其所享有的一项权力。一般是针对某个方面的具体事项做出的、与行政法规不同的一种规范性文件,其制定程序也不同于行政法规,不属于我国法律体系的组成部分。因此,在制定行政许可法的过程中,对于国务院的决定是否可以设定行政许可,有不同意见。综合考虑后,《行政许可法》规定:"必要时,国务院可以采用发布决定的方式设定行政许可。实施后,除临时性行政许可事项外,国务院应当及时提请全国人民代表大会及其常务委员会制定法律,或者自行制定行政法规。"因此,国务院采用决定的方式设定行政许可,要受两种限制:一是在"必要时",即来不及制定法律、行政法规,又确实需要通过设定行政许可来管理时;二是"实施后",应当及时提请全国人民代表大会及其常务委员会制定法律或自行制定行政法规。

(4)地方性法规的设定权。

地方性法规是由有立法权的地方人民代表大会及其常务委员会制定的规范性文件,包括省(自治区、直辖市)人民代表大会及其常务委员会制定的地方性法规、较大的市的人民代表大会及其常务委员会制定的地方性法规以及经济特区所在地的省、市人民代表大会及其常务委员会制定的经济特区法规。这些都属于广义的"地方性法规"范围。从法理上讲,地方性法规是地方国家权力机关制定的,其立法权限应当比政府的立法权限大,由其设定行政许可,对所辖区域的公民的权利作出限制,符合法治的一般原则。因此,《行政许可法》规定,尚未制定法律、行政法规的,地方性法规可以设定行政许可。

地方性法规设定行政许可还应遵守以下规定:①在《行政许可法》第十二条规定可以设定行政许可的五类事项范围内设定行政许可;②通过《行政许可法》第十三条规定的四种方式能够解决的,不得设定行政许可;③尚未制定上位法,即尚未制定法律、行政法规;④不得设定应当由国家统一确定的公民、法人或者其他组织资格、资质的行政许可;不得设定企业或者其他组织设立的登记及其前置性行政许可;设定的行政许可,不得限制其他地区的个人或者企业到本地区开展生产经营活动和提供服务;不得限制其他地区的产品进入本地区市场。

(5)省级人民政府规章的设定权。

规章是由国务院部门或者省(自治区、直辖市)和较大的市的人民政府制定的规范性文件,是我国法律体系中层级最低的一种法的形式,包括国务院部门规章和地方人民政府规章。目前,规章设定的行政许可比较多,存在的问题也多,因此,《行政许可法》没有授权国务院部门规章设定行政许可,但考虑到地方政府要综合管理所辖行政区域的各项事务,因此将地方政府规章的设定权限制在省级人民政府规章上。《行政许可法》规定:"尚未制定法律、行政法规和地方性法规的,因行政管理的需要,确需立即实施行政许可的,省、自治区、直辖市人民政府规章可以设定临时性的行政许可。临时性的行政许可实施满一年需要继续执行的,应当提请本级人民代表大会及其常务委员会制定地方性法规。"

根据《行政许可法》的规定,省级地方政府规章设定行政许可还应当遵守以下规定:①只能设定临时性的行政许可。这种临时性的行政许可有效期为一年,如果需要继续执行,应当

上升为地方性法规；②在属于《行政许可法》第十二条规定的可以设定行政许可的事项范围内设定行政许可；③通过《行政许可法》第十三条规定的四种方式能够解决的，不得设定行政许可；④尚未制定法律、行政法规和地方性法规的；⑤不得设定应当由国家统一确定的公民、法人或者其他组织资格、资质的行政许可；不得设定企业或者其他组织设立的登记及其前置性行政许可；设定的行政许可，不得限制其他地区的个人或者企业到本地区从事生产经营和提供服务；不得限制其他地区的产品进入本地区市场。

(6)行政法规、地方性法规、规章的行政许可规定权。

《行政许可法》第十六条规定："行政法规可以在法律设定的行政许可事项范围内，对实施该行政许可作出具体规定。地方性法规可以在法律、行政法规设定的行政许可事项范围内，对实施该行政许可作出具体规定。规章可以在上位法设定的行政许可事项范围内，对实施该行政许可作出具体规定。法规、规章对实施上位法设定的行政许可作出的具体规定，不得增设行政许可；对行政许可条件作出的具体规定，不得增设违反上位法的其他条件。"

设定权和规定权是两种不同的立法权。所谓设定权是指法的创制权，是立法机关创制新的行为规范的权力，是从"无"到"有"的过程。规定权是指现有的法的规范具体化的权力，不创制新的行为规范，是从"粗"到"细"的过程。设定权和规定权都属于广义的立法权。创制性的立法是立法主体为了填补法律或者法规的空白而进行的立法；执行性的立法是为了执行某个特定的法律或者法规的规定而进行的立法，是对法律或者法规的具体化。根据《宪法》和《立法法》的规定，行政法规和规章作为行政机关的立法，它们都需要上位法作为"依据"，是为实施上位法而制定的具有实施性的规范性文件。地方性法规虽然不需要上位法作为"依据"，只要不与法律、行政法规"相抵触"就可以，但实际中地方性法规还是以实施法律、行政法规为主。因此，可以说行政法规、地方性法规和规章主要是为了保证宪法和法律的实施而制定的，从性质上讲，主要是执行性的立法。《行政许可法》第十四条、第十五条规定了行政法规、地方性法规和省级人民政府规章在行政许可立法上的创制性立法权，划分了行政许可的设定权，第十六条进一步规定了它们在行政许可立法上的执行性立法权，即规定了行政法规、地方性法规和规章的行政许可规定权。

法规、规章在对上位法设定的行政许可作具体规定时，主要是对行政许可的条件、程序等作出具体规定，应当注意两点：

一是不得增设行政许可。如法律规定设立某类企业需要某个部门批准后，就可以到工商局登记注册，行政法规在作具体规定时，规定还要另外一个部门批准，这就属于增设了行政许可。对于上位法作出规定的管理事项，如果需要设定行政许可，应当由上位法设定，上位法没有设定，应当理解不需要用设定行政许可的方式管理，下位法不能增设新的行政许可。这样规定是为了防止不同立法主体重复设定行政许可。

二是不得增设违反上位法规定的其他条件。上位法在设定行政许可时，有时没有规定条件，有时条件规定得比较概括，出现这两种情况时，都需要法规、规章进一步具体规定，但不得增设违反上位法规定的其他条件。

(7)严禁违法设置行政许可。

《行政许可法》第十四条、第十五条从正面规定了可以设定行政许可的法的形式，将其限定在法律、行政法规、地方性法规和省级人民政府规章中。《行政许可法》第十七条规定：

“除本法第十四条、第十五条规定的外,其他规范性文件一律不得设定行政许可。”

第一,有设定权的机关设定行政许可,必须采用《行政许可法》规定的形式。全国人民代表大会及其常务委员会设定行政许可,应当用制定法律的形式;国务院设定行政许可,要通过制定行政法规、发布决定的形式;地方人民代表大会设定行政许可,要通过制定地方性法规的形式;省级人民政府设定行政许可,要通过规章的形式。《立法法》对法律、行政法规、地方性法规、规章规范的内容和制定程序的要求,是其成为法的渊源的必要条件,有设定权的机关设定行政许可,要用符合《立法法》规定的立法形式,不能以其他规范性文件的方式设定行政许可。如国务院不能通过转发部门文件的形式设定行政许可,也不能以办公厅文件的形式设定行政许可;地方人民代表大会不能通过决定的方式设定行政许可;省级人民政府也不能通过发布文件的形式设定行政许可。

第二,没有行政许可设定权的其他机关不得以任何形式设定行政许可。除《行政许可法》规定有行政许可设定权的机关外,其他一切机关、组织都不能设定行政许可。如军事机关、审判机关、检察机关不能设定行政许可;社会团体、行业组织也不能设定行政许可;省级人民政府以下的行政机关或者其内部机构也不能通过发文件的方式设定行政许可。上述机关或组织设定的行政许可,都是无效的。

3. 行政许可的设定程序

《行政许可法》第十九条规定:“起草法律草案、法规草案和省、自治区、直辖市人民政府规章草案,拟设定行政许可的,起草单位应当采取听证会、论证会等形式听取意见,并向制定机关说明设定该行政许可的必要性、对经济和社会可能产生的影响以及听取和采纳意见的情况。”

(1)应当广泛听取意见。

立法应当体现人民群众的意志,反映人民群众的意见、要求和建议。起草法律、法规草案是立法的一个环节,也需要体现立法民主的要求。尤其是设定行政许可,限制了公民的权利和自由,更应当让公民参与立法过程。此外,随着行政管理专业性、技术性的增强,立法还要听取各方面专家的意见。根据本条规定,听取意见可以采取论证会、听证会等形式。

论证会就是邀请有关专家对草案内容,尤其是对一些带有技术性的问题的必要性、可行性、科学性进行研究论证,作出评估,供起草单位和制定机关参考。

听证会是指由法案的起草单位主持,由代表不同利益的双方或多方参加,对立法草案内容的必要性、合理性等进行辩论,起草单位根据辩论结果,确定草案内容。

此外,还有其他听取意见的方式,如将草案印发各有关部门和单位,书面征求意见,或者将草案在报纸或者其他媒体上全文刊登,向全社会征求意见。这些是立法机关运用得比较多的形式。

(2)向制定机关说明理由。

立法是要确立行为规则,要建章立制,每一项制度的确立都不可能只有利,没有弊;只有收益,没有成本,行政许可也是这样。要求起草单位对拟设定行政许可说明理由,有助于立法机关判断设定行政许可的必要性、可行性,减少不必要的行政许可。起草单位的说明应包括设定该行政许可的必要性、对经济和社会可能产生的影响以及听取和采纳意见的情况。

二、道路运输管理行政许可事项

1. 省级道路运输管理机构许可事项。

(1)省际客运经营许可。

许可依据为《中华人民共和国道路运输条例》(以下简称《道路运输条例》)第十条第三款、第十一条之规定,《道路旅客运输及客运站管理规定》(交通运输部令2016年第82号)第十二条第三款之规定。

(2)市际客运经营许可。

许可依据为《道路运输条例》第十条第二款、第十一条之规定,《道路旅客运输及客运站管理规定》第十二条第二款之规定。

(3)省际客运班线经营许可。

许可依据为《道路运输条例》第十条第三款、第十一条之规定,《道路旅客运输及客运站管理规定》第十二条第三款之规定。

(4)市际客运班线经营许可。

许可依据为《道路运输条例》第十条第二款、第十一条之规定,《道路旅客运输及客运站管理规定》第十二条第二款之规定。

(5)国际道路运输经营行政许可。

许可依据为《道路运输条例》第五十条之规定,《国际道路运输管理规定》(交通部令2005年第3号)第七条、第十三条之规定。

(6)国际道路运输班线经营行政许可。

许可依据为《道路运输条例》第五十条之规定,《国际道路运输管理规定》第七条、第八条、第十三条之规定。

(7)机动车综合性能检测经营行政许可。

许可依据为《云南省道路运输条例》(云南省人大常委会公告第12号)第四十五条之规定。

2. 州市级道路运输管理机构许可事项

(1)道路旅客运输经营许可。

许可依据为《道路运输条例》第十条、第十一条之规定,《云南省人民政府关于简政放权取消和调整部分省级行政审批项目的决定》(云政发〔2013〕44号)之规定。

(2)道路货物运输经营许可(危险货物运输)。

许可依据为《道路运输条例》第二十五条第二款之规定、《危险化学品安全管理条例》第四十三条之规定。

(3)经营性道路客货运输驾驶员从业资格许可。

许可依据为《道路运输条例》第九条第四款、第二十三条第三款之规定,《道路运输从业人员管理规定》(交通运输部令2016年第52号)第六条、第八条之规定。

(4)道路危险货物运输从业人员从业资格许可。

许可依据为《危险化学品安全管理条例》第四十四条之规定,《道路运输条例》第二十四条第二款之规定,《道路运输从业人员管理规定》第六条、第八条之规定。

3. 县市级道路运输管理机构许可事项

(1)道路旅客运输经营许可。

许可依据为《道路运输条例》第十条第一款、第十一条之规定,《道路旅客运输及客运站管理规定》第十二条第一款之规定。

(2)道路运输站场经营许可。

许可依据为《道路运输条例》第四十条之规定,《道路旅客运输及客运站管理规定》第十三条之规定,《道路货物运输及站场管理规定》(交通运输部令 2016 年第 35 号)第九条之规定。

(3)道路货物运输经营许可(普通货物运输)。

许可依据为《道路运输条例》第二十五条第一款之规定,《道路货物运输及站场管理规定》第八条之规定。

(4)汽车维修经营许可。

许可依据为《道路运输条例》第四十条之规定,《机动车维修管理规定》(交通运输部令 2016 年第 37 号)第七条之规定。

(5)危险货物运输车辆维修经营许可。

许可依据为《道路运输条例》第四十条之规定,《机动车维修管理规定》第七条之规定。

(6)摩托车维修经营许可。

许可依据为《道路运输条例》第四十条之规定,《机动车维修管理规定》第七条之规定。

(7)普通机动车驾驶员培训经营许可。

许可依据为《道路运输条例》第四十条之规定,《机动车驾驶员培训管理规定》(交通运输部令 2016 年第 51 号)第六条、第十三条之规定。

(8)道路运输驾驶员从业资格培训经营许可。

许可依据为《道路运输条例》第四十条之规定,《机动车驾驶员培训管理规定》第六条、第十三条之规定。

(9)机动车驾驶员培训教练场经营许可。

许可依据为《道路运输条例》第四十条之规定,《机动车驾驶员培训管理规定》第六条、第十三条之规定。

(10)出租汽车驾驶员客运资格证核发。

许可依据为《国务院对确需保留的行政审批项目设定行政许可的决定》第 112 项之规定,《出租汽车驾驶员从业资格管理规定》(交通运输部令 2016 年第63 号)第三条、第六条之规定。

(11)出租汽车经营资格证、车辆运营证核发。

许可依据为《国务院对确需保留的行政审批项目设定行政许可的决定》第 112 项之规定,《巡游出租汽车经营服务管理规定》(交通运输部令 2016 年第 64 号)第八条之规定,《网络预约出租汽车经营服务管理暂行办法》(交通运输部　工业和信息化部　公安部　商务部　工商总局　质检总局　国家网信办令 2016 年第 60 号)第八条、第十三条、第十五条之规定。

(12)校车使用审查。

许可依据为《道路运输条例》第四十条之规定,《机动车驾驶员培训管理规定》第六条、第十三条之规定。

三、道路运输管理行政许可实施的要求

行政许可是政府对社会生活实施管理的一种手段,作为一项公权力,行政许可权是对公民私权利的一种限制,尽管这种限制是社会有序发展所必需的,但它干预了公民的生产和生活,限制了公民的权利和自由,负面作用不容小视。因此,实施行政许可必须严肃、慎重,不仅要尽量少设行政许可,对必要的行政许可,也要正确实施。为保证交通行政许可依法实施,维护交通行政许可各方当事人的合法权益,保障和规范交通行政机关依法实施行政管理,强化法治政府建设,交通部制订了《交通行政许可实施程序规定》(交通部令2004年第10号),道路运输管理部门在实施行政许可时要按照其规定办理。

(一)行政许可由具有行政许可权的行政主体在其法定职权范围内实施

《交通行政许可实施程序规定》第三条规定:"交通行政许可由下列机关实施:①交通部、地方人民政府交通主管部门、地方人民政府港口行政管理部门依据法定职权实施交通行政许可;②海事管理机构、航标管理机关、县级以上道路运输管理机构在法律、法规授权范围内实施交通行政许可;③交通部、地方人民政府交通主管部门、地方人民政府港口行政管理部门在其法定职权范围内,可以依据本规定,委托其他行政机关实施行政许可。"

1. 由具有行政许可权的行政机关在其法定职权范围内实施

行政机关是依法成立、能够以自己名义独立从事行政管理活动,并承担相应法律后果的行政组织。在我国,行政机关包括中央和地方各级人民政府以及它们的组成部门、直属机构、派出机构等。行政许可是行政机关根据公民、法人或者其他组织的申请,经依法审查,准予其从事特定活动的行为。行政许可权是一项行政权力,是公权力,原则上只能由行政机关行使。因此,《行政许可法》将行政许可由行政机关实施作为一项原则加以规定,授权具有管理公共事务职能的组织实施行政许可则是例外情况。具体到交通行政许可,原则上由交通运输部、地方人民政府交通主管部门、地方人民政府港口行政管理部门依据法定职权实施交通行政许可。

2. 由法律、法规授权的组织在法定授权范围内实施

随着行政管理专业性、技术性的日益加强,现有的行政机关难以满足行政管理的需要,如对设备、设施、产品、物品的检验、检疫、检测等,由专业技术组织实施可能比由行政机关实施效率更高。虽然行政机关及其人员随着行政管理职能的增加有不断扩张的需求,但行政机关的容量也不能无限制地膨胀,受机构设置的制约,它有一个相对的稳定性,不能立一部法或增加一项管理权限,就增加机构和人员。授权非行政机关行使行政管理权的情况,无论是中国还是外国都存在。像对设备、设施、产品、物品的检验、检疫、检测等,授权专业技术组织实施可能是今后的一个发展方向。授权许可是指法律、法规将行政许可权授予行政机关以外的组织行使。经过授权,该组织就获得了实施行政许可的主体资格,能够以自己的名义行使行政许可权,以自己的名义独立地承担法律责任。具有管理社会公共事务职能的组织经过授权,便可获得行政主体的资格,其地位相当于行政机关。因此,它在实施行政许可时也要遵循《行政许可法》的规定,受《行政许可法》的约束。

3. 受其他行政机关委托的行政机关在委托范围内实施行政许可

委托许可是行政许可机关依照法律、法规、规章的规定，将其行使的行政许可权委托给其他行政机关行使。受委托的行政机关在委托范围内，以该行政许可机关的名义行使行政许可权。由于行政权的范围越来越宽，行政管理的复杂性、专业性、技术性不断增加，有时行政机关的设置不能完全满足行政管理发展的需要，而为某项行政管理再设置相应的行政机关既没必要，也不经济。因此，将一些行政许可权委托给其他行政机关行使，充分利用行政机关现有的资源，既可以提高行政效率，实现对社会事务的有效管理，又可以防止机构膨胀，起到精简机构的效果。针对这类情况，《行政许可法》规定行政机关在其职权范围内，依照法律、法规或者规章的规定，可以委托其他行政机关实施行政许可，这样便从法律上肯定了委托许可的地位。

委托许可与授权许可从形式上看都是行政许可权的转移，但二者有本质的区别：(1)依据不同。授权许可的依据是法律、法规；委托许可的依据是法律、法规和规章。(2)成立的前提不同。授权许可是单方向的，法律、法规一旦授权，被授权组织便没有选择权，不能拒绝；委托许可是一种行政合同行为，委托的成立一般要征得受委托机关的同意。(3)被授权组织和受委托机关的法律地位不同。经过法律、法规授权，被授权组织具有独立的法律地位，能够以自己的名义实施行政许可并承担法律责任；受委托机关不以自己的名义实施行政许可的，由委托的行政机关承担法律责任。

(二)按照法定的原则实施行政许可

道路运输管理部门在实施行政许可时，应当按照法律、法规规定的基本原则办理，不得违反行政许可法和其他单行法律的原则规定。例如，《行政许可法》对实施行政许可规定了公开、公平、公正的原则。《交通行政许可实施程序规定》第四条也规定："实施交通行政许可，应当遵循公开、公平、公正、便民、高效的原则。"

因此，在实施交通行政许可时，道路运输管理部门应当按照《行政许可法》的有关规定，将有关内容予以公示：①交通行政许可的事项；②交通行政许可的依据；③交通行政许可的实施主体；④受委托行政机关和受委托实施行政许可的内容；⑤交通行政许可统一受理的机构；⑥交通行政许可的条件；⑦交通行政许可的数量；⑧交通行政许可的程序和实施期限；⑨依法需要举行听证的交通行政许可事项；⑩需要申请人提交材料的目录；⑪申请书文本式样；⑫作出的准予交通行政许可的决定；⑬实施交通行政许可依法应当收费的法定项目和收费标准；⑭交通行政许可的监督部门和投诉渠道；⑮依法需要公示的其他事项。已实行电子政务的实施机关应当公布网站地址。

道路运输行政许可的公示，可以采取下列方式：①在实施机关的办公场所设置公示栏、电子显示屏或者将公示信息资料集中在实施机关的专门场所供公众查阅；②在联合办理、集中办理行政许可的场所公示；③在实施机关的网站上公示；④法律、法规和规章规定的其他方式。

(三)按照法定的程序实施行政许可

法定的程序既包括本法规定的一般程序，也包括有关单行法律法规规定的特别程序。《行政许可法》规定的一般程序包括：申请与受理，如行政机关受理行政许可申请，应当出具受理凭证；审查与决定，如行政许可申请涉及第三人利益的，应当告知第三人，申请人和利益

关系人有权进行陈述和申辩；行政机关应当遵守法定期限，在法定期限内作出是否准予行政许可的决定等。

《交通行政许可实施程序规定》对行政许可的程序作出如下规定。

1. 申请

公民、法人或者其他组织，依法申请道路运输行政许可的，应当依法向道路运输行政许可实施机关提出。申请人申请道路运输行政许可，应当如实向实施机关提交有关材料和反映真实情况，并对其申请材料实质内容的真实性负责。申请人提出申请，是行政许可的前提条件，是申请人从事某种特定行为之前必须履行的法定义务。行政许可是依申请的行政行为，行政机关遵循“不告不理”的原则，申请程序因相对人行使其申请权而开始。申请权是一种程序上的权利，相对人有权通过合法的申请，要求行政机关作出合法的应答。无论申请人在实体法上是否符合获得许可的条件，其在程序上都享有该权利。

申请人以书面方式提出道路运输行政许可申请的，应当填写《交通行政许可申请书》。但是，法律、法规、规章对申请书格式文本已有规定的，从其规定。依法使用申请书格式文本的，道路运输管理部门应当免费提供。行政许可申请的内容不仅包括申请人要求行政机关准予其从事某种特定活动的表述，还包括行政机关要求申请人提供的申请人是否符合行政许可的条件和标准的有关信息。如果申请书所包含的事项较多，申请人撰写申请书时，可能会丢项、漏项，既浪费申请人的时间，也不利于提高行政效率。申请书采用格式文本，可以有效地解决这个问题。行政机关提供的格式文本中所列出的要求申请人填写的项目，应当是行政机关批准行政许可所必须了解的事项，申请书格式文本不得包含与申请行政许可事项没有直接关系的内容，否则可能构成对申请人隐私权的侵犯。

申请人也可以通过信函、电报、电传、传真、电子数据交换和电子邮件等方式提交道路运输行政许可申请。申请人除以传统方式向行政机关递交申请书以外，还可以利用现代的通信手段提出申请。申请人可以向具备接收条件的道路运输管理部门，通过电报、电传、传真、电子数据交换和电子邮件等方式提交申请。通过上述方式提出申请，主要适用于只需要申请人提交有关书面材料，不用提交实物、样品的行政许可。行政许可法作出这一规定，目的在于鼓励行政机关和申请人利用现代科技手段，提高行政效能，同时也体现了行政许可的便民原则。

申请人以书面方式提出交通行政许可申请确有困难的，可以口头方式提出申请，道路运输管理部门应当记录申请人申请事项，并经申请人确认。

申请人可以委托代理人代为提出道路运输行政许可申请，但依法应当由申请人到实施机关办公场所提出行政许可申请的除外。代理人代为提出申请的，应当出具载明委托事项和代理人权限的授权委托书，并出示能证明其身份的证件。

2. 受理

根据《交通行政许可实施程序规定》第十条、第十一条、第十二条的规定，道路运输管理部门收到交通行政许可申请材料后，应当根据下列情况分别做出处理。

行政许可申请符合以下条件，申请事项属于本实施机关职权范围，申请材料齐全，符合法定形式，或者申请人已提交全部补正申请材料的，应当在收到完备的申请材料后受理交通行政许可申请，除当场作出交通行政许可决定的外，应当出具《交通行政许可申请受理通知书》。道路运输管理部门应当将申请材料的有关要求，尽可能具体和详尽地告知申请人，这样有利于申请人正确地提交申请材料，避免出现需要补正、延误受理的情况。

申请事项依法不需要取得道路运输行政许可的，应当即时告知申请人不受理。有的申请人对所要从事的活动不清楚是否需要行政许可，例如由于法律、法规、规章做出修改，以前需要取得行政许可才能从事的活动，现在不再需要许可，但申请人对这种变化并不了解的，对于这种情况，道路运输管理部门应当即时明确告知申请人其所申请的事项不再需要行政许可。

申请事项依法不属于本道路运输管理部门职权范围的，应当即时作出不予受理的决定，并向申请人出具《交通行政许可申请不予受理决定书》，同时告知申请人应当向有关行政机关提出申请。申请人只能向法定的行政许可机关提出申请，也只有该法定的行政机关才能接受其管辖范围内的申请并予审查。申请人向无许可权的行政机关提出申请的，申请行为无效，被申请机关应当作出不予受理的书面决定。作出不受理决定的行政机关应当告知申请人受理其申请的行政机关。行政机关告知申请人负责受理的机关，是《行政许可法》给行政机关赋予的一项新职责。

申请材料可以当场补全或者更正错误的，应当允许申请人当场补全或者更正错误；申请材料不齐全或者不符合法定形式，申请人当场不能补全或者更正的，应在当场或 5 日内向申请人出具《交通行政许可申请补正通知书》，一次性告知申请人需要补正的全部内容；逾期不告知的，自收到申请材料之日起即为受理。如果申请材料不齐全、不完备或者不符合法定的格式、要求，道路运输管理部门不能径行驳回，而应当向申请人发出补正告。知补正告知可以当场作出的，应当当场告知；不能当场作出的，《行政许可法》规定了 5 日的补正告知期限。此外，《行政许可法》还对告知作出一个较为严格的要求，即申请人的申请材料存在多处不符合法定形式的情况的，行政机关应当将需要补正的全部内容一次告知申请人，不能反复要求申请人补正，以避免浪费申请人的精力和时间。

《交通行政许可申请不予受理决定书》《交通行政许可申请补正通知书》《交通行政许可申请受理通知书》应当加盖实施机关行政许可专用印章，并注明日期。道路运输管理部门受理或者不受理行政许可申请，均应向申请人出具书面凭证。由于《行政许可法》规定了“收到申请材料之日起即为受理”的原则，这就要求道路运输管理部门收到申请材料时，即应出具收到材料的凭证。

道路运输行政许可需要实施机关内设的多个机构办理的，该实施机关应当确定一个机构统一受理行政许可申请，并统一送达道路运输行政许可决定。实施机关未确定统一受理内设机构的，由最先受理的内设机构作为统一受理内设机构。实行“一个窗口”对外，防止多头受理，多头对外，这是《行政许可法》设置的便民原则（推行集中受理和统一受理）的体现。

实施道路运输行政许可，应当实行责任制度。实施机关应当明确每一项行政许可申请的直接负责主管人员和其他直接责任人员。

3. 审查

道路运输管理部门受理道路运输行政许可申请后，应当对申请人提交的申请材料进行审查。行政机关受理申请以后，行政程序进入审查阶段。根据法律、法规的规定，行政机关对申请材料的审查，包括形式审查和实质审查。

所谓形式审查,是指道路运输管理部门仅对申请材料的形式要件是否具备进行的审查,即审查其申请材料是否齐全,是否符合法定形式。对于申请材料的真实性、合法性不作审查。申请人提交的申请材料齐全、符合法定形式,道路运输管理部门能够当场作出决定的,应当当场作出行政许可决定,并向申请人出具《交通行政许可(当场)决定书》。

所谓实质审查,是指道路运输管理部门不仅要对申请材料的要件是否具备进行审查,还要对申请材料的实质内容是否符合条件进行审查。对于申请的实质审查,有的可以采取书面审查的方式,即通过申请材料的陈述了解有关情况,进行审查,但有的实质审查还需要进行实地核查,才能确认真实情况。依照法律、法规和规章的规定,需要对申请材料的实质内容进行核实的,应当审查申请材料反映的情况是否与法定的行政许可条件一致。实施实质审查,应当指派两名以上工作人员进行。可以采用以下方式:①当面询问申请人及申请材料内容有关的相关人员;②根据申请人提交的材料之间的内容相互进行印证;③根据行政机关掌握的有关信息与申请材料进行印证;④请求其他行政机关协助审查申请材料的真实性;⑤调取查阅有关材料,核实申请材料的真实性;⑥对有关设备、设施、工具、场地进行实地核查。⑦依法进行检验、勘验、监测;⑧听取利害关系人意见;⑨举行听证;⑩召开专家评审会议审查申请材料的真实性。依照法律、行政法规规定,实施道路运输行政许可应当通过招标、拍卖等公平竞争的方式作出决定的,从其规定。

道路运输管理部门对行政许可申请进行审查时,发现行政许可事项直接关系他人重大利益的,应当告知利害关系人,向该利害关系人送达《交通行政许可征求意见通知书》及相关材料(不包括涉及申请人商业秘密的材料)。利害关系人有权在接到上述通知之日起 5 日内提出意见,逾期未提出意见的视为放弃上述权利。道路运输管理部门应当将利害关系人的意见及时反馈给申请人,申请人有权进行陈述和申辩。行政许可的设定和实施,应当遵循公正原则。行政许可事项直接关系第三人重大利益的,利害关系人享有知情权,申请人、利害关系人享有陈述权和申辩权,这正是公正原则的体现。道路运输管理部门作出行政许可决定应当听取申请人、利害关系人的意见。

4. 决定

申请人的申请符合法定条件、标准的,道路运输管理部门应当依法作出准予行政许可的决定,并出具《交通行政许可决定书》。只要申请人符合法律规定的有关要件,不存在不予许可的特别理由,道路运输管理部门原则上应当予以许可。这一制度对于限制行政机关的自由裁量权、保障申请人取得行政许可的权利具有重要作用。同时,这一制度还要求法律、法规在设定行政许可时,应当对许可的条件和标准作尽可能具体的规定。依照法律、法规规定实施道路运输行政许可,应当根据考试成绩、考核结果、检验、检测、检疫结果作出行政许可决定的,从其规定。

道路运输管理部门依法作出不予行政许可的决定的,应当出具《不予交通行政许可决定书》,说明理由,并告知申请人享有依法申请行政复议或者提起行政诉讼的权利。说明理由作为行政程序的一项制度,具有以下重要功能:一是说服功能,二是自律功能,三是保护功能,四是证明功能,五是引导功能。说明理由的内容应包括事实方面、法律方面以及自由裁量是否符合法定目的。说明理由应当以明文方式作出,叙述时应当简洁、清楚。

道路运输管理部门作出准予交通行政许可决定的,应当在作出决定之日起 10 日内,向申请人颁发加盖道路运输管理部门印章的下列行政许可证件:①交通行政许可批准文件或者证明文件;②许可证、执照或者其他许可证书;③资格证、资质证或者其他合格证书;④法律、法规、规章规定的其他行政许可证件。

行政许可的形式,有书面文件形式与非书面形式。在书面文件形式中,又可以分为证照式形式与非证照式形式。证照式形式是行政许可的主要表现形式,如许可证、执照等;非证照式的行政许可文书,包括批准书、同意书等。行政许可证件一经行政许可机关发放即具有法律效力。行政许可证件的法律效力取决于行政许可行为的法律效力,与行政许可行为的法律效力状态及其表现一致。

5. 听证

听证程序是道路运输管理部门作出行政行为前给予当事人就重要事实表示意见的机会,通过公开、公正、民主的方式达到行政目的的程序。就其作用而言,听证应当适用于所有行政机关的行政行为。但采用听证程序必然要发生人力、财力成本,因此,不可能所有的行政行为作出之前均要求举行听证。那么,制定一个科学、合理的听证程序的范围十分必要。确定听证的范围必须遵循一定的原则,即:个人利益与公共利益均衡原则和成本不大于效益原则。组织听证的费用,由道路运输管理部门承担,申请人、利害关系人不承担听证费用。

根据《交通行政许可实施程序规定》第二十条之规定,法律、法规、规章规定实施交通行政许可应当听证的事项,或者交通行政许可实施机关认为需要听证的其他涉及公共利益的行政许可事项,道路运输管理部门应当在作出交通行政许可决定之前,向社会发布《交通行政许可听证公告》,公告期限不少于10日。

根据《交通行政许可实施程序规定》第二十一条之规定,交通行政许可直接涉及申请人与他人之间重大利益冲突的,道路运输管理部门在作出交通行政许可决定前,应当告知申请人、利害关系人享有要求听证的权利,并出具《交通行政许可告知听证权利书》。申请人、利害关系人在被告知听证权利之日起5日内提出听证申请的,实施机关应当在20日内组织听证。

听证按照《行政许可法》第四十八条规定的程序进行。听证应当制作听证笔录。听证笔录应当包括下列事项:①事由;②举行听证的时间、地点和方式;③听证主持人、记录人等;④申请人姓名或者名称、法定代理人及其委托代理人;⑤利害关系人姓名或者名称、法定代理人及其委托代理人;⑥审查该行政许可申请的工作人员;⑦审查该行政许可申请的工作人员的审查意见及证据、依据、理由;⑧申请人、利害关系人的陈述、申辩、质证的内容及提出的证据;⑨其他需要载明的事项。听证笔录应当由听证参加人确认无误后签字或者盖章。

6. 期限

根据《交通行政许可实施程序规定》第十五条之规定,除当场作出交通行政许可决定外,道路运输管理部门应当自受理申请之日起20日内作出交通行政许可决定。20日内不能作出决定的,经道路运输管理部门负责人批准,可以延长10日,并应当向申请人送达《延长交通行政许可期限通知书》,将延长期限的理由告知申请人。但是法律、法规另有规定的,从其规定。

道路运输管理部门作出行政许可决定,依照法律、法规和规章的规定需要听证、招标、拍卖、检验、检测、检疫、鉴定和专家评审的,所需时间不计算在本条规定的期限内。道路运输

管理部门应当向申请人送达《交通行政许可法定除外时间通知书》，将所需时间书面告知申请人。

在行政许可程序中规定期限，具有重要意义。首先，设定期限是提高行政效率的基本途径之一。检验行政程序得失的基本标准，一是公正性，二是及时性。如果没有期限的约束，及时性就难以保证。其次，设定期限是行政程序的基本手段，行政程序不仅包括行政机关或相对人一方的活动，在需要共同行为的活动中，期限是对活动进行统一的手段。第三，设定期限可以使行政程序的各方主体预知自己的行为及其后果。

四、道路运输管理行政许可后的监督检查

在道路运输行政许可的监督检查方面，实践中存在的主要问题有两个：一是道路运输管理部门重许可，轻监督检查。一些道路运输管理部门甚至只许可，不监管，使得道路运输管理部门对于行政许可，只有实施许可的权力，却不承担监督检查的责任，使行政许可失去了本来意义，直接导致了各种违法现象的发生，引发了市场的混乱。二是道路运输管理部门对行政许可的监督检查没有纳入制度化轨道。一些道路运输管理部门要么不监督检查，要么就不分情况地搞突击检查、运动检查、重复检查，检查的程序和手段都很不规范，执法扰民的现象比较严重。一些道路运输管理部门在监督检查活动中存在吃、拿、卡、要以及乱收费、乱摊派、乱罚款的现象，引起被许可人的不满。一些道路运输管理部门及其工作人员在监督检查中发现行政许可实施过程中的违法行为，以及被许可人违法从事行政许可事项活动的违法行为，不及时纠正，甚至滥用职权、徇私舞弊，严重扰乱了道路运输管理部门的正常管理活动，阻碍了经济、社会生活的稳定，影响了市场经济的健康发展。总之，对行政许可的监督检查没有制度约束，使得一些道路运输管理部门在检查时随意性大，程序乱，效果并不好，甚至滋生了腐败现象。

针对道路运输行政许可监督检查中存在的上述问题，《行政许可法》和《交通行政许可监督检查及责任追究规定》（交通部令 2004 年第 11 号）在如下几个方面制定了具体制度和措施：一是规定了上级道路运输管理部门对下级道路运输管理部门实施行政许可的监督检查制度；二是规定了道路运输管理部门自身建立健全书面检查为主、检查记录归档、通过互联网实施监督检查以及检查结果公开的制度；三是规定了道路运输管理部门对被许可人的生产经营等活动实施抽样检查、实地检查的制度；四是规定道路运输管理部门监督检查活动中的廉洁制度；五是规定了道路运输管理部门之间在监督检查活动中的抄告制度；六是规定了道路运输管理部门在监督检查活动中发现各种违法行为的处理制度等。这些规定对保障道路运输管理部门严格依照法定程序，认真负责地实施监督检查，具有重要意义。

对道路运输管理部门实施行政许可进行监督，主要有以下几种方式：一是权力机关实施监督。但是，权力机关对行政机关实施行政许可的行为不适宜进行经常性的、具体性的监督检查，否则就有干预行政权力的行使之嫌。二是人民法院实施监督。但是，人民法院对行政机关实施行政许可的监督，也只能限于对具体诉讼案件的监督，而不适宜进行经常性的、具体性的监督。三是平行的行政机关相互之间实施监督，但平行的行政机关相互之间实施监督，范围比较有限，约束力也不够强。四是由群众和当事人实施监督，但群众和当事人监督对行政机关的约束力也不够强。除了上述监督方式之外，还有一种重要的监督方式，即上级

行政机关实施监督。与其他几种监督方式相比,上级行政机关对下级行政机关实施行政许可的监督,是更重要、更日常、更具体和更实际有效的监督。上级行政机关监督检查的这一特点是由我国行政机关上下级之间的领导体制决定的。

从监督检查的主体上说,上级行政机关对下级行政机关实施行政许可行为的监督检查,既包括各级人民政府对其所属各工作部门实施行政许可行为的监督检查,也包括上级人民政府对下级人民政府实施行政许可行为的监督检查,还包括上级人民政府的业务主管部门对下级人民政府相关部门实施行政许可行为的监督检查。

根据《交通行政许可监督检查及责任追究规定》第四条:“县级以上交通主管部门应当建立健全行政许可监督检查制度和责任追究制度,加强对交通行政许可的监督。上级交通主管部门应当加强对下级交通主管部门实施行政许可的监督检查,及时纠正交通行政许可实施中的违法违纪行为。”

根据《交通行政许可监督检查及责任追究规定》第十一条之规定,实施道路运输行政许可监督检查的主要内容包括:①交通行政许可申请的受理情况;②交通行政许可申请的审查和决定的情况;③交通行政许可实施机关依法履行对被许可人的监督检查职责的情况;④实施交通行政许可过程中的其他相关行为。上级行政机关对下级行政机关实施行政许可的监督检查,主要是指对其实施行政许可行为合法性的监督检查,以保证下级行政机关依法许可、依法行政。对下级行政机关实施行政许可的合法性进行监督检查,主要包括以下两个方面的内容:一方面,要监督检查实施行政许可的行政主体和权限是否合法。上级行政机关在监督检查下级行政机关实施行政许可行为时,一旦发现行政许可实施的主体和权限不合法,须予以纠正。另一方面,要监督检查实施行政许可的程序是否合法。没有程序的正义就没有实体的正义。依照法定的程序实施行政许可,是保证行政许可公平、公正,保证申请人合法权益以及保证行政关依法行政的重要条件。

根据《交通行政许可监督检查及责任追究规定》第十二条之规定,有下列情形之一的,作出交通行政许可决定的道路运输管理部门或者其上级道路运输管理部门,根据利害关系人的请求或者依据职权,可以撤销交通行政许可:①道路运输管理部门工作人员滥用职权、玩忽职守作出准予交通行政许可决定的;②超越法定职权作出准予交通行政许可决定的;③违反法定程序作出准予交通行政许可决定的;④对不具备申请资格或者不符合法定条件的申请人准予交通行政许可的;⑤依法可以撤销交通行政许可的其他情形。在行政许可领域,信赖保护原则在一定程度上要优位于法律优先的原则。根据行政机关在管理活动中贯彻信赖保护原则的要求,对于因行政机关有违法因素应当撤销的行政许可,从保护行政相对人利益的角度出发,原则上应当不予撤销,只有在特殊情形下,在行政机关经过科学的权衡后,才可以撤销违法的行政许可。

第三节　道路运输行政许可责任清单解析

一、违反许可程序规定的法律责任

长期以来,行政许可活动中的法律责任没有引起应有的重视,主要表现为法律责任的不

明确或者缺位,致使道路运输管理部门及其工作人员在行政许可的设定、实施和监督检查活动中,以及被许可人在从事行政许可事项的活动中,出现了不少问题。在道路运输管理部门及其工作人员方面,其问题主要是:一些道路运输管理部门及其内设机构大量设定行政许可,使行政许可有泛滥之势;一些道路运输管理部门及其工作人员在实施行政许可的活动中,违反法定程序,官僚主义作风严重;一些道路运输管理部门及其工作人员在实施行政许可过程中,擅自收费或者不按照法定项目和标准收费,甚至出现截留、挪用、私分或者变相私分实施行政许可依法收取的费用;一些道路运输管理部门及其工作人员在办理行政许可或者实施监督检查中索取或者收受他人财物,存在各种腐败现象;一些道路运输管理部门及其工作人员对被许可人的违法活动,不依法履行监督检查职责或者监督检查不力,造成严重后果;一些道路运输管理部门违法实施行政许可,给当事人的合法权益造成损害的,不依照国家的有关法律予以救济等。

为加强道路运输行政许可实施工作的监督检查,及时纠正和查处道路运输行政许可实施过程中的违法、违纪行为,保证道路运输管理部门能够正确履行行政许可的法定职责,交通部制定了《交通行政许可监督检查及责任追究规定》。

根据《交通行政许可监督检查及责任追究规定》第十三条之规定,道路运输管理部门及其工作人员违反《行政许可法》的规定,有下列情形之一的,由道路运输管理部门或者其上级交通主管部门或者监察部门责令改正;情节严重的,对直接负责的主管人员和其他直接责任人员依法给予行政处分:①对符合法定条件的交通行政许可申请不予受理的;②不依法公示应当公示的材料的;③在受理、审查、决定交通行政许可过程中,未向申请人、利害关系人履行法定告知义务的;④申请人提交的申请材料不齐全、不符合法定形式,不一次告知申请人必须补正的全部内容的;⑤未依法说明不受理交通行政许可申请或者不予交通行政许可的理由的;⑥依法应当举行听证而不举行听证的。

行政机关实施行政许可过程中存在的一个重要问题,就是程序不健全,或者即使有法定程序,一些行政机关及其工作人员也不按照法定程序为申请人办理许可申请。这样导致的直接后果就是:官僚主义作风盛行;个人或者组织在申请办理行政许可的过程中"门难进、脸难看、事难办",其合法权益得不到保障;行政管理效率降低;行政许可中的腐败现象随之产生等。针对行政许可实施过程中的这些问题,《行政许可法》专门对行政许可实施的一般程序以及一些特殊行政许可实施的程序作出详细规定。此外,《交通行政许可实施程序规定》对一些道路运输具体行政许可的实施程序也作出了详细规定。道路运输管理部门及其工作人员在行政许可的实施过程中,必须严格按照法定程序办事,违反了法定程序就要承担相应的责任。

二、违反许可条件规定的法律责任

根据《交通行政许可监督检查及责任追究规定》第十四条之规定,道路运输管理部门实施道路运输行政许可,有下列情形之一的,由其上级交通主管部门或者监察部门责令改正,对直接负责的主管人员和其他直接责任人员依法给予行政处分;构成犯罪的,依法追究刑事责任:①对不符合法定条件的申请人准予行政许可或者超越法定职权作出准予行政许可决定的;②对符合法定条件的申请人不予交通行政许可或者不在法定期限内作出准予行政许可决定的；③依法应当根据招标、拍卖结果或者考试成绩择优作出准予行政许可决定，未经招标、拍卖或者考试，或者不根据招标、拍卖结果或者考试成绩择优作出准予行政许可决定的。

本条规定所列的道路运输管理部门及其工作人员实施行政许可过程中的违法行为，是比较严重的违法行为甚至构成犯罪，对行为人责任的追究不仅包括行政处分，还包括刑事处罚。本条规定所列的违法犯罪行为的主体，是道路运输管理部门以及直接负责行政许可的主管人员和其他的直接责任人员。

根据本条的规定，道路运输管理部门在实施行政许可中比较严重的违法行为主要有以下三类：

一是对不符合法定条件的申请人准予行政许可或者超越职权作出准予行政许可决定的。道路运输管理部门在受理申请人的行政许可申请后，应当进行认真审查，符合法律、法规、规章规定的条件的，道路运输管理部门应当作出准予行政许可的决定；如果不符合条件，道路运输管理部门应当作出不予许可的决定，并说明不予许可的理由和依据。道路运输管理部门还必须在自己的职权范围内实施行政许可，对于不属于自己职权范围内的事项，不得实施行政许可。本条第一项所列的两种违法实施行政许可的行为都容易导致严重后果，甚至给公共财产、国家和人民利益造成重大损失。

二是对符合法定条件的申请人不予行政许可或者不在法定期限内作出行政许可决定的。根据有关规定，道路运输管理部门在经过审查后，对于符合条件的申请人不仅应当准予行政许可，还应当在法定的期限内作出准予行政许可的决定。除可以当场作出行政许可决定的情形外，道路运输管理部门应当自受理行政许可申请之日起 20 日内作出行政许可的决定。如果 20 日内不能作出决定，经本道路运输管理部门负责人批准，可以延长 10 日，并应当将延长期限的理由告知申请人。行政许可采取统一办理或者联合办理、集中办理的，办理的时间不得超过 45 日；45 日内不能办结的，经本级人民政府负责人批准，可以延长 15 日，并应当将延长期限的理由告知申请人。道路运输管理部门作出准予行政许可决定的，应当自作出决定之日起 10 日内向申请人颁发、送达行政许可证件。对符合条件的申请人不予行政许可或者不在法定期限内作出行政许可，是长期行政许可实施中一个比较突出的问题，它直接损害了申请人的合法权益，降低了行政管理效率，损害了道路运输管理部门在人民群众心目中的形象。

三是在招标、拍卖和考试等特殊行政许可领域的违法行为。根据有关法律规定，对涉及自然资源的开发利用和公共资源的利用以及直接关系公共利益的特定行业的市场准入等赋予特定权利事项的行政许可，行政机关应当通过招标、拍卖等公平竞争的方式作出决定。对提供公众服务并且直接关系公共利益的职业、行业，需要确定具备特殊信誉、特殊条件或者特殊技能等资格、资质的事项，行政机关应当依法举行国家的考试，并根据考试成绩和其他法定条件作出行政许可决定。

根据本条的规定，对于上述道路运输主管部门实施行政许可中的严重违法现象，分两类情况予以处理。一是由实施违法行政许可的道路运输主管部门的上级交通运输主管部门或者监察机关责令改正，对直接负责的主管人员和其他直接责任人员依法给予行政处分。行政处分的种类包括警告、记过、记大过、降级、撤职、开除。二是违法实施行政许可的行为构

成犯罪,依法追究刑事责任。所谓构成犯罪,通常是指道路运输管理部门中实施行政许可的直接负责的主管人员和其他直接责任人员,违法实施行政许可导致公共财产、国家和人民利益遭受重大损失的行为。构成犯罪的,由司法机关对直接负责的主管人员和其他直接责任人员依法追究刑事责任。这方面的犯罪主要有滥用职权罪、玩忽职守罪等。根据《中华人民共和国刑法》(以下简称《刑法》)的规定,滥用职权,是指道路运输管理部门工作人员违反职责要求,任意行使或者超越权限行使职权,致使公共财产、国家和人民利益遭受重大损失的行为。玩忽职守,是指道路运输管理部门工作人员严重不负责任,不履行职责或者不正确履行职责,致使公共财产、国家和人民利益遭受重大损失的行为。滥用职权罪、玩忽职守罪等罪的法律责任在《刑法》和其他法律中都规定得很具体、很明确。比如,《中华人民共和国招标投标法》第五十二条规定:"依法必须进行招标的项目的招标人向他人透露已获取招标文件的潜在投标人的名称、数量或者可能影响公平竞争的有关招标投标的其他情况的,或者泄露标底的,给予警告,可以并处1万元以上10万元以下的罚款;对单位直接负责的主管人员和其他直接责任人员依法给予处分;构成犯罪的,依法追究刑事责任。"

三、违反许可收费规定的法律责任

根据《交通行政许可监督检查及责任追究规定》第十五条之规定,道路运输管理部门在实施行政许可的过程中,擅自收费或者超出法定收费项目和收费标准收费的,由其上级交通主管部门或者监察部门责令退还非法收取的费用,对直接负责的主管人员和其他直接责任人员给予行政处分。

根据《交通行政许可监督检查及责任追究规定》第十六条之规定,道路运输管理部门及其工作人员,在实施行政许可的过程中,截留、挪用、私分或者变相私分依法收取的费用的,由其上级交通主管部门或者监察部门予以追缴,并对直接负责的主管人员和其他直接责任人员给予行政处分;构成犯罪的应当移交司法机关,依法追究刑事责任。

本条的规定是针对道路运输管理部门实施行政许可中乱收费的现象作出的,法律对行政机关实施行政许可时的收费事项也作出了专门规定。根据《行政许可法》的有关规定,除法律、行政法规另有规定的情况外,道路运输管理部门实施行政许可不得收取任何费用;道路运输管理部门提供实施行政许可申请书格式文本,不得收费;道路运输管理部门实施行政许可,依照法律、行政法规收取费用的,应当按照法定的项目和标准收费;所收取的费用必须全部上缴国库,任何机关或者个人不得以任何形式截留、挪用、私分或者变相私分。与上述本法有关这些行政许可收费的规定相联系,本条专门规定了违法收费的法律责任。根据本条的规定,行政机关实施行政许可,擅自收费或者不按照法定项目和标准收费的,有以下三种处理方式:

一是由其上级道路运输管理部门或者监察机关责令退还非法收取的费用。根据《中华人民共和国行政监察法》第二十四条之规定,监察机关根据检查、调查结果,可以作出监察决定或者提出监察建议,对违反行政纪律取得的财物予以没收、追缴或者责令退还。

二是对直接负责的主管人员和其他直接责任人员,依法给予行政处分。道路运输管理部门在实施行政许可过程中违法收取费用的,其直接负责的主管人员和其他直接责任人员将要承担法律责任,只有让他们承担起法律责任,才能有效地扼制行政许可实施过程中的违法收费现象。针对当前实施行政许可中乱收费现象比较严重的实际情况,对直接负责的主管人员和其他直接责任人员在适用行政处分时应当加大力度,从严处分。国务院2000年颁布的《违反行政事业性收费和罚没收入收支两条线管理规定行政处分暂行规定》对有关行政许可中违法收费的行为规定了比较严厉的行政处分。比如,该规定第七条规定:“对行政事业性收费项目审批机关已经明令取消或者降低收费标准的收费项目,仍按原定项目或者标准收费的,对直接负责的主管人员和其他直接责任人员给予记大过处分;情节严重的,给予降级或者撤职处分。”

三是对直接负责的主管人员和其他直接责任人员依法追究刑事责任。根据本条的规定,截留、挪用、私分或者变相私分实施行政许可依法收取的费用的,不仅对被截留、挪用、私分或者变相私分的款项予以追缴,对直接负责的主管人员和其他直接责任人员依法给予行政处分,而且,对构成犯罪的,要依法追究刑事责任。截留、挪用、私分或者变相私分实施行政许可依法收取的费用,构成犯罪的,可以分别依照《刑法》规定的贪污罪、挪用公款罪、私分国有资产罪等予以处罚。《刑法》第三百八十二条、第三百八十三条规定,国家工作人员利用职务上的便利,侵吞、窃取或者以其他手段非法占有公有财物的,犯贪污罪;受国家机关委托管理、经营国有财产的人员,利用职务上的便利,侵吞、窃取或者以其他手段非法占有国有财物的,以贪污论处。《刑法》第三百八十四条规定,国家工作人员利用职务上的便利,挪用公款归个人使用,进行非法活动,或者挪用公款数额较大、进行营利活动,或者挪用公款数额较大、超过3个月未还的,犯挪用公款罪。《刑法》的前述有关规定还规定了贪污罪、挪用公款罪的相应刑罚。根据《刑法》第三百九十六条之规定,国家机关、国有公司、企业事业单位,违反国家规定,以单位名义将国有资产集体分给个人,数额较大的,对其直接负责的主管人员和其他直接责任人员,处3年以下有期徒刑或者拘役,并处或者单处罚金;数额巨大的,处3年以上7年以下有期徒刑,并处罚金。

四、违反许可职责规定的法律责任

根据《交通行政许可监督检查及责任追究规定》第十七条之规定,道路运输管理部门工作人员办理行政许可、实施监督检查,索取或者收受他人钱物、谋取不正当利益的,应当给予直接负责的主管人员和其他直接责任人员行政处分;构成犯罪的应当移交司法机关,依法追究刑事责任。

一项具体的行政许可从行政机关的实施到行政机关的监督检查,都与被许可人的利益密切相关。作为被许可人,为实现其自身利益,既有可能被迫采取正当或不正当手段,给道路运输管理部门及其工作人员各种利益,也有可能主动采取弄虚作假或者行贿等不正当手段,以取得或者保护其在行政许可中的利益。而道路运输管理部门对行政许可的实施和监督检查,需要依靠其各个部门的工作人员来开展工作,因此,道路运输管理部门有的工作人员在行政许可的实施和监督检查中,违背职责,利用职务上的便利,实施违法行为。本条专门规定了对道路运输管理部门工作人员违法犯罪行为的处罚。在行政许可的实施和监督检查中,道路运输管理部门工作人员最典型、最普遍的违法犯罪行为,就是索取或者收受他人财物或者其他利益。

根据本条的规定,道路运输管理部门工作人员在办理行政许可或者对行政许可实施监

督检查的过程中,索取或者收受他人财物或者其他利益,构成犯罪的,依法追究刑事责任;尚不够刑事处罚的,依法给予相应的行政处分。索取或者收受他人财物或者其他利益,构成犯罪的,主要构成《刑法》中规定的受贿罪。《刑法》第三百八十五条规定,国家工作人员利用职务上的便利,索取他人财物的,或者非法收受他人财物,为他人谋利益的,犯受贿罪。《刑法》第三百八十三条、第三百八十六条对受贿罪的刑事责任作出了具体的规定。根据这些规定,道路运输管理部门工作人员在办理行政许可或者监督检查行政许可过程中,索取或者收受他人财物或者其他利益,构成犯罪的,将根据不同情况承担以下刑事责任:个人受贿数额在10万元以上的,处10年以上有期徒刑或者无期徒刑,可以并处没收财产;情节特别严重的,处死刑,并处没收财产。个人受贿数额在5万元以上不满10万元的,处5年以上有期徒刑,可以并处没收财产;情节特别严重的,处无期徒刑,并处没收财产。个人受贿数额在5000元以上不满5万元的,处1年以上7年以下有期徒刑;情节严重的,处7年以上10年以下有期徒刑。个人受贿数额在5000元以上不满1万元,犯罪后有悔改表现、积极退赃的,可以减轻处罚或者免予刑事处罚,由其所在单位或者上级主管机关给予行政处分。个人受贿数额不满5000元,情节较重的,处2年以下有期徒刑或者拘役;情节较轻的,由其所在单位或者上级主管机关酌情给予行政处分。对道路运输管理部门工作人员的上述犯罪行为,依法由司法机关予以追究其刑事责任。

根据本条的规定,道路运输管理部门工作人员在办理行政许可或者监督检查行政许可的过程中,有索取或者收受他人财物或者其他利益,没有被追究刑事责任的,需要对其实施行政处分。从总体上说,对违法实施行政许可的道路运输管理部门工作人员应当根据其违法的情节实施行政处分,但由于道路运输管理部门工作人员在行政许可工作中,索取或者收受他人财物或者其他利益的现象负面影响很大,特别是在当前反腐败形势相当严峻的情况下,给予行政处分时,应当加大力度,从重处分,例如多采用降级、撤职和开除等处分。行政处分依法由该工作人员所在的道路运输管理部门或者有关监察机关或者该工作人员所在道路运输管理部门的上级交通运输主管部门作出。

五、违反许可监督检查规定的法律责任

根据《交通行政许可监督检查及责任追究规定》第十八条之规定,道路运输管理部门不依法履行对被许可人的监督职责或者监督不力,造成严重后果的,由其上级交通主管部门或者监察部门责令改正,对直接负责的主管人员和其他直接责任人员依法给予行政处分;构成犯罪的,依法追究刑事责任。

根据本法的有关规定,道路运输管理部门应当加强对被许可人从事行政许可事项活动的监督检查。在对行政许可事项的监督检查中存在的主要问题是,道路运输管理部门重行政许可,轻监督检查。这主要表现在两个方面:一是不依法履行监督责任;二是履行监督责任,但监督检查不力。

根据本条的规定,道路运输管理部门对于被许可人从事行政许可事项的活动,不依法履行监督责任或者监督不力,造成严重后果的,有两种处理方式:一是由其上级行政机关或者监察机关责令改正,加强监督检查,并对直接负责的主管人员和其他直接责任人员依法给予行政处分,使他们承担行政法律责任。二是由于行政机关不依法实施监督检查或者监督检

查不力，构成犯罪的，对其直接负责的主管人员和其他直接责任人员，应当由司法机关依法追究其刑事责任。根据《刑法》的有关规定，道路运输管理部门的有关主管人员和其他直接责任人员不依法实施监督检查或者监督检查不力，构成的罪名主要包括滥用职权罪、玩忽职守罪等。

第四节　典型案例分析

一、案情简介

2010 年年初，山东、江西等多省（自治区、直辖市）道路运输管理部门不断向甘肃省有关部门反馈，当地查获了大量由某市道路运输管理部门颁发的虚假、违规道路运输从业资格证书。随后，接到举报的某市交通局纪检部门展开调查，负责进行培训、考试和制证工作的某市道路运输服务中心主要负责人成为重点调查对象。经纪检部门调查发现，2010 年 1 月，江苏人桂某到某市公路运输管理处，找到时任该处主任的林某，提出用他携带的《道路运输从业人员从业资格证》，且不经过报名、培训、考核等程序，为申办人办理从业资格。随后，林某指使时任某市道路运输管理处办公室主任兼某市道路运输服务中心经理的王某协商办理，时任某市公路运输管理处培训教育科、科技信息科科长齐某负责协助。随后，王某便指使服务中心的副经理王某具体操作。副经理王某指使服务中心的工作人员加班制作，共给桂某违法办理虚假道路运输从业资格证 4000 本，每本收费 300 元，共计 120 万元。

该案经某市检察机关办理，公诉至人民法院追究犯罪人员的刑事责任。公诉人认为，被告人林某等人利用职务上的便利条件，为他人谋取非法利益并收受他人贿赂，其行为构成受贿罪；其又利用职务上的便利条件，滥用职权为他人违法、违规办理虚假道路运输驾驶员资格证，给国家造成经济损失并造成恶劣社会影响，其行为又构成滥用职权罪。

榆中县法院一审以林某犯贪污罪、受贿罪、滥用职权罪，数罪并罚，判处林某有期徒刑 19 年；以受贿罪、滥用职权罪判处齐某有期徒刑 8 年；以滥用职权罪、贪污罪、挪用公款罪、受贿罪判处被告人经理王某有期徒刑 17 年；以滥用职权罪、贪污罪、挪用公款罪判处被告人副经理王某有期徒刑 13 年。

二、法理分析

根据《道路运输从业人员管理规定》第六条之规定：“国家对道路运输从业人员实行从业资格考试制度。从业资格是对道路运输从业人员所从事的特定岗位职业素质的基本评价。经营性道路客货运输驾驶员和道路危险货物运输从业人员必须取得相应从业资格，方可从事相应的道路运输活动。”

根据《道路运输从业人员管理规定》第五十一条之规定：“违反本规定，交通主管部门及道路运输管理机构工作人员有下列情形之一的，依法给予行政处分；构成犯罪的，依法追究刑事责任：①不按规定的条件、程序和期限组织从业资格考试的；②发现违法行为未及时查处的；③索取、收受他人财物及谋取其他不正当利益的。”

根据《交通行政许可监督检查及责任追究规定》第十四条之规定：“交通行政许可实施

机关实施交通行政许可,有下列情形之一的,由其上级交通主管部门或者监察部门责令改正,对直接负责的主管人员和其他直接责任人员依法给予行政处分;构成犯罪的,依法追究刑事责任:①对不符合法定条件的申请人准予行政许可或者超越法定职权作出准予交通行政许可决定的;②对符合法定条件的申请人不予交通行政许可或者不在法定期限内作出准予交通行政许可决定的;③依法应当根据招标、拍卖结果或者考试成绩择优作出准予交通行政许可决定,未经招标、拍卖或者考试,或者不根据招标、拍卖结果或者考试成绩择优作出准予交通行政许可决定的。"

根据《交通行政许可监督检查及责任追究规定》第十七条之规定:"交通行政许可实施机关工作人员办理行政许可、实施监督检查,索取或者收受他人钱物、谋取不正当利益的,应当直接负责的主管人员和其他直接责任人员给予行政处分;构成犯罪的应当移交司法机关,依法追究刑事责任。"

道路运输管理机构工作人员办理行政许可出现违法、违纪承担法律责任的形式一般有两种。一是由实施违法行政许可的道路运输管理机构的上级行政机关或者监察机关责令改正,对直接负责的主管人员和其他直接责任人员依法给予行政处分。行政处分的种类包括警告、记过、记大过、降级、撤职、开除。二是违法实施行政许可的行为构成犯罪的,依法追究刑事责任。

所谓构成犯罪,通常是指行政机关中实施行政许可的直接负责的主管人员和其他直接责任人员,违法实施行政许可导致公共财产、国家和人民利益遭受重大损失的行为。构成犯罪的,由司法机关对直接负责的主管人员和其他直接责任人员依法追究刑事责任。这方面的犯罪主要有滥用职权罪、玩忽职守罪、受贿罪等。

滥用职权,是指国家机关工作人员超越职权,违法决定、处理其无权决定、处理的事项,或者违反规定处理公务,致使公共财产、国家和人民利益遭受重大损失的行为。对犯罪人应处 3 年以下有期徒刑或者拘役;情节特别严重的,处 3 年以上 7 年以下有期徒刑。

涉嫌下列情形之一的,应予立案:

(1)造成死亡 1 人以上,或者重伤 2 人以上,或者重伤 1 人、轻伤 3 人以上,或者轻伤 5 人以上的;

(2)导致 10 人以上严重中毒的;

(3)造成个人财产直接经济损失 10 万元以上,或者直接经济损失不满 10 万元,但间接经济损失 50 万元以上的;

(4)造成公共财产或者法人、其他组织财产直接经济损失 20 万元以上,或者直接经济损失不满 20 万元,但间接经济损失 100 万元以上的;

(5)虽未达到(3)、(4)两项数额标准,但(3)、(4)两项合计直接经济损失 20 万元以上,或者合计直接经济损失不满 20 万元,但合计间接经济损失 100 万元以上的;

(6)造成公司、企业等单位停业、停产 6 个月以上,或者破产的;

(7)弄虚作假,不报、缓报、谎报或者授意、指使、强令他人不报、缓报、谎报情况,导致重特大事故危害结果继续、扩大,或者致使抢救、调查、处理工作延误的;

(8)严重损害国家声誉,或者造成恶劣社会影响的;

(9)其他致使公共财产、国家和人民利益遭受重大损失的情形。

玩忽职守,是指国家机关工作人员严重不负责任,不履行职责或者不正确履行职责,致使公共财产、国家和人民利益遭受重大损失的行为。对犯罪人应处3年以下有期徒刑或者拘役;情节特别严重的,处3年以上7年以下有期徒刑。

涉嫌下列情形之一的,应予立案:

(1)造成死亡1人以上,或者重伤3人以上,或者重伤2人、轻伤4人以上,或者重伤1人、轻伤7人以上,或者轻伤10人以上的;

(2)导致20人以上严重中毒的;

(3)造成个人财产直接经济损失15万元以上,或者直接经济损失不满15万元,但间接经济损失75万元以上的;

(4)造成公共财产或者法人、其他组织财产直接经济损失30万元以上,或者直接经济损失不满30万元,但间接经济损失150万元以上的;

(5)虽未达到(3)、(4)两项数额标准,但(3)、(4)两项合计直接经济损失30万元以上,或者合计直接经济损失不满30万元,但合计间接经济损失150万元以上的;

(6)造成公司、企业等单位停业、停产1年以上,或者破产的;

(7)海关、外汇管理部门的工作人员严重不负责任,造成100万美元以上外汇被骗购或者逃汇1000万美元以上的;

(8)严重损害国家声誉,或者造成恶劣社会影响的;

(9)其他致使公共财产、国家和人民利益遭受重大损失的情形。

受贿,是指国家工作人员利用职务上的便利,索取他人财物的,或者非法收受他人财物,为他人谋利益的行为。行政机关工作人员在办理行政许可或者监督检查行政许可过程中,索取或者收受他人财物或者其他利益,构成犯罪的,将根据不同情况承担以下刑事责任:

(1)个人受贿数额在10万元以上的,处10年以上有期徒刑或者无期徒刑,可以并处没收财产;情节特别严重的,处死刑,并处没收财产。

(2)个人受贿数额在5万元以上不满10万元的,处5年以上有期徒刑,可以并处没收财产;情节特别严重的,处无期徒刑,并处没收财产。

(3)个人受贿数额在5000元以上不满5万元的,处1年以上7年以下有期徒刑;情节严重的,处7年以上10年以下有期徒刑。个人受贿数额在5000元以上不满1万元,犯罪后有悔改表现、积极退赃的,可以减轻处罚或者免予刑事处罚,由其所在单位或者上级主管机关给予行政处分。

(4)个人受贿数额不满5000元,情节较重的,处2年以下有期徒刑或者拘役;情节较轻的,由其所在单位或者上级主管机关酌情给予行政处分。

三、执法启示

1.深化行政审批改革

充分尊重市场在资源配置中的决定性作用,最大限度减少道路运输管理部门对微观经济事务的管理,把该放的权力放到位,科学设置道路运输市场准入门槛,充分释放市场主体发展活力和创造力,切实增强交通运输发展的内生动力。对于市场竞争机制能够有效调节、公民法人或者其他组织能够自律管理、采取事后监督等管理方式能够解决的经济活动,应当

取消审批。进一步开放交通运输建设市场,扩大企业和个人投资自主权,减少投资项目审批。科学界定运输市场准入门槛,减少运输生产经营活动审批事项和运输主体资质资格许可。地方道路运输管理部门要根据交通运输部的要求和地方人民政府的统一安排加大简政放权力度,切实做好地方设定的行政审批事项的改革工作。各级道路运输管理部门要严格管理规章和规范性文件,严禁以"红头文件"等方式设定审批事项;严禁以各种形式变相设置审批事项;严禁以事前备案、出具备案证明、登记、注册、年检、监制、认定、认证、审定、达标考核等形式或者以非行政许可审批名义变相设定行政许可;严禁借实施行政审批变相收费或者违法设定收费项目;严禁将属于行政管理的事项转为有关事业单位、行业协会和中介组织的服务事项,搞变相审批、有偿服务;严禁以加强事中事后监管为名,变相恢复、上收已取消和下放的行政审批事项。

2. 建立行政管理权力清单制度

各级道路运输管理部门要全面核查现行有效行政审批事项底数,按照依法设定、科学分类、统一规范、动态管理的要求,建立交通运输行政审批事项目录清单公开制度。不得在目录之外针对公民、法人或者其他组织实施行政审批。对已纳入目录的行政审批事项,要明确事项名称、审批依据、实施机关等要素和内容。做好目录清单的编制公布和动态管理工作,调整变动行政审批事项,要同步调整行政审批事项目录清单。推行行政管理权力清单制度。清理规范交通运输行政权力,推行道路运输管理部门权力管理清单制度。当前,以推行行政审批权力清单制度为切入点,逐步扩大至包括行政审批在内的所有行政权力领域。行政审批权力清单制度一般应包括现行审批事项及审批流程图、取消下放审批事项的后续监管措施、道路运输行政管理与服务创新事项目录、规章和规范性文件清理计划安排等内容。完善决策科学、执行坚决、流程优化、监督有力的行政权力运行机制。

3. 规范行政审批运行机制

规范行政审批行为。对继续实施的行政审批事项,精简审批环节,根据审批事项的性质、特点和复杂程度,制定具体的操作规程。严格界定行政审批过程中受理、审查、决定、公告、发证等审批环节的岗位职责、审批权限、时限要求。对技术性和专业性强的审批事项,要制定详细的审批流程和技术要求。对许可事项实行案件化管理,建立许可事项文书档案,严格按照法定条件对审批事项进行审查,严格规范行政审批自由裁量权,不得随意扩大或缩小审批权限、变更审批标准。优化行政审批流程,减少前置审批条件,取消没有法定依据、自行设定的前置审批条件和重复性的前置预审,最大限度减少预审。对保留的行政审批事项进行流程再造,对内容相近、重复设置的行政审批环节予以合并。逐步减少逐级报批设置,实现审批权科学确定和"谁审批、谁负责"的机制。完善部门协商办理机制,通过实行同步受理、牵头协同、信息共享、资料互认等方式,尽最大限度简化审批手续、缩短审查时限,方便行政相对人,提高审批效率和服务水平。创新行政审批服务方式。建立健全行政审批公开制度,进一步推进行政审批网上办理,实行网上公开申报、受理、咨询、办理和答复,编制标准化的办事指南和审批业务手册并予以公开,为群众办事提供更多便利。继续完善窗口办事制度,推行"一个窗口受理、一次性告知、一条龙服务、一站式办公"的行政审批运行模式,实现由"流转性窗口"向"职能型机构"的转变,实现审批服务体系化、窗口办事人性化、审批执法协同化、事项管理法制化。把服务经济社会发展和人民群众交通运输需求作为加快交通运输部门职能转变的根本出发点和落脚点,切实增强服务意识,强化公共服务职能,将服务理念贯穿到交通运输规划、建设、养护、运输、管理等各个环节,努力提高交通运输服务的均等化、便捷化、安全化水平。

4. 加强对行政审批权力运行的监督问责

坚持运用法治思维和法治方法,把行使行政权力纳入法制轨道,做到职权法定、依法履职,做到不缺位、不越位、不错位,实现从全能型、权力型、管制型政府部门向效能型、责任型、服务型政府部门的转变。道路运输管理部门要将职能转变、行政审批改革工作纳入绩效考核、年度考核和执法评议考核的范围,明确考核标准,严格评估考核。进一步强化行政问责,建立行政审批工作中的过错认定标准和责任追究机制,对行政审批进行全程监督,对违法行政、滥用职权、失职渎职等行为,严格依法依规追究有关领导和工作人员的责任,确保审批规范有序运行。加强对行政权力的监督制约。建立有效的科学民主决策机制,规范行政决策程序,扩大行政决策公众参与度,坚持重大行政决策合法性审查和集体讨论决定制度。健全道路运输管理部门信息公开工作机制,深化信息公开内容,拓宽政府信息公开渠道。健全道路运输管理部门层级监督制度,综合运用听取和审议专项工作报告、执法评议考核、计划预算审查、规范性文件备案审查、询问和质询等形式,增强层级监督的针对性和实效性。更加重视舆论监督,对人民群众检举、新闻媒体反映的问题,应当认真调查、核实,及时依法作出处理,并通报处理结果。

第三章　道路运输管理行政处罚权力清单与责任清单解析

第一节　行政处罚基本原理

一、行政处罚的概念

行政处罚是指行政机关或其他行政主体依照法定职权和程序对实施了违反行政管理法律法规而尚未构成犯罪的行为的公民、法人或其他组织给予的一类强制性惩罚措施。在性质上，行政处罚属于行政制裁的一种。行政制裁与刑事制裁、民事制裁等一样，都属于法律制裁的范围，而法律制裁是违法者依法承担由于其实施的违法行为而引起的法律责任的重要方式。

行政处罚与同属行政制裁的行政处分、对犯罪人实施的刑罚、行政强制措施、执行罚等都具有较大差异。从静态上看，行政处罚是属于法律制裁中的一种，而从动态上看，行政处罚是行政主体对其实施的活动，属于一种具体行政行为。从与刑罚相比较的角度上看，行政处罚具有“秩序罚”的性质，因为产生行政处罚这种法律后果的违法行为对社会的危害性相对较小。

二、行政处罚的特征

（一）实施行政处罚的主体具有行政特性

在我国，实施行政处罚的主体只能是行政机关或法律、法规授权的组织。立法机关是行使立法权的机关，司法机关是行使司法权的主体，它们都不能作为行政处罚的主体。需要特别注意的是，并非所有行政主体都具有行政处罚的权限，有权作出行政处罚的主体是特定的　　只有那些由法律、法规或者规章明确规定具有行政处罚权的行政主体才能实施行政处罚，其他任何机关、团体、组织和个人都无权实施。此外，国家行政机关可以依照法律、法规或者规章的规定，在其法定权限内委托符合法定条件的组织实施行政处罚，但这些组织只能以委托其的行政机关的名义实施行政处罚，其本身并不是行政主体。

（二）行政处罚实施的对象是作为行政相对人的公民、法人或者其他组织

行政处罚实施的对象既包括作为行政相对人的公民，也包括作为行政相对人的法人或者其他组织。行政处罚实施的对象是行政相对人，其属于外部行政行为，这一点将它与行政处分区别开来。行政处分只能适用于行政机关的工作人员或其他由行政机关任命或管理的人员。

以其适用与效力作用的对象的范围为标准，行政行为可分为内部行政行为与外部行政行为。所谓内部行政行为，是指行政主体在内部行政组织管理过程中所做出的只对行政组

织内部产生法律效力的行政行为,如行政处分等。所谓外部行政行为,是指行政主体在对社会实施行政管理活动过程中针对公民、法人或其他组织所作出的行政行为,如行政许可、行政处罚等。内部行政行为与外部行政行为的划分具有重要意义。其一,内部行政行为适用内部行政规范,因而也只能用内部手段和方式去调整;外部行政行为运用外部行政法规范,采用相应的法律、法规所规定的手段和方式去调整。其二,对于内部行政行为的主体资格,法律没有严格要求,而对于外部行政行为的主体资格,法律则有严格的要求。其三,内部行政行为不得适用行政复议程序和提起行政诉讼,而外部行政行为在符合法定条件的情况下,可以被提起行政复议和行政诉讼。

(三)行政处罚所针对的是违反行政法律法规但尚未构成犯罪的行为

在我国,违反行政法律法规但尚未构成犯罪的行为,也被称为一般违法行为或者行政违法行为,其构成需要符合主体、客观、主观和客体四个方面的要件。

1. 主体要件

行政相对人必须是达到法定责任年龄,具有相应的权利能力和行为能力。《中华人民共和国行政处罚法》(以下简称《行政处罚法》)第二十五条规定,不满十四周岁的人有违法行为的,不予行政处罚,责令监护人加以管教;第二十六条规定,精神病人在不能辨认或者不能控制自己行为时有违法行为的,不予行政处罚,但应当责令其监护人严加看管和治疗。

2. 客观要件

即行政相对人有违反行政管理秩序和行政法律规范的行为,如任意倾倒污染物,应缴纳排污费而拖延或故意不交等。秩序是某种环境中存在着的某种关系的稳定性、结构的有序性、行为的规则性、进程的连续性、事件的可预测性,以及财产和心理的安全性。一个社会,不同的环境下,都有各自不同的秩序。家庭有家庭的秩序,单位有单位的秩序,社会有社会的秩序,行政管理秩序是社会秩序的重要表现。行政权力是一种非人格化的权利,代表和维护公共利益,行政管理秩序是通过行政权力的配置和运作来维持的,是行政权力的主体——行政机关与行政管理相对人——公民、法人或者其他组织在行政管理关系中形成的一种秩序关系。行政法律规范表现形式有宪法、法律、行政法规、地方性法规、自治条例和单行条例、行政规章等。

3. 主观要件

行政相对人的作为或不作为基于过错产生。行政处罚原则上实行过错推定原则,即行政相对人客观违法即被推定存在过错,行政相对人认为没有过错也必须承担举证责任,法律另有规定的除外。

4. 客体要件

行政相对人作为或不作为必须具有社会危害性,对社会秩序和社会公益构成较严重威胁。这一要件与犯罪构成要件类似,所不同的是行政违法行为的社会危害性通常小于犯罪行为。同时,这些行为的违法具有确定性,这是行政处罚区别于行政强制措施的主要表现。行为违法的确定性,是指个人或组织实施的违反行政法律规范的行为,这种违法行为,是确定的、实际的,而不是模棱两可或主观想象的。比如,对某食品店销售变质食品的行为实施处罚,必须是该食品店确实在销售或销售过变质的食品,而不是可能要销售。而行政强制措施是行政机关依法对公民采取的限制人身自由或对公民和组织的财产限制其保持一定状态

的强制手段。对人身的强制措施主要有收容、审查、戒毒等,对财产的强制措施主要有扣押、查封、冻结等。这些强制措施所针对的公民或组织的行为,违法与否是不确定的,也有可能是尚未变成现实的违法行为。

(四)行政处罚的目的具有惩戒性和教育性

行政处罚的目的既是为了有效实施行政管理,维护公共利益和社会秩序,保护公民、法人或者其他组织的合法权益,同时也是对违法者给予惩戒和教育,使其以后不再实施违反行政管理法律法规的行为。

(五)行政处罚是一种剥夺或限制行政相对人权利的负担性行政行为

根据行政行为的内容对行政相对人是否有利为标准,行政行为可分为授益性行政行为和负担性行政行为。授益性行政行为是指行政主体为行政相对人设定权益或免除其义务的行政行为。负担性行政行为,是指行政主体为行政相对人设定义务或剥夺、限制其权益的行政行为,又称负型性行政行为。行政处罚,无论从理论分类,还是行政处罚规定的种类看,行政处罚除剥夺或者限制行政相对人的人身自由和财产权利外,还对行政相对人的声誉、权能、资格构成影响和限制,所以是一种典型的负担性行政行为。

(六)行政处罚是行政主体所作出的依职权的行为

以行政机关是否可以主动作出行政行为为标准,行政行为可分为依职权的行政行为和依申请的行政行为。依职权的行政行为,指行政机关依据法律赋予的职权而无须行政相对人的请求而主动实施的行政行为。依申请的行政行为,是指行政机关必须由行政相对人提出申请后才能实施而不能主动实施的行政行为。行政处罚就是通过增加了行政相对人因违法而被剥夺或限制权益来实现制裁的目的,而行政相对人却不会主动申请这种制裁。

三、行政处罚的类型

根据其涉及的行政相对人权利的内容,我国法律法规中设定的行政处罚可分为申诫罚、财产罚、行为罚和人身罚四类。每一类行政处罚中又各有一些具体的处罚形式。

(一)申诫罚

申诫罚,又被称为精神罚或影响声誉罚,是指行政主体向违法者发出警戒,申明其有违法行为,通过对其名誉、荣誉、信誉等施加影响,引起其精神上的警惕,使其不再违法的处罚形式,主要包括警告和通报批评等具体形式。

1. 警告

警告指行政机关对有违法行为的公民、法人或者其他组织提出告诫,使其认识所应负责任的一种处罚。例如,《中华人民共和国道路运输条例》(以下简称《道路运输条例》)第六十八条规定,客运经营者、货运经营者不按照规定携带车辆营运证的,处警告或者 20 元以上 200 元以下的罚款。警告一般适用于那些违反行政管理法规较轻微、对社会危害程度不大的行为,一般当场作出。

2. 通报批评

通报批评是行政机关将对违法者的批评以书面形式公布于众,指出其违法行为,予以公开谴责和告诫,以避免其再犯的处罚形式。通报批评既有对违法者的惩戒和教育作用,也有一般社会预防作用。

警告和通报批评,既可以对公民个人适用,也可以适用于法人或者其他组织。既可单处,也可与其他行政处罚同时适用。关于通报批评,《行政处罚法》没有作出明确规定。然而,在被称为信息社会的今天,通报批评有时会具有比其他处罚形式更重的处罚效果,因而必须严格依法实施,以确保舆论监督和法制建设的统一性和合理性。

(二)财产罚

财产罚,是特定的行政机关或者法定的其他组织强迫违法者交纳一定数额的金钱或者一定数量的物品,或者限制、剥夺其某种财产权的处罚形式,主要包括罚款、没收等具体形式。

1. 罚款

罚款是指行政主体依法强制违反行政管理法律法规的公民、法人或其他组织在一定期限内缴纳一定数量货币的处罚形式。例如,《巡游出租汽车经营服务管理规定》(交通运输部令 2016 年第 64 号)第四十八条规定,出租汽车经营者出租或者擅自转让出租汽车车辆经营权的,处以 1 万元以上 2 万元以下罚款。罚款是一种适用范围比较广泛的行政罚。为了避免罚款的随意性,《行政处罚法》对罚款进行了一些限定性的规定。对已经制定的法律、行政法规规定的行政处罚的种类中没有罚款的,地方性法规和规章不能增加规定罚款的处罚。为了避免罚款执行人营私舞弊,法律规定作出罚款决定的机关与收缴罚款的机构必须分离,罚款必须全部上缴国库,任何行政机关或者个人不得以任何形式截留、私分。罚款的设定与执行要运用适当,罚与过相当。

2. 没收

没收是指有处罚权的行政主体依法将违法行为人的违法所得和非法财物收归国有的处罚形式。例如,《道路旅客运输及客运站管理规定》(交通运输部令 2016 年第 82 号)第七十九条规定,未取得道路客运经营许可,擅自从事道路客运经营的,由县级以上道路运输管理机构责令停止经营,有违法所得的,没收违法所得。没收是一种较为严厉的财产罚,其执行领域具有一定程度的限定性,只有对那些为谋取非法收入而违反法律法规的公民、法人及组织才可以实行这种财产罚。违法所得是指违法行为人从事非法经营等获得的利益。非法财物,是指违法者用于从事违法活动的违法工具、物品和违禁品等。办理治安案件所查获的毒品、淫秽物品等违禁品,赌具、赌资,吸食、注射毒品的用具以及直接用于实施违反治安管理行为的本人所有的工具,应当收缴。

没收非法财物,必须按照国家规定公开拍卖或者按照国家有关规定处理,处罚机关不得私分、截留、随意毁损,通过非法途径低价处理,或者随意使用。没收非法所得或者没收非法财物拍卖的款项,必须全部上缴国库,任何机关或者个人不得以任何形式截留、私分或者变相私分。

(三)行为罚

行为罚,也被称为能力罚,是限制或者剥夺行政相对方某些特定行为能力和资格的处罚形式,主要包括责令停产停业、暂扣或者吊销许可证、执照等具体形式。

1. 责令停产停业

责令停产停业是指行政主体对违反行政管理法律法规的工商企业或个体经营户,依法在一定期限内剥夺其从事某项生产或经营活动权利的处罚形式。例如,《危险化学品安全管

理条例》第八十六条规定，危险化学品道路运输企业、水路运输企业的驾驶员、船员、装卸管理人员、押运人员、申报人员、集装箱装箱现场检查员未取得从业资格上岗作业的，由交通运输主管部门责令改正，处5万元以上10万元以下的罚款，拒不改正的，责令停产停业整顿。责令停产停业不是直接限制或者剥夺违法者的财产权，而是责令违法者暂时停止其所从来的生产经营活动，一旦违法者在一定期限内及时纠正了违法行为，按期履行了法定义务，仍可继续从事被停止的生产经常活动，无须更新申请领取有关许可证和执照。由于责令停产停业的处罚将直接影响企业的生产与经营利益，因此对比较严重的行政违法行为才适用。

2. 暂扣或者吊销许可证、执照

暂扣或者吊销许可证、执照是指行政主体对违反行政管理法规的公民、法人或者其他组织依法实行暂时扣留其许可证或执照，剥夺其从事某项生产或经营活动权利的处罚形式。例如，《道路运输从业人员管理规定》（交通运输部令2016年第52号）第四十七条规定，经营性道路客货运输驾驶员、道路危险货物运输从业人员身体健康状况不符合有关机动车驾驶和相关从业要求且没有主动申请注销从业资格的，由发证机关吊销其从业资格证件。

许可证与执照指行政主管机关应公民、法人或其他组织的申请依法颁发的准许申请人从事某种活动的书面文件，是公民、法人或者其他组织享有的某种权利的凭证。暂扣许可证、执照的特点在于暂时中止持证人从事某种活动的资格，待其改正违法行为后或者经过一定时期和努力，再发还证件，恢复其资格，允许其更新享有该权利和资格。吊销许可证、执照的特点在于撤销相对人的凭证，终止其继续从事该凭证所允许活动的资格。这是一种比责令停产停业更为严厉的行为罚。

（四）人身罚

人身罚，也被称为自由罚，是限制或者剥夺违法者人身自由的处罚形式。人身权是《中华人民共和国宪法》（以下简称《宪法》）规定的公民各种权利得以存在的基础，人身权受到限制或者剥夺，意味着其他任何权利都将难以行使。它包括行政拘留、驱逐出境、禁止入境或者出境、限期出境等具体形式。

1. 行政拘留

行政拘留是指公安机关依法对违反行政管理法律法规的人，特别是违反治安管理法律法规，在短期内限制其人身自由的一种处罚形式。它是行政处罚中最严厉的一种形式。行政拘留一般适用于严重违反治安管理规范的行为人，并且只有在使用警告、罚款处罚不足以惩戒违法者时才适用。对于特定的违反治安管理的行为人，不执行行政拘留处罚。根据《中华人民共和国治安管理处罚法》（以下简称《治安管理处罚法》）第二十一条之规定，违反治安管理行为人有下列情形之一，依照本法应当给予行政拘留处罚的，不执行行政拘留处罚：①已满十四周岁不满十六周岁的；②已满十六周岁不满十八周岁，初次违反治安管理的；③七十周岁以上的；④怀孕或者哺乳自己不满一周岁婴儿的。

2. 驱逐出境、禁止入境或者出境、限期出境

驱逐出境、禁止入境或者出境、限期出境是指公安、边防、国家安全机关对违反我国行政法律规范的外国人、无国籍人采取的强令其离开或者禁止进入中国国境的处罚形式。《中华人民共和国外国人入境出境管理法》《中华人民共和国国家安全法》《中华人民共和国边防检查条例》对此分别作出了规定。《治安管理处罚法》第十条第二款明确规定："对违反治安

管理的外国人,可以附加适用限期出境或者驱逐出境。”

四、行政处罚的作用

作为一种强制性惩罚措施,行政处罚对于保障行政法律法规的顺利实施、保证行政机关等行政主体有效实施行政管理活动、保护公共利益和个人权益具有重要作用。行政处罚具有较强的制裁和惩处作用,有利于良好市场秩序和社会生活秩序的建立。行政处罚的实施,还可以寓教育于惩戒之中,具有教育功能、预防违法的作用,是一种有效维护行政管理秩序的手段。

但是,我们需要特别注意,行政处罚是典型的侵益(剥夺)性行政行为,潜存着侵害人们合法权益的危险性。它也只是维护行政管理秩序的一种手段,具有其自身的局限性,无法替代其他法律手段,更无法替代道德、教育等其他手段在维持社会秩序方面的作用。

第二节　道路运输行政处罚权力清单解析

一、道路运输行政处罚的设定

道路运输行政处罚是指道路运输行政机关或其他相关的行政主体依照法定职权和程序对实施了违反道路运输行政管理法律法规而尚未构成犯罪的行为的公民、法人或其他组织给予的一类强制性惩罚措施。依照涉及道路运输管理的相关法律法规,对实施了违反道路运输行政管理法律法规而尚未构成犯罪的行为的公民、法人或其他组织实施行政处罚是道路运输行政机关享有的重要职权之一。道路运输行政处罚权力清单是对道路运输行政机关或其他相关的行政主体有权针对其实施行政处罚的所有事项的统计和列明,是对这些行政主体享有的行政处罚权范围的明确。

(一)行政处罚的设定原则

行政处罚的设定权是国家和地方立法权中的一项重要内容。行政处罚直接关系行政相对人的人身自由、行为能力和财产权益,若设定不当就会对公民、法人或其他社会组织的权益造成较大损害。在我国,行政处罚的设定需要遵循行政处罚设定权法定的原则。根据该原则,我国不同立法主体设定行政处罚的权力由法律明文规定。根据《行政处罚法》的有关规定,行政处罚只能由法律、法规、规章来设定,行政性规范性文件不得设定行政处罚。

(二)行政处罚设定权力的配置

我国行政处罚设定权力的配置是由《行政处罚法》《中华人民共和国立法法》(以下简称《立法法》)等规定的。在这些法律中,对于行政处罚设定权力的具体配置是按照不同立法主体所制定的规范性文件类型来规定的。

1. 法律

法律可以设定各种行政处罚。同时限制人身自由的行政处罚,只能由法律设定,其他法规和规章都无权设定。因此,由法律设定处罚,无论是自行设定行政处罚还是制定执行其他法律规范设定的处罚,都是没有限制的。

2. 行政法规

行政法规可以设定除限制人身自由以外的行政处罚。通过该种规范性文件设定行政处罚的权力是比较广泛的,除了只能由法律设定的限制人身自由的处罚外,其他处罚其都有权设定。但该种设定权又受到法律一定的限制,如果法律对违法行为已经作出行政处罚规定,行政法规需要作出具体规定的,必须在法律规定的给予行政处罚的行为、种类和幅度的范围内规定,而不能自行创设。

3. 地方性法规

地方性法规可以设定除限制人身自由、吊销企业营业执照以外的行政处罚。法律、行政法规对违法行为已经作出行政处罚规定,地方性法规需要作出具体规定的,必须在法律、行政法规规定的给予行政处罚的行为、种类和幅度的范围内规定。

4. 部门规章

国务院部、委制定的规章可以在法律、行政法规规定的给予行政处罚的行为、种类和幅度的范围内作出具体规定。尚未制定法律、行政法规的,国务院部、委制定的规章对违反行政管理秩序的行为,可以设定警告或者一定数量罚款的行政处罚,罚款的数额由国务院规定。

5. 地方政府规章

省(自治区、直辖市)人民政府和地级市以上的人民政府制定的规章可以在法律、法规规定的给予行政处罚的行为、种类和幅度的范围内作出具体规定。尚未制定法律、法规的,上述人民政府制定的规章对违反行政管理秩序的行为,可以设定警告或者一定数量罚款的行政处罚。罚款的数额由省(自治区、直辖市)人民代表大会常务委员会规定。

地方性法规和地方政府规章设定的行政处罚职能在其行政区划范围内有效。

(三)道路运输行政处罚的设定

道路运输行政处罚的设定必须遵循法定的原则。《中华人民共和国安全生产法》(以下简称《安全生产法》)、《道路运输条例》《危险化学品安全管理条例》《公路安全保护条例》《国际道路运输管理规定》(交通部令 2005 年第 3 号)、《放射性物品道路运输管理规定》(交通运输部令 2016 年第 71 号)、《道路危险货物运输管理规定》(交通运输部令 2016 年第 36 号)、《道路货物运输及站场管理规定》(交通运输部令 2016 年第 35 号)、《道路旅客运输及客运站管理规定》、《机动车维修管理规定》(交通运输部令 2016 年第 37 号)、《机动车驾驶员培训管理规定》(交通运输部令 2016 年第 51 号)、《道路运输从业人员管理规定》、《道路运输车辆动态监督管理办法》(交通运输部 公安部 国家安全生产监督管理总局令 2014 年第 5 号)、《巡游出租汽车经营服务管理规定》、《出租汽车驾驶员从业资格管理规定》(交通运输部令 2016 年第 63 号)、《校车安全管理条例》等法律法规对道路运输行政处罚进行了设定。此外,一些地方性法规和地方政府规章也对道路运输行政处罚进行了设定。以云南省为例,设定道路运输行政处罚的地方性法规和地方政府规章包括《云南省道路运输条例》(云南省人大常委会公告第 12 号)、《云南省城市公共交通管理办法》(云南省人民政府令第 168 号)、《云南省城市出租汽车管理办法》(云南省人民政府令第 167 号)、《云南省高等级公路快速旅客运输管理规定》(云南省人民政府令第 84 号)。这些法律法规为道路运输行政处罚权力清单的编制提供了直接依据。

在前述法律法规中,比较重要的包括《道路运输条例》《危险化学品安全管理条例》《道路危险货物运输管理规定》《道路货物运输及站场管理规定》《道路旅客运输及客运站管理规定》《机动车维修管理规定》《巡游出租汽车经营服务管理规定》。《道路运输条例》中设定的行政处罚项目主要分为两个方面,一方面是针对违反道路运输方面的许可规定的行为的行政处罚项目,另一方面是针对违反道路运输经营活动监管方面规定行为的行政处罚项目。《危险化学品安全管理条例》中设定的行政处罚项目也主要分为两个方面,一方面是针对违反危险化学品道路运输方面许可规定的行为的行政处罚项目,另一方面是针对违反危险化学品道路运输经营活动监管方面规定的行为的行政处罚项目。与两个行政法规类似,《道路危险货物运输管理规定》《道路货物运输及站场管理规定》《道路旅客运输及客运站管理规定》《机动车维修管理规定》《巡游出租汽车经营服务管理规定》等中有关行政处罚的规定也是主要是有关许可和有关经营活动监管两方面的。

从类型上看,道路运输管理领域中的行政处罚主要为罚款、没收违法所得、吊销许可证等。

二、道路运输行政处罚的实施主体

道路运输行政处罚的实施主体不同于道路运输权力清单中的各种国家权力的行使主体,是指在道路运输行政管理活动中可以实施行政处罚的国家行政机关以及其他组织。它并非都享有行政处罚权,也并非都具有行政主体的资格。

在我国,行政处罚的实施一般都对行政相对人的权益产生比较大的影响,因此,并不是所有的行政主体都能实施行政处罚,行政处罚只能由拥有行政处罚权的行政主体在法定职权范围内实施。根据《行政处罚法》的规定,能够实施行政处罚的行政主体包括具有行政处罚权的行政机关和法律、法规授权的组织。此外,行政机关在一些情形下,也可委托符合法定条件的组织代为行使行政处罚权。

(一)具有行政处罚权的行政机关

行政机关是最主要的行政处罚实施主体,享有一定行政处罚权的行政机关在其权限范围内实施的行政处罚才是合法的行政处罚。同时,国务院或者经国务院授权的省(自治区、直辖市)人民政府可以决定一个行政机关行使有关行政机关的行政处罚权,但限制人身自由的行政处罚权只能由公安机关行使。这一规定确立了相对集中的行政处罚权制度,该制度实现了执法职能的相对集中,能够克服分散执法软弱无力的困难。

(二)法律、法规授权的组织

《行政处罚法》第十七条规定,法律、法规授权的具有管理公共事务职能的组织可以在法定授权范围内实施行政处罚。由此可见,在一定情况下,被授权组织也可以行使行政处罚权,但只能是经过法律、法规授权,即使行政规章授权也不能成为实施行政处罚的主体。被授权组织还必须是具有管理公共事务职能的组织。此外,被授权组织只能在授权范围内实施行政处罚,任何超越授权范围的行政处罚都是不合法的。

(三)行政机关委托的组织

《行政处罚法》第十八条规定,行政机关依照法律、法规或者规章的规定,可以在其法定权限内委托符合法律规定条件的组织实施行政处罚。《行政处罚法》第十九条规定,这些条件包括受委托组织须是依法成立的管理公共事务的事业组织,且该组织具有熟悉有关法律、

法规、规章和业务的工作人员，在对违法行为需要进行技术检查或者技术鉴定的情况下，该组织应当有条件组织进行相应的技术检查或者技术鉴定。除了符合这些条件的组织外，行政机关不得委托其他组织或者个人实施行政处罚。受委托实施行政处罚的组织是对实施行政处罚的主体的补充。根据《行政处罚法》第十八条之规定，受委托组织在委托范围内，以委托行政机关名义实施行政处罚，不得再委托其他任何组织或者个人实施行政处罚，而委托行政机关对受委托的组织实施行政处罚的行为应当负责监督，并对该行为的后果承担法律责任。但是为了防止乱处罚的情况出现，必须要对行政处罚的委托加以限制。行政机关只能依法在其法定权限内进行委托，行政机关进行委托必须有法律、法规或规章的明文规定。

在道路运输行政管理领域中，行政处罚的实施主体主要是前两种。《安全生产法》第一百一十条规定："本法规定的行政处罚，由安全生产监督管理部门和其他负有安全生产监督管理职责的部门按照职责分工决定。"该条就是有关第一类实施主体的规定。《道路运输条例》第七条第三款规定："县级以上道路运输管理机构负责具体实施道路运输管理工作。"该条款就是有关第二类实施主体的规定。《公路保护条例》第六十六条和第六十八条也是有关第二类实施主体的规定。

三、道路运输行政处罚的实施原则

行政处罚的实施原则是指行政主体及其他相关组织在实施行政处罚时必须遵循的一些基本行为准则。根据《行政处罚法》的规定，行政处罚的原则主要包括处罚法定原则、处罚公正公开原则、处罚与教育相结合原则、保障行政相对人权利的原则、职能分离的原则和一事不再罚原则。

（一）处罚法定原则

处罚法定原则，即具有行政处罚权的行政机关和法律、法规授权的组织必须在法定权限内，依据法定程序，对违反行政法律规范应当给予行政处罚的行为实施行政处罚。该原则包括处罚主体及其职权法定，被处罚行为法定，处罚的种类、内容和程序法定三个部分的内容。

1. 处罚主体及其职权法定

除法律、法规、规章规定行政处罚权的行政机关和从法律、法规授权的组织外，其他任何机关、组织和个人均不得行使行政处罚权。此外，具备了实施主体资格的机关和组织在行使行政处罚权时，还必须遵守法定的职权范围，不得越权和滥用权力。

2. 被处罚行为法定

行政处罚的实施必须以法律、法规或者规章为依据，对于行政相对人来说，法无明文规定则不受罚，即凡法律、法规或者规章未规定予以行政处罚的行为，行政相对人不受到行政处罚。

3. 处罚的种类、内容和程序法定

对于法定应予处罚的行为，必须对之实施法定种类和内容的处罚。实施行政处罚，不仅要求实体合法，而且必须程序合法。以非法手段收集的证据不得作为处罚的根据。没有法定依据或者不遵守法定程序的，行政处罚无效。

（二）处罚公正公开原则

《行政处罚法》第四条规定，行政处罚必须遵循公正、公开的原则。其要义有三：①客观原则,即设定和实施行政处罚必须以违法的客观事实为依据,不能主观臆断;②平衡原则,或过罚相当原则,即行政处罚须与违法行为的事实、性质、情节以及社会危害程度相当,不能畸轻畸重;③公开原则,即包括事先公开职权依据、事中公开决定过程、事后公开决定结论。具体而言,对违法行为给予行政处罚的规定必须公布,未经公布的,不得作为行政处罚的依据;行政处罚之程序以及处罚的决定必须公开———使相对人能够了解行政处罚,不仅能够提高公民对行政主体及其实施的行政处罚的信任度,也可以监督行政主体及其公务。

(三)处罚与教育相结合原则

《行政处罚法》第五条规定,实施行政处罚,纠正违法行为,应当坚持处罚与教育相结合,教育公民、法人或者其他组织自觉守法。行政处罚的根本目的就是要维护公共利益和社会秩序,而要实现这一目的根本就是要使相对人知法懂法并自觉守法。因此,这一规定就要求行政处罚主体不能仅以追究违法相对人法律责任为唯一目的,而应在处罚的同时加强对受罚人的法制教育,责令当事人改正或者限期改正其违法行为,使其自觉守法,实现行政处罚的最终目的。

(四)保障行政相对人权利原则

《行政处罚法》不仅在总则中确立了保障行政相对人权利的原则,而且其有关行政处罚的设定、实施及其程序的规定也贯彻了该原则。

保障行政相对人权利的原则实质上是由保障相对人陈述权、申辩权的原则和无救济便无处罚的原则构成的。行政相对人对行政主体所给予的行政处罚,享有陈述权、申辩权。对行政处罚不服的,有权依法申请行政复议或者提起行政诉讼。因行政处罚受到损害的,有权提出赔偿要求。

(五)职能分离原则

职能分离的原则包括四个方面的内容。其一,行政处罚的设定机关和实施机关相分离。其二,行政处罚的调查、检查人员和行政处罚的决定人员相分离。其三,作出罚款决定的机关和收缴罚款的机构相分离。除依法当场收缴的罚款外,作出行政处罚决定的行政机关及其执法人员不得自行收缴罚款。应告知当事人到指定的银行缴纳罚款。银行应当收受罚款,并将罚款直接上缴国库。其四,由非本案调查人员担任听证主持人。

(六)“一事不再罚”原则

《行政处罚法》第二十四条规定,对当事人的同一个违法行为,不得给予两次以上罚款的行政处罚。所谓“一事不再罚”,是指对相对人符合一个违法构成要件的行为,除法律另有规定者外,行政主体只能对该相对人给予一次处罚。其要义有三:①行政主体对于相对人的同一个违法行为不得依据同一个法律规范再次作出行政处罚;②行政主体对于相对人的同一个违法行为不得依据不同的法律规范予以多次财产罚;③适用这一原则必须是当事人基于同一事实和理由实施的一次性违反行政法规范的行为。

在道路运输管理活动中,行政处罚的实施也必须遵守上述原则。

四、道路运输行政处罚的管辖

道路运输行政处罚的管辖是指有道路运输行政处罚权的实施主体之间的权限划分和分工。它关系到实施主体能否尽职尽责地行使权力,既不互相推诿,又不彼此相争,也影响到

能否及时、有效、准确地追究违反道路运输管理法规的公民、法人和其他组织的法律责任。因此,行政处罚管辖在整个道路运输行政处罚制度中占有重要的地位。道路运输违法行为的发生地、实施主体的级别和职能是影响道路运输行政处罚管辖的因素。

《行政处罚法》第二十条对行政处罚的地域管辖、级别管辖、职能管辖和管辖的特殊情形作了规定。该法第二十一条、第二十二条分别对指定管辖、移送司法机关追究刑事责任的情形作了规定。

1. 地域管辖

行政处罚的地域管辖,也被称为区域管辖或属地管辖,是指同级行政机关之间按照管理区域确定行政处罚的权限分工。

根据《行政处罚法》第二十条的规定,行政处罚一般由违法行为发生地的县级以上地方人民政府具有行政处罚权的行政机关管辖。这里违法行为地包括违法行为着手地、经过地、实施(发生)地和危害结果发生地。违法行为发现地的行政机关都有管辖权,一般应由最先发现违法行为的行政机关管辖。

2. 级别管辖

行政处罚的级别管辖是指根据同类职能的不同级别行政机关的实施主体之间在实施行政处罚上的权限划分。如果地域管辖是行政处罚权在行政主体之间的横向划分,那么,级别管辖则是行政处罚权在行政主体之间的纵向划分。

根据《行政处罚法》第二十条之规定,在级别管辖上,原则上实行县级以上地方人民政府有行政处罚权的行政机关管辖。在实践中,一般的行政违法行为由县级地方人民政府的行政机关管辖,而县级以上的行政机关管辖一些特定领域中和影响较大的行政处罚案件。

3. 职能管辖

职能管辖,是指不同职能但同级的行政处罚的实施主体之间的权限划分。职能管辖虽然也是行政处罚权的横向权限划分,但它是同级主体之间的权限划分。按照行政机关管理范围划分行政处罚的管辖权限,是职能管辖的特点。

《行政处罚法》第二十条既是关于地域管辖的规定,又是关于职能管辖的规定。其中的"由县级以上地方人民政府具有行政处罚权的行政机关管辖"即是关于职能管辖的规定。职能管辖包含了两层含义;一是实施行政处罚的机关必须是拥有行政处罚权的机关;二是有行政处罚权的机关必须在自己的职权范围内实施行政处罚,超越权力范围实施处罚属于违法行为,应当认定为无效,并且应追究其相应的法律责任。

4. 指定管辖

《行政处罚法》第二十一条规定:"对管辖发生争议的,报请共同的上一级行政机关指定管辖。"该条就是有关指定管辖的规定。

指定管辖,是指两个或两个以上行政机关对管辖权发生争议时,由共同的上一级行政机关以决定的形式指定某一行政机关管辖。所谓共同的上一级行政机关,是指争议双方(或多方)行政机关的共同上一级行政机关,此共同上一级行政机关既是争议方共同的有隶属关系的领导机关(或上级机关),也是具有直接隶属关系的上级领导机关。

指定管辖实际上也是赋予行政机关在处罚管辖上一定的自由裁量权,以适应各种错综复杂的处罚情况。

5. 移送管辖

《行政处罚法》第二十二条规定:“违法行为构成犯罪的,行政机关必须将案件移送司法机关,依法追究刑事责任。”该条就是有关移送管辖的规定。

所谓移送管辖,是指无管辖权的行政机关将案件移送至有管辖权的司法机关处理。违法行为如果构成犯罪,根据刑事优先原则,应首先追究行为人的刑事责任,行政机关必须将案件移送至司法机关,依法追究刑事责任,不能以罚代刑。这样,有利于实现刑罚的功能,有效地打击犯罪。

道路运输行政处罚的管辖也必须遵守《行政处罚法》中的前述规定,以及有关道路运输管理的法律法规中的相关规定。

五、道路运输行政处罚的实施程序

行政处罚的程序是行政主体在实施行政处罚时所必须遵循的步骤、顺序和方式等。根据《行政处罚法》的有关规定,行政处罚程序由行政处罚的决定程序和执行程序组成。在道路运输管理活动中,行政处罚的实施也必须严格遵守该法有关这两个程序的规定。

(一)行政处罚的决定程序

行政处罚的决定程序即法定主体依职权作出行政处罚行为所必须遵循的步骤与方式,包括行政处罚的简易程序、一般程序和听证程序。

1. 行政处罚的简易程序

行政处罚的简易程序,又被称为当场处罚程序,是指在特定的情况下,行政执法人员能够当场作出行政处罚的决定,并且当场执行的程序。它是一种简单易行的行政处罚程序。适用简易程序的条件是:①违法事实确凿;②有法定依据;③较小数额罚款或者警告的行政处罚。所谓较小数额的罚款,是指对公民处以50元以下、对法人或者其他组织处以1000元以下的罚款。

行政主体的行政执法人员在进行当场处罚时,应遵循下列程序:

(1)表明身份。它是表明处罚主体是否合法的必要手续,执法人员应向当事人出示执法身份证件或委托书。

(2)说明处罚理由。执法人员应主动向当事人说明其违法行为的事实,说明其违反的法律规范和给予行政处罚的理由和依据。

(3)给予当事人陈述和申辩的机会。当事人可以口头申辩,执法人员要予以正确、全面地口头答辩,使当事人心服口服,而不得因当事人的申辩而加重处罚。

(4)制作笔录。执法人员对当事人违法行为的客观状态当场制作笔录。

(5)制作当场处罚决定书。当场处罚决定书应是由有管辖权的行政机关或组织统一制作的有格式、有编号的两联处罚决定书,由执法人员填写。当场处罚决定书应载明:被处罚人姓名或单位名称,违法事实,行政处罚的种类或处罚数额,处罚依据,时间、地点,告知复议权利和诉讼权利及期限,处罚的机关或组织名称,执法人员的签名或盖章。当场处罚决定书制作后,应当场交付被处罚人。

(6)备案。执法人员当场作出的行政处罚决定,必须向所属行政机关备案,以便接受监督和检查。

当事人如果对当场作出的行政处罚决定不服,可以依法申请行政复议或者提起行政诉讼。

2. 行政处罚的一般程序

行政处罚的一般程序,也被称为行政处罚的普通程序,是指除法律特别规定应当适用简易程序和听证程序的以外,行政主体实施行政处罚通常应遵循的程序。

与简易程序相比,一般程序具有适用的范围广、较严格和复杂等特点。

行政处罚的一般程序,一般包括以下几个步骤:

(1)立案。行政主体通过行政检查监督发现行政相对人个人、组织实施了违法行为,或者通过受理公民的申诉、控告、举报,或由其他信息渠道知悉相对人实施了违法行为,应先予以立案。

(2)调查取证。行政相对人的违法行为立案后,行政主体即应客观全面公正地调查收集有关证据。必要时,依照法律、法规的规定可以进行检查。行政机关在调查或者进行检查时,执法人员不得少于两人,并应当向当事人或者有关人员出示表明身份的证件。

(3)说明理由并告知权利。行政主体在作出行政处罚决定之前,应当告知当事人作出行政处罚决定的事实、理由与依据,并告知当事人应当享有的权利。

(4)听取当事人陈述与申辩。行政主体在调查取证之后和作出行政处罚裁决之前,应告知被调查人:根据已掌握和认定的关于被调查人的违法事实,准备对之作出处罚裁决的理由和依据。应给予被调查人申辩的机会。被调查人依法陈述和申辩的,行政主体必须充分听取,制作申辩笔录。

(5)作出行政处罚决定。行政主体通过调查、取证,且听取了被指控人的申辩后,如审查确认违法事实确实存在,且事实清楚、证据确凿,即可依法根据情节轻重及具体情况作出处罚决定;对于情节复杂或者重大违法行为给予较重的行政处罚,行政主体的负责人员应当集体讨论决定;如认为违法行为不存在或被指控的事实不能成立,则不得给予行政处罚,而应作出撤销案件的决定;如被指控人确实有违法行为,但情节轻微、依法可不予行政处罚的,可作出免予行政处罚的决定;如认为被控人不仅有违法行为,且该行为已构成犯罪的,则应将有关材料移送司法机关处理。

行政主体作出处罚决定时,应制作行政处罚决定书,并且应载明:

(1)当事人的姓名(或名称)、地址;

(2)违反法律、法规或规章的事实与证据;

(3)行政处罚的种类和依据;

(4)行政处罚的履行方式和期限;

(5)不服处罚决定申请复议或起诉的途径和期限;

(6)作出行政处罚决定的行政机关的名称和作出决定的日期。此外,还必须加盖作出处罚决定的行政机关的印章。

行政处罚决定书应当在宣告后,当场交付当事人;当事人不在场的,应当在7日内依照《中华人民共和国民事诉讼法》的有关规定,将行政处罚决定书送达当事人。行政处罚决定书的送达方式有三种:直接送达、留置送达和邮寄送达。

3. 行政处罚的听证程序

行政处罚中的听证程序,不是一种与简易程序和普通程序并列的独立、完整的行政处罚程序,而只是普通程序中的一道特殊环节,它是指对重大行政处罚决定作出之前,在违法案件调查承办人员一方和当事人一方的参加下,由行政机关专门人员主持听取当事人申辩、质证和意见,进一步核实和查清事实,以保证处理结果合法、公正的一种程序。

根据《行政处罚法》第四十二条之规定,在行政处罚程序中,行政机关为了查明案件事实,公正、合理地实施行政处罚,在作出责令停产停业、吊销许可证或者执照、较大数额的罚款等行政处罚决定之前,应当事人要求,须公开举行有利害关系人参加的听证会,在质证和辩论的基础上作出行政处罚决定。

行政主体根据调查取证的材料,如果将对被调查人作出吊销营业执照、责令停产停业等涉及企业法人生存权的行政处罚以及数额较大的罚款等行政处罚时,应告知当事人有要求举行听证的权利。

听证程序可以说是一般程序(普通程序)中的特别程序,根据《行政处罚法》第四十二条之规定,行政处罚的听证程序以下步骤:

(1)听证的申请与决定。当事人要求听证的,应当在行政机关告知后3日内提出。这是启动听证的必要程序。此外,行政机关认为确有必要时也可主动组织听证。行政机关在接到听证申请后,应决定举行听证的时间和地点,并根据案件是否涉及个人隐私、商业秘密、国家秘密,决定是否公开举行听证。

(2)听证通知。组织听证的行政机关在作出有关组织听证的决定后,应当在听证开始的7日前,以书面形式通知当事人举行听证的时间、地点和其他有关事项,以便当事人作充分准备在听证会上申辩与质证。

(3)听证的形式。除涉及个人隐私、商业秘密、国家秘密外,听证会一律公开举行。

(4)举行听证会。听证会由行政主体指定非本案调查取证的和与本案无利害关系的人员主持。要求听证的被调查人可以亲自参加听证,也可以委托1~2名代理人出席或与代理人同时出席。当事人认为主持人与本案有直接利害关系的,有权申请回避。举行听证时,首先由主持人宣布听证会开始、听证事项及其他有关事项,然后由调查取证人员提出当事人违法的事实、证据和行政处罚建议;针对被指控的事实及相关问题,当事人可以进行申辩和质证;经过调查,取证人员与当事人相互辩论,由听证主持人宣布辩论结束后,当事人有最后陈述的权利。最后由听证主持人宣布听证会结束。

(5)制作听证笔录。对在听证会中出示的材料、当事人的陈述以及辩论等过程,应当制作笔录,交付当事人、证人等有关参加人阅读或向他们宣读。如有遗漏或差错的应予补正或改正。经审核无误后,当事人应在笔录上签名或盖章。听证结束后,经主持人审阅,由主持人和记录人分别签名或盖章。听证笔录是行政处罚的重要依据,应与有关证据材料一起入档封卷,上交行政机关首长。

(6)听证费用。行政机关组织听证,目的在于充分听取当事人的意见,全面、客观、公正地调查取证,从而保障行政处罚权的正确行使。因此,当事人不承担行政机关组织听证的费用。

听证程序只是一般程序中一种特殊的调查处理程序,并不涵盖行政处罚程序的全过程。与一般程序中的调查取证程序相比,只是对比较重大的处罚案件适用特殊方式的调查取证,

仍应按照一般程序的有关规定作出行政处罚决定。听证结束后,行政机关依照有关一般程序的规定作出处理决定。从这个意义上讲,在我国适用听证程序的案件的最后决定权在行政机关,而非主持听证的工作人员。

(二)行政处罚执行程序

行政处罚执行程序,是指确保行政处罚决定所确定的内容得以实现的程序。行政处罚决定一旦作出,使具有法律效力。行政处罚决定中所确定的义务必须得到履行。行政处罚的执行程序有以下三项重要内容:

1.实行处罚机关与收缴罚款机构相分离

《行政处罚法》确立了罚款决定机关与收缴罚款机构相分离的制度,在行政处罚决定作出后,作出罚款决定的行政机关及其工作人员不能自行收缴罚款,而由当事人自收到处罚决定书之日起15日内到指定的银行缴纳罚款,银行将收缴的罚款直接上缴国库。但在以下情况下,可以当场收缴罚款:①依法给予20元以下的罚款的;②不当场收缴事后难以执行的;③在边远、水上、交通不便地区,当事人向指定的银行缴纳罚款确有困难,经当事人提出,行政机关及其执法人员可以当场收缴罚款。

2.严格实行收支两条线罚款必须上交。

执法人员当场收缴的罚款,应当按规定的期限上缴所在的行政机关,行政机关则应按规定的期限交付给指定银行。行政机关实施罚款、没收非法所得等处罚所收缴的款项,必须全部上交国库,财政部门不得以任何形式向作出行政处罚的机关返还这些款项的全部或部分。

3.行政处罚的强制执行

行政处罚决定作出之后,当事人应当在法定期限内自觉履行行政处罚决定所设定的义务,如果当事人没有正当理由逾期不履行,则导致强制执行。根据《行政处罚法》的规定,实行强制执行有三种措施:①到期不缴纳罚款的,每日按罚款数额的3%加处罚款;②将查封、扣押的财物拍卖或者将冻结的存款划拨抵缴罚款;③申请人民法院强制执行。

第三节　道路运输行政处罚责任清单解析

道路运输行政管理机构对实施了违反道路运输管理法律法规的行为的公民、法人及其他组织进行行政处罚,既是它的职权所在,也是它应当履行的职责。道路运输行政管理机构及其工作人员不认真履行这种职责,或者不当地履行这种职责,将构成违法犯罪行为,须承担起其引发的法律责任。

一、道路运输行政处罚的监督

在现代社会,行政处罚是最重要且最经常使用的行政方式之一,是一种较严厉的惩戒性行政方式。如何有效控制行政处罚权,防止行政处罚权之滥用,是当前建设社会主义法治国家的重要任务之一。对行政处罚权的控制,除了对其行使上的规范,对其行使上的监督也是非常重要的一个方面。

对行政处罚权行使上的监督,包括国家权力机关、国家司法机关、行政机关自身、社会组织、公民等对行政处罚的设定和实施活动的监督。其中,前三者是关键。

(一)国家权力机关的监督

在我国,作为国家权力机关的各级人民代表大会及县级以上人民代表大会常务委员会有权对行政主体及其工作人员行使行政处罚权的情况进行监督。我国国家权力机关对行政主体及其工作人员的监督,是根据《宪法》的授权进行的。权力机关对行政主体及其工作人员的行政行为的监督,在行政法体系中处于非常重要的地位。权力机关是由人民选举的代表组成的,它代表人民的意愿行使对行政机关的监督权。行政主体及其工作人员接受权力机关的监督,实质上是接受人民的监督,是人民主权原则的具体体现。与其他监督主体相比较,权力机关对行政主体及其工作人员的监督是最高层次的监督。它有权撤销行政机关制定的行政法规、规章和决定、命令。权力机关对行政机关的监督一般都限于宏观上的、带有全局影响的重大行政行为,而且权力机关有全面审查行政机关行为的权力,无论是抽象的行政行为,还是具体的行政行为都属于其监督范围。

交通运输行政管理机构作为法律授权的行政机构,在行使行政处罚权时,也要受到国家权力机关的全面审查和监督。

(二)司法机关的监督

根据《中华人民共和国行政诉讼法》(以下简称《行政诉讼法》)的有关规定,人民法院有权对于行政主体行使行政权的行使情况进行监督。其监督主要是通过行政诉讼的方式,对道路运输行政管理机构具体行政行为进行审查,有权撤销违法的具体行政行为,变更显失公正的行政处罚行为,以实现其监督职能。审判机关监督的主要特点是;第一,它是一种事后监督,是对道路运输行政管理机构及其执法人员的行政行为作出之后实施的监督;第二,这种监督实行不告不理的原则,只有当事人起诉时才会启动监督程序;第三,这种监督主要是对具体行政行为的合法性进行监督;第四,这种监督是依照司法程序进行的。

(三)行政机关的内部监督

《行政处罚法》第五十四条规定了行政机关应当建立健全对行政处罚的监督制度。这里的监督是指行政机关对行政处罚活动进行的内部监督,包括上级人民政府对下级人民政府、上级政府部门对下级政府部门,以及各级人民政府对所属的行政执法部门的实施行政处罚情况进行的监督。

对行政处罚活动进行内部监督方式主要是有权进行行政复议审查的机关进行的行政复议审查和行政机关内设的监察机构对行政机关及其工作人员进行的监督。监察机构主要是对违反政纪、滥用行政处罚自由裁量权的有关责任人员给予处分,对不当的行政处罚行为向有关主管机关提出撤销或更改的建议。

二、违法实施道路运输行政处罚的法律责任

违法实施道路运输行政处罚的法律责任,是指行政主体及其工作人员对行政相对人实施的违法或不当行政处罚应当承担的法律责任。

(一)违法实施道路运输行政处罚的行为的类型

根据《行政处罚法》以及相关法律法规的规定,违法实施行政处罚的行为包括实体性违法行为、程序性违法行为与行政主体及其工作人员实施的渎职及贪污贿赂行为。

1. 实体性违法行为

实体性违法行为又包括行政主体及其工作人员在没有法定行政处罚依据情况下实施行政处罚的行为、行政主体及其工作人员擅自改变行政处罚种类、幅度实施行政处罚的行为、行政机关违法将自身的行政处罚权委托给其他组织或个人行使的行为、行政机关越权实施行政处罚的行为等。

(1)无法定依据实施行政处罚的行为。

《行政处罚法》第三条规定,行政主体实施行政处罚,必须要有法律、法规和规章的依据,没有法定依据的行政处罚无效。这是处罚法定原则的要求。在执法实际中,这方面的违法行为主要表现为一些行政机关自定处罚项目、动辄罚款和没收财物,而这些处罚并没有法律、法规和规章上的依据。

(2)擅自改变行政处罚种类、幅度的行为。

行政处罚的种类和幅度,均由法律、法规和规章予以明确规定。对同一种类的行政处罚如何适用,以及罚款和拘留的幅度如何掌握,一般法律、法规和规章都规定得比较清楚,行政主体及其工作人员必须遵照执行,不得擅自改变。在执法实际中,以财产罚代替人身罚、以罚款代替一切行政处罚的现象,以及超幅度罚款、超期拘留现象比较严重。

(3)违法委托行政处罚权的行为。

《行政处罚法》第十八条规定,行政机关依照法律、法规或者规章的规定,可以在其法定的权限内将行政处罚权委托给符合一定条件的组织行使。如果行政机关委托的是不符合法定条件的组织,而由后者实施行政处罚,就属于这类违法行为。

(4)越权实施行政处罚的行为。

行政机关对一些违法行为已超出了自己行政处罚职能管辖的范围或应当依法移交司法机关处理的,但为牟取本单位的私利而不移交,以行政处罚代替刑事处罚,就属于这类违法行为。

2. 程序性违法行为

程序性违法行为包括行政主体及其工作人员违反法定的行政处罚程序而实施行政处罚的行为、行政主体及其工作人员实施处罚不使用法定罚款、没收财物单据的行为、行政主体及其工作人员违反法律规定自行收缴罚款的行为、行政主体及其工作人员使用或者损毁扣押的财物对当事人造成损失的行为等。

(1)违反法定程序处罚的行为。

处罚法定原则,不仅要求行政处罚行为在实体方面要有法律、法规和规章的依据,在行政处罚的程序方面也同样要符合法律、法规和规章的有关规定,尤其要符合《行政处罚法》中对处罚程序所作的规定。程序违法同样属于违法行为。

(2)不使用法定罚款、没收财物单据的行为。

罚款、没收财物单据是财务收支的法定凭证,是会计核算的原始凭证,是财务检查、稽查的重要依据,必须统一印制、管理。在我国,罚款、没收财物单据由省(自治区、直辖市)财政部门统一制发,由各级财政部门发放、管理。行政主体在对当事人实施行政处罚时,应当使用财政部门统一制发的罚款、没收财物单据,如果行政主体不出具财政部门统一制发的罚款、没收财物单据或者使用非法定部门制发的罚款、没收财物单据,甚至不给任何凭证,均构成违法行为。

(3)违反法律规定自行收缴罚款的行为。

根据《行政处罚法》的有关规定,除对20元以下的罚款和不当场收缴事后难以执行的罚款以及在交通不便地区作出的罚款,行政机关和执法人员可以当场收缴以外,在一般情况下,作出罚款决定的机关应当与收缴罚款的机关分离。违反这些规定,自行收缴罚款便构成违法行为。

3.行政主体及其工作人员实施的渎职及贪污贿赂行为

行政主体及其工作人员实施的渎职及贪污贿赂行为包括行政机关将罚款、没收的违法所得或者财物截留、私分或者变相私分的行为、执法人员利用职务上的便利,索取或者收受他人财物,或收缴罚款据为己有的行为、执法人员玩忽职守以及滥用职权的行为等。

(1)截留、私分罚款、没收的违法所得或者财物的行为。

《行政处罚法》第五十三条第二款规定,罚款、没收违法所得或者没收非法财物拍卖的款项,必须全部上缴国库,任何行政机关或个人不得以任何形式截留、私分或者变相私分。所谓截留,就是把应上级国库的罚没款项不上缴或者不全部上缴;所谓私分,就是罚没机关把其罚没的款项或财物在其内部人员中私自分配;所谓变相私分,就是罚没机关采取其他手段,如用罚没款项为其内部人员办福利,或将罚没财物以较低的价格处理给内部人员等。上述行为均属于违法行为。

(2)执法人员实施受贿或贪污的行为。

执法人员在实施行政处罚的过程中,利用职务上的便利,索取他人财物,或者收受他人财物,为他人谋取利益,构成受贿罪;将收缴的罚款据为己有,数额较大的,构成贪污罪。上述行为都须依照《中华人民共和国刑法》(以下简称《刑法》)的有关规定承担刑事责任,受到刑罚处罚。

(3)执法人员徇私舞弊、包庇纵容违法行为的行为。

在执法实践中,有些行政执法人员,或是为了自己的私利,或是受亲朋好友人情关系的支配,对一些实施违法犯罪行为的行政相对人,应该给予行政处罚而不处罚,或者应该从重处罚却从轻处罚,或者应该交由司法机关追究刑事责任的而以行政处罚代替刑罚等。对于上述行为,情节严重的,将构成犯罪,并对行为人依法追究刑事责任。

(4)执法人员玩忽职守、滥用职权的行为。

在执法实践中,行政机关的执法人员严重不负责任,不履行或者不正确履行职责,致使公共财产、国家和人民利益遭受重大损失,构成玩忽职守罪;超越职权,违法决定、处理其无权决定、处理的事项,或者违反法定程序处理公务,致使公共财产、国家和人民利益遭受重大损失,构成滥用职权罪。发生上述两类问题,将对行为人依法追究刑事责任。在道路运输管理活动中,违法实施道路运输行政处罚的行为也主要是这些类型。

(二)违法实施道路运输行政处罚的行为的法律责任

根据《行政处罚法》的规定,违法实施行政处罚行为的法律责任分为行政责任和刑事责任两大类。其中,行政责任的实现形式主要有改正、赔偿、行政处分等。对行政主体及其工作人员在实施行政处罚时,发生的一般性违法行为,情节轻微构不成犯罪的,将由行政主体或其工作人员承包行政法律责任;对行政主体工作人员主观恶性较强或行政处罚行为违法

情节严重,已构成刑事犯罪的,将由该责任人承担刑事法律责任。

1. 行政主体的法律责任

行政机关实施行政处罚,有下列情形之一的,由上级行政机关或者有关部门责令改正,并可对直接负责的主管人员和其他直接责任人员依法给予行政处分:没有法定的行政处罚依据的;擅自改变行政处罚种类、幅度的;违反法定的行政处罚程序的;违反《行政处罚法》第十八条关于委托处罚的规定的。

行政机关对当事人进行处罚不使用罚款、没收财物单据或者使用非法定部门制发的罚款、没收财物单据的,当事人有权拒绝处罚,并有权予以检举。上级行政机关或者有关部门对使用的非法单据予以收缴销毁,对直接负责的主管人员和其他直接责任人员依法给予行政处分。

行政机关违反《行政处罚法》第四十六条的规定自行收缴罚款的、财政部门违反《行政处罚法》第五十三条的规定向行政机关返还罚款或者拍卖款项的,由上级行政机关或者有关部门责令改正,对直接负责的主管人员和其他直接责任人员依法给予行政处分。

行政机关将罚款、没收的违法所得或者财物截留、私分或变相私分的,由财政部门或者有关部门予以追缴、对直接负责的主管人员和其他直接责任人员依法给予行政处分;情节严重构成犯罪的,依法追究刑事责任。

行政机关使用或者损毁扣押的财物,对当事人造成损失的,应当依法予以赔偿,对直接负责的主管人员和其他直接责任人员依法给予行政处分。

行政机关违法实行检查措施或者执行措施,给公民人身或者财产造成损害,给法人或者其他组织造成损失的,应当依法予以赔偿,对直接负责的主管人员和其他直接责任人员依法给予行政处分;情节严重构成犯罪的,依法追究刑事责任。

行政机关为牟取本单位私利,对应当依法移交司法机关追究刑事责任的不移交,以行政处罚代替刑罚的,由上级行政机关或者有关部门责令纠正;拒不纠正的,对直接负责的主管人员给予行政处分;有徇私舞弊、包庇纵容违法行为的,将依据《刑法》的有关规定追究刑事责任。

2. 执法人员的法律责任

执法人员利用职务上的便利,索取或者收受他人财物、收缴罚款据为已有,构成犯罪的,依法追究刑事责任;情节轻微尚未构成犯罪的,依法给予行政处分。

执法人员玩忽职守,对应当予以制止和处罚的违法行为不予制止、处罚,致使公民、法人或者其他组织的合法权益、公共利益和社会秩序遭受损害的,对直接负责的主管人员和其他直接责任人员依法给予行政处分;情节严重构成犯罪的,依法追究刑事责任。

在道路运输管理领域中,违法实施道路运输行政处罚的行为应承担的法律责任的确定也主要应依据前述法律规定。

第四节　典型案例分析

一、案情简介

2015 年 1 月 7 日,两名乘客通过网络约车软件与陈某取得联系,约定陈某驾车将乘客从

A 市某处送至火车西站，由乘客支付车费。当日 11 时许，陈某驾驶私人小汽车行至火车西站送客平台时，A 市客运管理中心的工作人员对其进行调查，查明陈某未取得出租汽车客运资格证，且驾驶的车辆未取得车辆运营证。A 市客运管理中心认为陈某涉嫌未经许可擅自从事出租汽车客运经营，对其下达《行政强制措施决定书》，暂扣其车辆。A 市客运管理中心于 2015 年 1 月 26 日向陈某送达《违法行为通知书》，认为其未经许可擅自从事出租汽车客运经营，拟决定处 2 万元罚款，并没收违法所得。随后陈某要求听证。在听证过程中，A 市客运管理中心办案人员陈述了陈某的违法事实、有关证据、处理意见等，陈某对事实认定、法律适用和执法程序均提出异议。2015 年 2 月 13 日，A 市客运管理中心作出《行政处罚决定书》并送达陈某，以其非法经营客运出租汽车，违反《B 省道路运输条例》第六十九条第二款之规定为由，责令停止违法行为，处 2 万元罚款并没收非法所得。陈某不服，在法定期限内提起诉讼。

一审法院认为，在现有证据下，A 市客运管理中心将本案行政处罚所针对的违法行为及其后果全部归责于陈某，并对其个人作出了较重的行政处罚，处罚幅度和数额畸重，存在明显不当。此外，A 市客运管理中心作出的《行政处罚决定书》，没有载明陈某违法事实的时间、地点、经过以及相关道路运输经营行为的具体情节等事项，据此也应当予以撤销。综上所述，依照《行政诉讼法》第七十条第(六)项之规定，判决撤销 A 市客运管理中心于 2015 年 2 月 13 日作出的《行政处罚决定书》。

A 市客运管理中心不服一审判决提起上诉，二审法院认为原审判决认定事实清楚，适用法律、法规正确，程序合法，判决驳回上诉，维持原判。

二、法理分析

本案系针对网约车运输经营行为予以行政处罚的案件，即在社会上引起巨大影响的“专车第一案”，本案的争议焦点集中于以下两个方面。

(1)陈某的行为是否构成未经许可擅自从事出租汽车客运经营。

本案中，陈某在与乘客通过网络约车软件取得联系后，使用未取得运营证的车辆将乘客从 A 市某处送至火车西站，并按约定收取了车费。对于上述行为是否属于《B 省道路运输条例》第八条和《A 市城市客运出租汽车管理条例》第十六条规定的“未经许可擅自从事出租汽车客运经营”的行为，有两种不同观点：一种观点认为，此种行为属于违法，法律规定清楚无疑。陈某的车辆未取得运营证，且向乘客收取了费用，完全符合《B 省道路运输条例》第八条和《A 市城市客运出租汽车管理条例》第十六条规定中“未经许可擅自从事出租汽车客运经营”的所有法定事实要件。另一种观点则认为，网约车进入出租汽车市场具有必然性，符合社会发展规律，因此，不宜以上述规定来否定新业态的经营模式。

一审法院认为，网约车这种客运服务的新业态，作为共享经济产物，其运营有助于提高闲置资源的利用效率，缓解运输服务供需时空匹配的冲突，有助于在更大程度上满足人民群众的实际需求。因此，当一项新技术或新商业模式出现时，基于竞争理念和公共政策的考虑，不能一概将其排斥于市场之外，否则经济发展就会渐渐缓慢直至最后停滞不前。但是同样不容否认的是，网约车的运营需要有效的监管。网约车这种客运行为与传统出租汽车客运经营一样，同样关系到公众的生命财产安全，关系到政府对公共服务领域的有序管理，应

当在法律、法规的框架内依法、有序进行。只要是有效的法律、法规，就应当得到普遍的尊重和执行，这是法治精神的基本要求、法治社会的重要体现。因此，在本案当中，既要依据现行有效的法律规定审查被诉行政行为的合法性，以体现法律的权威性和严肃性，同时也要充分考虑科技进步激发的社会需求、市场创新等相关因素，作出既符合依法行政的当下要求，又为未来的社会发展和法律变化留有适度空间的司法判断。

综上，一审法院认为，陈某的行为构成"未经许可擅自从事出租汽车客运经营"，违反了现行法律的规定。但虑及网约车这种共享经济新业态的特殊背景，该行为的社会危害性较小。因此，在本案审理中，应当对行政处罚是否畸重的情形予以特别关注。

(2)被诉处罚决定的处罚幅度是否畸重。

一审法院认为，行政处罚应当遵循比例原则，做到罚当其过。处罚结果应当与违法行为的事实、性质、情节以及社会危害程度相当，以达到制止违法行为不再发生的目的。本案中，陈某通过网络约车软件进行道路运输经营，而陈某对与网约车平台的关系及与乘客最终产生的车费是否实际支付或结算完毕，未提供证据证明，具体几方受益也没有证据证明，尚不明确。因此，虽然A市客运管理中心对未经许可擅自从事出租汽车客运的行为可以依法进行处罚，但陈某在本案所涉道路运输经营行为中仅具体实施了其中的部分行为，在现有证据下，A市客运管理中心将本案行政处罚所针对的违法行为及其后果全部归责于陈某，并对其个人作出了较重的行政处罚，处罚幅度和数额畸重，存在明显不当。根据《行政诉讼法》第七十条的规定，依法应当予以撤销。此外，行政处罚决定书的内容需明确、具体，载明行政管理相对人违反法律、法规或者规章的事实和证据。本案中，A市客运管理中心作出的行政处罚决定书，没有载明陈某违法事实的时间、地点、经过以及相关道路运输经营行为的具体情节等事项，据此也应当予以撤销。综上所述，依照《行政诉讼法》第七十条第(六)项之规定，判决撤销A市客运管理中心于2015年2月13日作出的《行政处罚决定书》。

三、执法启示

通过对本案的分析，我们认为，在加强和改进道路运输行政机关实施行政处罚的活动上，需要注意以下几点：

第一，行政处罚的实施必须严格遵循处罚法定原则。根据该原则，行政处罚的实施必须有法律、法规或者规章为依据，对于行政相对人来说，法无明文规定不受罚，凡法律、法规或者规章未规定予以行政处罚的行为，不受到行政处罚。

第二，行政处罚的决定必须符合行政合理性原则。比例原则是行政合理性原则的重要表现，行政处罚应当遵循比例原则。对当事人实施行政处罚必须与其违法行为的事实、性质、情节和社会危害程度相当。行政机关在依据现行法律法规对行政相对人进行处罚时，应当尽可能将对当事人的不利影响控制在最小范围和限度内，以达到实现行政管理目标和保护行政相对人利益之间的平衡。

第三，行政处罚决定书必须严格遵守形式规定。行政处罚决定书作为行政机关对当事人作出处罚的书面证明，记载的事实应当明确具体，包含认定的违法事实的时间、地点、经过、情节等事项，让当事人清楚知晓被处罚的事实依据，以达到警示违法行为再次发生的目的。行政处罚决定书记载事项如不符合法律规定,在发生行政纠纷时,法院会予以撤销。

第四,在道路运输执法中,应注意谨慎对待新兴事物,当一种新生事物在满足社会需求、促进创新创业方面起到积极推动作用时,对其所带来的社会危害的评判不仅要遵从现行法律法规的规定,亦应充分考虑是否符合社会公众感受。比如网约车,应综合考量其社会影响,对其应当保持适度宽容,同时加强规范引导。《网络预约出租汽车经营服务管理暂行办法》(交通运输部　工业和信息化部　公安部　商务部　工商总局　质检总局　国家网信办令 2016 年第 60 号)的出台,也从侧面对此予以佐证。

第四章　道路运输行政强制权力清单与责任清单解析

第一节　行政强制基本原理

一、行政强制的概念

行政强制，是指行政主体为保障行政管理的顺利进行，通过依法采取强制手段迫使拒不履行行政义务的相对人履行义务或达到与履行义务相同的状态，或者出于维护社会秩序或保护公民的人身健康、人身和财产安全的需要，对相对人的人身或财产采取紧急性、即时性或临时性强制措施的具体行政行为的总称。2012 年 1 月 1 日，《中华人民共和国行政强制法》（以下简称《行政强制法》）开始施行，这部从起草到出台历时近 23 年的基本行政法律，是继《中华人民共和国行政处罚法》（以下简称《行政处罚法》）、《中华人民共和国行政许可法》（以下简称《行政许可法》）之后的又一部行政法律，有利于规范行政强制，防止公权力对公民合法权益的损害滥用。可以说，《行政强制法》的颁布实施，标志着中国行政法治步入较为完备的阶段。

行政强制包括以下几方面含义：

第一，在行政管理中，行政强制的运用应当遵循最后选择原则。行政主体能够采用非强制手段可以达到行政管理目的的，不得设定和实施行政强制。

第二，对违法的行政强制，行政相对人享有充分的救济权利。公民、法人或者其他组织，享有陈述权、申辩权，有权依法申请行政复议或者提起行政诉讼；因行政机关违法实施行政强制受到损害的，有权依法要求赔偿。

第三，行政强制的基本类型有两种，包括行政强制执行和行政强制措施。

第四，法律、法规以外的其他规范性文件不得设定行政强制措施。

第五，行政强制主要针对不履行行政法律义务的特定的行政相对人，而发生或者即将发生自然灾害、事故灾难、公共卫生事件或者社会安全事件等突发事件，行政机关需要采取应急措施或者临时措施时，依照有关法律、行政法规的规定执行。

二、行政强制的基本原则

（一）行政强制法定原则

行政强制法定原则，是指行政强制的设定和实施，适用《行政强制法》，并应当依照法定的权限、范围、条件和程序进行。《行政强制法》规定了较为完备的行政强制实施程序。根据程序从新原则，其他法律、法规中没有规定实施程序的，应当适用《行政强制法》的规定；规定实施程序不够齐全的，根据《行政强制法》的规定补齐程序；规定实施程序不一致的，除其他法律、行政法规规定的程序对行政机关要求更高之外，应当适用《行政强制法》的规定。

（二）行政强制适当原则

行政强制适当原则，是指行政强制的合理性原则。规定“行政强制的设定和实施，应当适当；采用非强制手段可以达到行政管理目的的，不得设定和实施行政强制”。即行政主体依法实施行政强制，应当以实现行政管理所要求的目标为限，如应该冻结部分资金的，不能冻结整个账户。从程序上说，行政强制主体所采取的手段与要达到的目标之间必须有对应关系，如要扣押商店里的违禁品，不能扣押违禁品以外的其他商品。

（三）特殊事宜优先适用其他法律法规原则

特殊事宜优先适用其他法律法规原则，是指在行政强制行为适用《行政强制法》的前提下，《行政强制法》也规定了优先适用其他法律、行政法规的特别规定。第一，发生突发事件，行政机关采取应急措施或者临时措施的，依照有关法律、行政法规的规定执行。突发事件是指自然灾害、事故灾难、公共卫生事件和社会安全事件，是一种涉及人数多、社会关注度高、社会危害严重、影响大的阶段性公共危机。第二，涉及金融业审慎监管措施的，依照有关法律、行政法规的规定执行。根据《银行业监督管理法》《中华人民共和国证券法》《中华人民共和国保险法》等规定，在金融机构违反审慎经营规则，行为严重危及该金融机构的稳健运行，损害客户合法权益时，金融业监督管理机构可依法采取限制分红、限制资产转让、限制股东转让股权、阻止直接责任人员出境和禁止其处分财产权利等审慎监管的行政强制措施。第三，行政强制法所规定的进出境货物强制性技术监控措施，是指进出口商品检验部门按照国家技术规范的强制性要求或者参照国外有关标准开展的进出口商品检验工作。有关法律、行政法规还包括《中华人民共和国海关法》《中华人民共和国食品安全法》《中华人民共和国畜牧法》《中华人民共和国国境卫生检疫法》等，它们均对此作了明确规定。

在上述三方面排除本法优先适用，主要考虑的是有关突发事件和金融业审慎监管、货物强制性技术监控措施的情况较为特殊。突发事件是一种特殊的社会状态，形势较为紧迫，需要采取果断措施才能解决。此时，行政秩序和行政效率占主导地位，当事人对其有容忍义务。金融业事关国家金融秩序和公众的重大利益，有其特殊的运行规律和管理规则。为保证金融机构稳健运行，需要展开审慎监管。进出境货物强制性技术监控关系到国家安全等重大公共利益，也需要制定特殊规定。与此同时，上述领域中法律法规已经较为齐备，并经过实践检验，排除适用并不会导致滥用权力的现象发生。

三、行政强制的种类

（一）行政强制措施

1. 行政强制措施的概念

依据《行政强制法》第二条规定：“行政强制措施，是指行政机关在行政管理过程中，为制止违法行为、防止证据损毁、避免危害发生、控制危险扩大等情形，依法对公民的人身自由实施暂时性限制，或者对公民、法人或者其他组织的财物实施暂时性控制的行为。”其基本含义包括以下几方面：

（1）行政强制措施是针对在行政管理过程中即时发生的违法行为所实施的临时性或者

暂时性行政行为,可以使用其他替代方法并不至于危害公共利益和法律实施的,就应当避免直接采取行政强制措施。

(2)行政强制措施针对的对象是人身权暂时性限制和财产权暂时性控制。行政机关必须在法定时间内采取和维持行政强制措施。一旦限定期限结束或者必要性消失,就必须及时解除或者停止实施行政强制措施,不得继续维持和延续,也不得重复采取已经实施的行政强制措施。

(3)行政强制措施的执行,遵循特殊法优于行政强制法原则,针对已经发生或者即将发生的自然灾害、事故灾难、公共卫生事件或者社会安全事件等突发事件,或者行政机关采取金融业审慎监管措施、进出境货物强制性技术监控措施,依照有关法律、行政法规的规定执行。

(4)实施行政强制措施,必须尊重当事人的基本人权和合法权益。行政机关应当听取当事人的陈述和申辩,告知当事人应当享有的程序权利和救济权利。

2. 行政强制措施的分类

行政机关采取行政强制措施可以分为以下三类:

(1)限制公民人身自由的行政强制措施,包括传唤(强制传唤)、管束(或约束)身体、留置盘查(盘问)、扣留(拘留)、人身检查、收容教育、强制收治、强制医学留观、强制隔离、禁闭、强制隔离戒毒、强制检测、强行带离现场、强行驱散和驱逐,共15种。

(2)限制财产流通的行政强制措施,包括查封场所、设施或者财物,扣押财物,冻结存款,汇款和收缴。

(3)其他行政强制措施,包括登记保存,采取临时集中定价权限及部分或者全面冻结价格和隔离、扑杀、销毁疫病动物等。

(二)行政强制执行

1. 行政强制执行的概念

行政强制执行是指行政相对人不履行行政机关依法作出的行政处理决定中规定的义务,有关国家机关依法强制其履行义务或达到与履行义务相同状态的行为。我国现行行政强制执行实行以行政机关申请、人民法院实施为主,由行政机关依法律、法规授权独立实施为辅的制度。行政强制执行包括以下几方面含义:

(1)行政机关实施行政强制执行必须以法律、法规的具体授权为根据。《行政强制法》《行政处罚法》《中华人民共和国道路交通安全法》(以下简称《道路交通安全法》)等法律规定了六种行政强制执行方式,包括:加处罚款或者滞纳金;划拨存款、汇款;拍卖或者依法处理查封、扣押的场所、设施或者财物;排除妨碍、恢复原状;代履行和其他强制执行方式。

(2)行政强制执行的目的是迫使义务人履行义务或者达到义务被履行的同一状态,故当事人没有充分及时履行行政法义务是行政机关实施行政强制执行的前提条件。"充分及时"的含义是指义务人已超过履行期限未能及时履行;或者虽已开始履行,但在期限到来时未能履行完毕,处于不完全、不充分的一种状态。

(3)行政机关实施行政强制执行应当遵循强制必要性规则。第一,先动员后强制的原则。在强制执行前,行政机关应当进行督促教育,动员义务人自己履行。当事人履行了行政法义务的,就不再实施行政强制执行。第二,优先选择轻微方式的原则。如果有两个以上强制措施可供选择时,行政机关不得首先使用最严厉的措施,而应当遵循由弱到强的使用顺序。

(4)申请人民法院强制执行原则。《行政强制法》规定,法律没有规定行政机关强制执行的,作出行政决定的行政机关应当申请人民法院强制执行。《行政诉讼法》第六十六条规定:“公民、法人或者其他组织对具体行政行为在法定期限内不提起诉讼又不履行的,行政机关可以申请人民法院强制执行,或者依法强制执行。”

2. 行政强制执行的主要种类

(1)代履行。代履行是行政机关依法作出要求当事人履行排除妨碍、恢复原状等义务的行政决定,当事人逾期不履行,经催告仍不履行,其后果已经或者将危害交通安全、造成环境污染或者破坏自然资源的,行政机关可以代履行,或者委托没有利害关系的第三人代履行。代履行的费用按照成本合理原则加以确定,由当事人承担,但法律另有规定的除外。代履行不得采用暴力、胁迫以及其他非法方式。

需要立即清除道路、河道、航道或者公共场所的遗撒物、障碍物或者污染物,当事人不能清除的,行政机关可以决定立即实施代履行。当事人不在场的,行政机关应当在事后立即通知当事人,并依法作出处理。

(2)金钱给付义务。行政机关依法作出金钱给付义务的行政决定,当事人逾期不履行的,行政机关可以依法加处罚款或者滞纳金。加处罚款或者滞纳金的标准应当告知当事人,且数额不得超出金钱给付义务的数额。应当指出的是,金钱给付义务的执行目的不是为了对当事人进行金钱处罚,而是以加重金钱给付义务的方式,从心理上加以压力,促使当事人自动尽快履行原有的义务。

行政机关实施强制执行前,需要采取查封、扣押、冻结措施的,按照行政强制措施关于查封、扣押、冻结措施要求办理。没有行政强制执行权的行政机关实施行政强制,应当申请人民法院强制执行。但当事人在法定期限内不申请行政复议或者提起行政诉讼,经催告仍不履行的,在实施行政管理过程中已经采取查封、扣押措施的行政机关,可以将查封、扣押的财物依法拍卖,以抵缴罚款。

四、行政强制的程序

(一)行政强制措施的实施程序

基于公平与效率和特殊性的要求,行政强制措施实施程序分为一般程序,限制人身自由的行政强制措施程序,查封、扣押程序和冻结程序。

1. 一般程序

(1)事前批准。实施行政强制措施前,须向行政机关负责人报告并经批准。情况紧急,需要当场实施行政强制措施的,行政执法人员应当在24小时内向行政机关负责人报告,并补办批准手续,行政机关负责人认为不应当采取行政强制措施的,应当立即解除。

(2)事中实施。行政强制措施应当由两名以上行政执法人员实施,行政执法人员出示执法身份证件,通知当事人到场并当场告知当事人采取行政强制措施的理由、依据以及当事人依法享有的权利、救济途径,并听取当事人的陈述和申辩。行政强制措施应当制作现场笔录,现场笔录由当事人和行政执法人员签名或者盖章,当事人拒绝的,在笔录中予以注明;实

施限制公民人身自由的行政强制措施,应在当场告知或者实施后立即通知当事人家属实施的行政机关、地点和期限。行政强制措施实施中,当事人不到场的,邀请见证人到场,由见证人和行政执法人员在现场笔录上签名或者盖章。

(3)事后解除。实施行政强制措施的目的已经达到或者条件已经消失的,应当立即解除。实施限制人身自由的行政强制措施不得超过法定期限,违法行为涉嫌犯罪应当移送司法机关的,行政机关应当将查封、扣押、冻结的财物一并移送,并应当书面告知当事人。

2. 限制人身自由的行政强制措施程序。

依照法律规定实施限制公民人身自由的行政强制措施,除应当履行《行政强制法》规定的一般程序外,还应当遵守下列规定:

(1)当场告知或者实施行政强制措施后立即通知当事人家属实施行政强制措施的行政机关、地点和期限。

(2)在紧急情况下当场实施行政强制措施的,在返回行政机关后,立即向行政机关负责人报告并补办批准手续。

(3)法律规定的其他程序。实施限制人身自由的行政强制措施不得超过法定期限。实施行政强制措施的目的已经达到或者条件已经消失的,应当立即解除。

3. 查封、扣押程序

(1)查封、扣押行为的限定。查封、扣押应当由法律、法规规定的行政机关实施,其他任何行政机关或者组织不得实施。查封、扣押限于涉案的场所、设施或者财物,不得查封、扣押与违法行为无关的场所、设施或者财物;不得查封、扣押公民个人及其所扶养家属的生活必需品。当事人的场所、设施或者财物已被其他国家机关依法查封的,不得重复查封。

(2)制作并当场交付查封、扣押决定书和清单。查封、扣押决定书应当载明下列几大事项:当事人的姓名或者名称、地址;查封、扣押的理由、依据和期限;查封、扣押场所、设施或者财物的名称、数量等;申请行政复议或者提起行政诉讼的途径和期限;行政机关的名称、印章和日期。查封、扣押清单一式两份,由当事人和行政机关分别保存。

(3)查封、扣押的期限。查封、扣押的期限不得超过 30 日,情况复杂的,经行政机关负责人批准,可以延长,但延长的期限不得超过 30 日,法律、行政法规另有规定的除外。

延长查封、扣押的决定应当及时书面告知当事人,并说明理由。查封、扣押的期限不包括检测、检验、检疫或者技术鉴定的时间。检测、检验、检疫或者技术鉴定的期限应当明确,并书面告知当事人,检测、检验、检疫或者技术鉴定的费用由行政机关承担。

(4)查封、扣押的场所、设施及财物的管理。对查封、扣押的场所、设施及财物,行政机关应当妥善保管,不得使用及损毁,造成损失的,应当承担赔偿责任。对查封的场所、设施或者财物,行政机关可以委托第三人保管,第三人不得损毁或者擅自转移、处置。因第三人的原因造成的损失,行政机关先行赔付后,有权向第三人追偿。因查封、扣押发生的保管费用由行政机关承担。

(5)查封、扣押的处理决定。行政机关采取查封、扣押措施后,应当及时查清事实,在规定期限内作出处理决定。对违法事实清楚,依法应当没收的非法财物予以没收;法律、行政法规规定应当销毁的,依法销毁;应当解除查封、扣押的,作出解除查封、扣押的决定。有下列情形之一的,行政机关应当及时作出解除查封、扣押决定:当事人没有违法行为;查封、扣押的场所、设施或者财物与违法行为无关；行政机关对违法行为已经作出处理决定，不再需要查封、扣押；查封、扣押期限已经届满；其他不再需要采取查封、扣押措施的情形。

(6)查封、扣押的处理结果。解除查封、扣押应当立即退还财物；已将鲜活物品或者其他不易保管的财物拍卖或者变卖的，退还拍卖或者变卖所得款项。变卖价格明显低于市场价格，给当事人造成损失的，应当给予补偿。

4. 冻结程序

(1)冻结存款、汇款的限定。冻结存款、汇款应当由法律规定的行政机关实施，不得委托给其他行政机关或者组织，其他任何行政机关或者组织不得冻结存款、汇款。冻结存款、汇款的数额应当与违法行为涉及的金额相当。已被其他国家机关依法冻结的，不得重复冻结。

(2)冻结存款、汇款的通知。行政机关依照法律规定决定实施冻结存款、汇款的，向金融机构交付冻结通知书。金融机构接到行政机关依法作出的冻结通知书后，应当立即予以冻结，不得拖延，不得在冻结前向当事人泄露信息。法律规定以外的行政机关或者组织要求冻结当事人存款、汇款的，金融机构应当拒绝。

(3)冻结决定书。依照法律规定冻结存款、汇款的，作出决定的行政机关应当在3日内向当事人交付冻结决定书。冻结决定书应当载明下列事项：当事人的姓名或者名称、地址；冻结的理由、依据和期限；冻结的账号和数额；申请行政复议或者提起行政诉讼的途径和期限；行政机关的名称、印章和日期。

(4)冻结的期限。自冻结存款、汇款之日起30日内，行政机关应当作出处理决定或者作出解除冻结决定；情况复杂的，经行政机关负责人批准，可以延长，但是延长期限不得超过30日，法律另有规定的除外。延长冻结的决定应当及时书面告知当事人，并说明理由。

(5)解除冻结。有下列情形之一的，行政机关应当及时作出解除冻结决定：当事人没有违法行为；冻结的存款、汇款与违法行为无关；行政机关对违法行为已经作出处理决定，不再需要冻结；冻结期限已经届满等其他不再需要采取冻结措施的情形。行政机关作出解除冻结决定的，应当及时通知金融机构和当事人。金融机构接到通知后，应当立即解除冻结。行政机关逾期未作出处理决定或者解除冻结决定的，金融机构应当自冻结期满之日起解除冻结。

(二)行政强制执行程序

1. 行政强制执行的基本程序

(1)义务履行监督。在决定实施强制执行前，行政主管机关应当充分行使监督检查权，以确定义务履行状况及其法律性质，为确定实施行政强制执行提供必要根据。如果发现义务人在义务履行期限到来前可能隐藏、转移、变卖、毁损强制执行标的物或以其他方法规避履行义务的，行政机关可以责令义务人提供担保，或者采取扣押、查封财产，暂停支付等保全措施。

(2)行政强制执行的催告。行政机关作出强制执行决定前，应当事先催告当事人履行义务。催告应当以书面形式作出，并载明下列事项：履行义务的期限；履行义务的方式；涉及金钱给付的，应当有明确的金额和给付方式；当事人依法享有的陈述权和申辩权。当事人收到催告书后有权进行陈述和申辩。行政机关应当充分听取当事人的意见，对当事人提出的事实、理由和证据，应当进行记录、复核。当事人提出的事实、理由或者证据成立的，行政机关应当采纳。

(3)行政强制执行的决定。经过告诫后,在告诫书规定的义务履行期限到来时,当事人仍然不履行行政法义务的,行政机关可以作出行政强制执行决定。这是行政机关实施限制强制执行的根据,也是执行程序中的首要环节。在作出行政强制执行决定前,应当对义务人不履行义务的情况进行认真的调查,弄清不履行义务的原因。对确实属于故意不履行义务的,才能决定强制执行。催告书、行政强制执行决定书应当直接送达当事人。当事人拒绝接收或者无法直接送达当事人的,应当依照《中华人民共和国民事诉讼法》的有关规定送达。

(4)行政强制执行的中止。中止行政强制执行的情形如下:当事人履行行政决定确有困难或者暂无履行能力的;第三人对执行标的主张权利,确有理由的;执行可能造成难以弥补的损失,且中止执行不损害公共利益的;行政机关认为需要中止执行的其他情形。中止执行的情形消失后,行政机关应当恢复执行。对没有明显社会危害,当事人确无能力履行,中止执行满三年未恢复执行的,行政机关不再执行。

(5)行政强制执行的终结。行政强制执行终结的执行条件有:公民死亡,无遗产可供执行,又无义务承受人的;法人或者其他组织终止,无财产可供执行,又无义务承受人的;执行标的灭失的;据以执行的行政决定被撤销的;行政机关认为需要终结执行的其他情形。实施行政强制执行,行政机关可以在不损害公共利益和他人合法权益的情况下,与当事人达成执行协议。执行协议可以约定分阶段履行;当事人采取补救措施的,可以减免加处的罚款或者滞纳金。执行协议应当履行,当事人不履行执行协议的,行政机关应当恢复强制执行。

(6)行政强制执行错误的补救。在执行中或者执行完毕后,据以执行的行政决定被撤销、变更,或者执行错误的,应当恢复原状或者退还财物;不能恢复原状或者退还财物的,依法给予赔偿。

(7)行政强制执行的禁止性规定。①行政机关不得在夜间或者法定节假日实施行政强制执行,但情况紧急的除外。②行政机关不得对居民生活采取停止供水、供电、供热、供燃气等方式迫使当事人履行相关行政决定。③对违法的建筑物、构筑物、设施等需要强制拆除的,应当由行政机关予以公告,限期当事人自行拆除。当事人在法定期限内不申请行政复议或者提起行政诉讼,又不拆除的,行政机关可以依法强制拆除。

2. 金钱给付义务的执行程序

(1)加处罚款或征收滞纳金。行政机关依法作出金钱给付义务的行政决定,当事人逾期不履行的,行政机关可以依法加处罚款或者滞纳金。加处罚款或者滞纳金的标准应当告知当事人,且数额不得超出金钱给付义务的数额。行政机关实施加处罚款或者滞纳金超过30日,经催告当事人仍不履行的,具有行政强制执行权的行政机关可以强制执行。没有行政强制执行权的行政机关应当申请人民法院强制执行。但是,当事人在法定期限内不申请行政复议或者提起行政诉讼,经催告仍不履行的,在实施行政管理过程中已经采取查封、扣押措施的行政机关,可以将查封、扣押的财物依法拍卖,以抵缴罚款。

(2)划拨存款、汇款。划拨存款、汇款应当由法律规定的行政机关决定,并书面通知金融机构。金融机构接到行政机关依法作出划拨存款、汇款的决定后,应当立即划拨。法律规定以外的行政机关或者组织要求划拨当事人存款、汇款的,金融机构应当拒绝。划拨的存款、汇款以及拍卖和依法处理所得的款项应当上缴国库或者划入财政专户。任何行政机关或者个人不得以任何形式截留、私分或者变相私分。

3. 代履行

行政机关依法作出要求当事人履行排除妨碍、恢复原状等义务的行政决定，当事人逾期不履行，经催告仍不履行，其后果已经或者危害交通安全、造成环境污染或者破坏自然资源的，行政机关可以代履行，或委托没有利害关系的第三人代履行。

代履行应当遵守下列规定：代履行前送达决定书，代履行决定书应当载明当事人的姓名或者名称、地址，代履行的理由和依据、方式和时间、标的、费用预算以及代履行人；代履行3日前，催告当事人履行，当事人履行的，停止代履行。需要立即清除道路、河道、航道或者公共场所的遗撒物、障碍物或者污染物，当事人不能清除的，行政机关可以决定立即实施代履行；当事人不在场的，行政机关应当在事后立即通知当事人，并依法作出处理。代履行时，作出决定的行政机关应当派员到场监督；代履行完毕，行政机关到场监督的工作人员、代履行人和当事人或者见证人应当在执行文书上签名或者盖章。代履行的费用按照成本合理确定，由当事人承担。但是，法律另有规定的除外。代履行不得采用暴力、胁迫以及其他非法方式。

4. 申请人民法院强制执行的基本程序

(1)对行政决定，当事人在法定期限内不申请行政复议或者提起行政诉讼，又不履行行政决定的，没有行政强制执行权的行政机关可以自期限届满之日起3个月内，申请人民法院强制执行。

(2)人民法院接到行政机关强制执行的申请，应当在5日内受理。行政机关对人民法院不予受理的裁定有异议的，可以在15日内向上一级人民法院申请复议，上一级人民法院应当自收到复议申请之日起15日内作出是否受理的裁定。

(3)人民法院对行政机关强制执行的申请进行书面审查，人民法院发现有下列情形之一的，在作出裁定前可以听取被执行人和行政机关的意见：①明显缺乏事实根据的；②明显缺乏法律、法规依据的；③其他明显违法并损害被执行人合法权益的。

(4)人民法院应当自受理之日起30日内作出是否执行的裁定。裁定不予执行的，应当说明理由，并在5日内将不予执行的裁定送达行政机关。行政机关对人民法院不予执行的裁定有异议的，可以自收到裁定之日起15日内向上一级人民法院申请复议，上一级人民法院应当自收到复议申请之日起30日内作出是否执行的裁定。

(5)因情况紧急，为保障公共安全，行政机关可以申请人民法院立即执行。经人民法院院长批准，人民法院应当自作出执行裁定之日起5日内执行。

(6)行政机关申请人民法院强制执行，不缴纳申请费。强制执行的费用由被执行人承担。人民法院以划拨、拍卖方式强制执行的，可以在划拨、拍卖后将强制执行的费用扣除。依法拍卖财物，由人民法院委托拍卖机构依照《中华人民共和国拍卖法》的规定办理。划拨的存款、汇款以及拍卖和依法处理所得的款项应当上缴国库或者划入财政专户，不得以任何形式截留、私分或者变相私分。

第二节　道路运输行政强制权力清单解析

一、道路运输行政强制的概念

道路运输行政强制是指道路运输行政管理部门为了保障道路运输行政管理的顺利进

行,通过依法采取强制手段迫使拒不履行道路运输法义务的相对方履行义务或达到与履行义务相同的状态;或者出于维护道路运输秩序或保护公民人身健康、安全的需要,对相对方的人身或财产采取紧急性、即时性强制措施的具体行政行为的总称。

二、实施道路运输行政强制遵循的原则

实施道路运输行政强制应当遵循以下原则:

(1)必须有法律法规或规章依据,依照法定程序实施。

(2)兼顾公共利益和当事人的合法权益。

(3)不得滥用。

三、道路运输行政强制的分类

道路运输行政强制分为道路运输行政强制措施和道路运输行政强制执行两种。从广义的角度看,道路运输行政强制应包括行政强制措施和行政强制执行,但这两者在使用方法和救济方面都有一些的差别。

(一)道路运输行政强制措施

1. 道路运输行政强制措施的概念

道路运输行政强制措施是指道路运输管理部门为了预防、控制或制止违法行为的发生和危害社会状态的扩张以及为了查明案件事实,依法对行政相对人的人身或财产采取的暂时性强行限制的具体行政行为。

2. 道路运输行政强制措施的特征

道路运输行政强制措施具有如下特征:

(1)实施主体具有法定性。道路运输行政强制措施是一种比较严厉的具体行政行为,对道路运输行政相对人人身或财产具有直接的强制性。因此,只有道路运输管理部门和经过法律、法规授权的道路运输行政执法主体才享有这一权力。

(2)实施手段具有强制性。道路运输行政强制措施作为一种具体行政行为,与其他具体行政行为不同,只要一实施,就对道路运输行政相对人的人身或财物发生强制作用,而且表现得比较直接和强烈。如道路运输车船被暂扣,相对人就无法动用。总之,只要实施行政强制,相对人的权利和自由就受到限制。

(3)实施时间具有短期性。道路运输行政强制措施的实施一般时间较短,有的只是临时性。因为强制措施本身不是目的,只是另一个具体政行为的前奏或准备阶段。如暂扣道路运输车辆,只是一种临时性的保障措施,只是约束财物的使用,而不是对财物作最终处分。

(4)实施目的具有非制裁性。道路运输行政强制措施不以制裁为目的,多数情况下是为了预防、控制或制止道路运输违法行为的发生或为了查明道路运输行政案件事实,而不是对事情的最终处理。因此,行为本身不具有制裁性。

(5)实施的后果具有可诉性。道路运输行政强制措施作为一种具体行政行为,实施过程很容易侵犯道路运输行政相对人的合法权益。因此,法律规定相对人若对此不服,可以通过行政复议或行政诉讼获得救济。

3. 道路运输行政强制措施与道路运输管理行政处罚的区别

道路运输行政强制措施与道路运输管理行政处罚在某些行为的表现形式上比较相似，但实际上两者有较大区别：

(1)性质不同。道路运输行政强制措施的目的是为了预防、控制或制止道路运输违法行为的发生或继续，以及为了查明案件事实，它本质上是一种强制手段，不具惩罚性。而道路运输管理行政处罚目的是为了处罚道路运输违法行为，是一种法律制裁。

(2)适用对象不同。道路运输管理行政处罚仅适用于违反了道路运输行政法规范尚未构成犯罪的行政相对人。道路运输行政强制措施不仅可针对某些已出现的违法行为，也可以针对将会出现违法而尚未出现的违法现象或状态采取措施。

(3)执行情况不同。道路运输管理行政处罚作为一种法律制裁，一经做出后就应执行到位，以维护法律的严肃性。道路运输行政强制措施作为一种强制手段，一旦法定事由消除，就可停止强制措施。

(4)法律目的不同。道路运输行政强制措施只是一种强制手段，其本身不是最终目的。道路运输行政处罚是对交通违法行为的制裁，处罚本身就是目的之一。

4. 道路运输行政强制措施与道路运输行政强制执行的区别

道路运输行政强制措施与道路运输行政强制执行在内容上有交叉的地方，但两者也有很大区别。

(1)目的不同。道路运输行政强制措施的目的是为了预防、控制或制止道路运输违法行为的发生以及查明案件事实，内容广泛；道路运输行政强制执行的目的是促使道路运输行政相对人履行特定的义务，目的比较专一。

(2)适用的依据不同。适用道路运输行政强制措施是根据有关法律、法规或规章的规定，而采取道路运输行政强制执行依据的是交通行政主体已生效的行政处理决定或人民法院的生效判决。

(3)执行的主体不同。道路运输行政强制措施只能由具有强制权的道路运输执法主体实施，而道路运输行政强制执行的执行主体除了具有强制执行权的道路运输管理部门外，还包括人民法院，即通过申请人民法院强制执行。

(4)法律救济不同。道路运输行政强制措施具有可诉性，若相对人不服，一般都可申请复议或向人民法院提起行政诉讼。道路运输行政强制执行由于相对人义务已确定，多数情况下已经使用了救济程序，故一般不再适用复议、诉讼程序。

5. 道路运输行政强制措施应遵循的原则

道路运输行政强制措施是道路运输管理部门在道路运输管理过程中经常使用的一种法律手段，对保证道路运输行政管理的顺利进行起到重要作用。强制措施的运用结果直接限制了相对人人身权或财产权的行使，运用不当就容易侵犯相对人的合法权益。因此，根据法理的要求，行政强制措施应遵循如下原则。

(1)法定原则。道路运输管理强制措施法定原则是指道路运输管理机构采取强制措施必须严格依照法律法规和规章的规定。这里包括两层意思：第一，只有法定的享有行政强制权的道路运输管理机构才可以采取道路运输管理强制措施，没有强制措施权的道路运输管理机构一律不得采取强制措施。第二，具有强制措施权的道路运输管理机构也只能严格按照法定的形式行使强制权。比如，法律法规规定道路运输管理机构只能对财物采取强制措

施,而不能对人身采取强制措施。

(2)适当原则。所谓适当,是指道路运输管理机构采取强制措施时,应以达到道路运输管理目的为限,尽量减少对道路运输相对人权益的限制和对财物的损害。如暂扣车辆,应在相对人可能承担责任的范围之内,不要扩大范围以造成相对人不必要的损失。

(3)遵守法定程序原则。道路运输管理机构实施交通行政强制措施要严格遵守法定程序,否则容易出现差错,侵害相对人的合法权益。

(4)法律救济原则。道路运输管理强制措施一经实施,就限制了相对人财产权益。为了维护相对人的合法权益,防止滥用行政强制权,有必要给相对人设定法律救济途径。根据我国目前的法律规定,相对人对道路运输行政强制措施不服的,基本上都可以申请复议或提起行政诉讼。因实施违法的道路运输行政强制措施致使相对人合法权益受到损害的,相对人还可根据《中华人民共和国国家赔偿法》的规定要求国家赔偿。

6. 道路运输行政强制措施的种类

(1)强制卸货。根据《中华人民共和国道路运输条例》(以下简称《道路运输条例》)第六十二条规定:"道路运输管理机构的工作人员在实施道路运输监督检查过程中,发现车辆超载行为的,应当立即予以制止,并采取相应措施安排旅客改乘或者强制卸货。"同时在《道路货物运输及站场管理规定》(交通运输部令 2016 年第 35 号)中也规定了道路运输管理人员在实施监督检查时,可以对超载的车辆强制卸货或安排旅客改乘。

(2)暂扣车辆。根据《道路运输条例》第六十三条规定:"道路运输管理机构的工作人员在实施道路运输监督检查过程中,对没有车辆营运证又无法当场提供其他有效证明的车辆予以暂扣的,应当妥善保管,不得使用,不得收取或者变相收取保管费用。"同时在《道路旅客运输及客运站管理规定》(交通运输部令 2016 年第 82 号)、《道路货物运输及站场管理规定》、《道路危险货物运输管理规定》(交通运输部令 2016 年第 36 号)中也规定了道路运输管理人员在实施监督检查时可以对没有《道路运输证》又无法当场提供其他有效证明的客、货运车辆及危险货物运输专用车辆可以予以暂扣,且暂扣时要出具《道路运输车辆暂扣凭证》。对暂扣车辆应当妥善保管,不得使用,不得收取或者变相收取保管费用。

(3)查封违法生产、储存、使用、经营危险化学品的场所,扣押违法物品以及用于违法生产、使用、运输的原材料、设备、运输工具。适用该项强制措施的有《危险化学品安全管理条例》,该条例第七条规定"负有危险化学品安全监督管理职责的部门依法进行监督检查,可以采取下列措施:①进入危险化学品作业场所实施现场检查,向有关单位和人员了解情况,查阅、复制有关文件、资料;②发现危险化学品事故隐患,责令立即消除或者限期消除;③对不符合法律、行政法规、规章规定或者国家标准、行业标准要求的设施、设备、装置、器材、运输工具,责令立即停止使用;④经本部门主要负责人批准,查封违法生产、储存、使用、经营危险化学品的场所,扣押违法生产、储存、使用、经营、运输的危险化学品以及用于违法生产、使用、运输危险化学品的原材料、设备、运输工具;⑤发现影响危险化学品安全的违法行为,当场予以纠正或者责令限期改正。"在进行检查和实施强制措施时,监督检查人员不得少于 2 人,并应当出示执法证件;有关单位和个人对依法进行的监督检查应当予以配合,不得拒绝、阻碍。但监督检查不得影响被检查单位的正常生产经营活动。

在《中华人民共和国安全生产法》(以下简称《安全生产法》)中也明确规定了安全生产

监督管理部门和其他负有安全生产监督管理职责的部门在执法过程中,对有根据认为不符合保障安全生产的国家标准或者行业标准的设施、设备、器材以及违法生产、储存、使用、经营、运输的危险物品可以进行查封或者扣押,对违法生产、储存、使用、经营危险物品的作业场所可以予以查封,并依法作出处理决定。

(4)收缴违法转让、出租的证件。《道路运输条例》第六十七条规定:"违反本条例的规定,客运经营者、货运经营者、道路运输相关业务经营者非法转让、出租退路运输许可证件的,由县级以上道路运输管理机构责令停止违法行为,收缴衬关证件,处2000元以上1万元以下的罚款;有违法所得的,没收违法所得。"

(5)暂扣车辆营运证和驾驶员客运资格证。在一些地方法规中,如《云南省城市出租汽车管理办法》(云南省人民政府令第167号)第三十一条规定:"城市人民政府交通运输行政主管部门对违反本办法规定的行为,在作出行政处罚前,可以并出具暂扣证明。"据此,在查处出租汽车违法经营时,可以暂扣车辆营运证和驾驶员客运资格证。

(6)强制履行。道路运输管理部门担负着道路运输领域中的安全监管责任。《安全生产法》第六十七条规定:"负有安全生产监督管理职责的部门依法对存在重大事故隐患的生产经营单位作出停产停业、停止施工、停止使用相关设施或者设备的决定,生产经营单位应当依法执行,及时消除事故隐患。生产经营单位拒不执行,有发生生产安全事故的现实危险的,在保证安全的前提下,经本部门主要负责人批准,负有安全生产监督管理职责的部门可以采取通知有关单位停止供电、停止供应民用爆炸物品等措施,强制生产经营单位履行决定。通知应当采用书面形式,有关单位应当予以配合。负有安全生产监督管理职责的部门依照前款规定采取停止供电措施,除有危及生产安全的紧急情形外,应当提前二十四小时通知生产经营单位。生产经营单位依法履行行政决定、采取相应措施消除事故隐患的,负有安全生产监督管理职责的部门应当及时解除前款规定的措施。"因此,各级道路运输管理机构在道路运输经营者的经营行为存在重大安全隐患时,可以强制其消除安全隐患。

(二)道路运输行政强制执行

1.道路运输行政强制执行的概念

道路运输行政强制执行是指道路运输管理机构或有关国家机关对相对人拒不履行已生效的具体行政行为所确定的义务,依法强制其履行该义务或通过其他措施达到与履行义务相同状态的行为。

2.道路运输行政强制执行的特征

与其他具体行政行为相比,道路运输行政强制执行具有如下特征:

(1)道路运输行政强制执行的主体包括道路运输管理机构和司法机关。道路运输行政强制执行作为一种具体行政行为,按照具体行政行为的一般特点,其实施主体只能是道路运输管理机构。但实际上,道路运输行政强制执行除了由道路运输管理机构依法直接执行外,还可申请人民法院强制执行,即其执行主体包括了道路运输管理机构和司法机关,这与道路运输行政强制措施是不同的。

(2)道路运输行政强制执行以已经生效的具体行政行为所确定的义务为执行内容。道路运输行政强制执行的内容,是由道路运输管理机构事先作出的具体行政行为所确定的,非常具体、明确,而不像道路运输行政强制措施那样以相对人违反法律、法规所确定的义务为

内容，法律、法规所确定义务的义务人具有不特定性。同时，道路运输管理机构所确定的这种义务是经过了一定的法律程序，而且已经生效的法律义务，非经法定程序，不得随意变更。

(3)道路运输行政强制执行以相对人不履行具体行政行为所确定的义务为前提。道路运输管理机构依法行使职权作出具体行政行为，该具体行政行为中明确规定了相对人应履行的义务。如果相对人能自觉地履行应尽的义务，行政强制执行就不会发生。只有相对人拒不履行义务，而且这种不履行是由于相对人有条件履行而不愿意履行或拖延履行时，才可能发生行政强制执行。如果相对人不履行义务是由于客观上的确无法履行或缺乏履行所需的基本条件，道路运输管理机构也不会采取强制执行措施。此外，道路运输管理机构的具体行政行为所确定的义务一般都有明确的履行期限，而在道路运输行政强制措施中，相对人违反或不履行的是法律、法规所确定的无具体对象、无具体时间期限的义务。相对人只有拒不履行这种具体明确的有时间限制的义务，才引起行政强制执行。

(4)道路运输行政强制执行的目的在于迫使相对人履行道路运输管理机构依法所确定的义务或达到与履行该义务相同的状态。法律、法规确定了我国公民、法人或其他组织享有广泛的权利和自由，也承担一定的义务。一般来说，具体行政行为中规定的义务来源于法律、法规的规定，但法律、法规规定的义务必须要经过道路运输管理机构以具体行政行为的形式向相对人发出催告，实际上是将法律上的义务转化成了具体行政行为中的义务。相对人还是不履行时，才会引起行政强制执行。

(5)道路运输行政强制执行一般不以行政复议和行政诉讼为法律救济途径。由于道路运输行政强制执行是以已生效的具体行政行为为依据，而具体行政行为作出时已经给了相对人申请复议和提起行政诉讼的救济机会，因此，在行政强制执行中就不再允许相对人申请复议和提起行政诉讼。否则，就会造成恶性循环诉讼，影响行政效率。相对人若对此不服，只能通过申诉来解决。

3. 道路运输行政强制执行的方法

行政强制执行的方法大体有以下几种：强制划拨、强行拆除、强制履行、强行拘留、强行扣缴、加罚、征收滞纳金等。值得注意的是，采用哪种强制执行的方法必须有法律、法规的明确规定，否则便是违法的。

根据现行交通法律、法规的规定，道路运输行政强制执行的方法受到严格的限制，能采用的主要方法有加罚和征收滞纳金。加罚是行政处罚法赋予有权实施行政处罚的行政机关的执行手段，征收滞纳金是道路运输管理行政执法实践中较多使用的执行手段。

随着道路运输法规体系的逐步建立健全，道路运输行政强制执行的方法也会逐渐增多，从而适应道路运输行政执法工作的需要。

四、道路运输行政强制的程序

(一)道路运输行政强制措施的实施程序

实施道路运输强制措施应当依照下列规定程序办理：

(1)道路运输强制措施应当由两名以上交通行政执法人员实施事人出示执法证件。

(2)调查机构调查取证，提出处理意见，制作《交通行政强制调查报告》。

(3)调查机构将《交通行政强制调查报告》连同有关案卷材料送法制机构预审后，报送道路运输管理机构负责人审查决定。

(4)当场告知当事人采取行政强制措施的理由、依据、救济途径以及当事人依法享有的陈述、申辩等权利。

(5)听取当事人的陈述和申辩。

(6)调查机构认为当事人的陈述、申辩理由成立的,应当暂停实施道路运输行政强制措施,经补充调查并按照道路运输行政强制措施决定作出的程序,报送负责人审查决定。

(7)经审查确需采取道路运输行政强制措施的,应当制作《交通行政强制措施决定书》。

实施道路运输行政强制措施程序,应当注意下列事项:

(1)实施道路运输行政强制措施时,应当制作《交通行政强制现场笔录》,将当事人陈述、申辩和强制实施情况予以记录,并由当事人或者见证人和执法人员签名(盖章)。

(2)对无法查明所有人的财物而采取强制措施的,应当将《交通行政强制措施决定书》在强制实施的现场或者当地媒体进行公告。

(3)因情况紧急,在有法定依据和证据确凿或者有明确理由的情况下,调查机构可以在口头报负责人同意后,当场采取道路运输行政强制措施。

(4)当场采取道路运输行政强制措施,应当收集有关证据,当场制作并送达《交通行政强制措施决定书》。不能当场送达的,应当在《交通行政强制措施决定书》上载明原因。

(5)对当事人实施道路运输行政强制措施的原因已消除的,应当由道路运输管理法制机构报负责人审查同意后,下达《解除交通行政强制措施通知书》,并及时解除强制措施。

(6)对因实施道路运输行政强制措施而暂扣的车辆等物品,道路运输管理机构应当及时查清事实,在法定期间作出处理决定,对违法行为不成立或者不再需要采取暂扣措施的,应当在处理完毕后即时解除暂扣。在实施暂扣期间,应当妥善保管被扣车辆、船舶等物品,不得使用或者损毁;因道路运输管理机构过错造成损失的,应依法承担赔偿责任。

(二)道路运输行政强制执行的程序

道路运输行政强制执行的程序是指道路运输行政强制执行机关在实施行政强制执行过程中的方式和步骤。我国道路运输行政强制执行的主体有道路运输管理机构和人民法院,因此,道路运输行政强制执行存在两套不同的程序。

1.道路运输管理行政主体的强制执行程序

(1)调查机构制作《交通行政强制执行审批表》,经法制机构审核后报交通行政主体负责人审批。

(2)制作并送达《交通行政强制告诫书》,告知当事人履行义务的期限及不履行义务的法律后果,并告知当事人依法享有的权利。

(3)听取当事人的陈述与申辩。

(4)对当事人提出的事实、理由和证据,应当进行记录和复核。

(5)经告诫,当事人在规定的期限内自行履行应当承担的义务的道路运输管理机构不再实施交通行政强制执行。

(6)经告诫,当事人逾期不履行义务的,制作并送达《交通行政强制执行决定书》,直接实施强制执行或者指定第三方代履行。

(7)道路运输行政强制执行实施完毕,调查机构应当将《交通行政强制现场笔录》交当

事人或者见证人、代履行人签名(盖章)。

(8)道路运输管理部门指定第三方代履行时,应当选择具有相应资质的代履行人,并与其指定的代履行人签订书面合同,明确合同双方的权利、义务、违约责任以及解决争议的方法。

(9)道路运输管理部门实施交通行政强制执行时,需要同时实施交通行政强制措施的,可以按本规定的有关程序,同时制作和送达《交通行政强制措施决定书》和《交通行政强制执行告诫书》。

(10)当事人逾期不履行缴纳罚款、规费、非法所得等义务,或者法律、法规或规章规定需向人民法院申请强制执行的,道路运输管理部门应当申请人民法院强制执行。

2. 人民法院的强制执行程序

人民法院的强制执行程序是一种司法执行程序。只有在道路运输管理机构向人民法院提出执行申请时,人民法院才予以执行。

目前,在大多数情况下,我国道路运输管理机构只能依法申请人民法院强制执行。人民法院的强制执行实际上是行政强制执行的一种延伸,因为人民法院强制执行的内容就是道路运输管理机构原来所作的处理决定,与经过诉讼程序后人民法院对生效判决、裁定的执行不同。当然,人民法院受理道路运输管理机构申请强制执行案也要经过认真的审查,发现不合法的则不予执行。

人民法院交通行政强制执行的程序,大体上包括:

(1)道路运输管理机构向有管辖权的人民法院提出申请;

(2)人民法院对案件进行审查;

(3)通知义务人履行义务;

(4)确定实施强制执行等步骤。

虽然执行的是道路运输管理机构的处理决定,但操作却是按照司法执行程序进行。

第三节　道路运输行政强制责任清单解析

一、道路运输行政强制的监督

(一)道路运输行政强制的监督概念及特征

道路运输行政强制的监督,是指国家机关依法对道路运输行政机关、法律法规授权组织及其道路运输执法人员的行政强制行为实施的具有法律效力的检查督促行为。

道路运输行政强制的监督具有以下特征:

(1)道路运输行政强制的监督的主体是享有监督权的国家机关、社会组织和公民;

(2)道路运输行政强制的监督的对象是道路运输管理机构及其工作人员;

(3)道路运输行政强制的监督的客体是道路运输管理机构及其工作人员的职务行为;

(4)道路运输行政强制的监督的方式主要包括观察、检查、评价、督促、监察及纠正等;

(5)道路运输行政强制的监督的内容是道路运输管理机构及其工作人员所作的违法道路运输行政强制行为。

(二)道路运输行政强制的监督分类

在确立道路运输行政强制的监督模式时,更要从我国道路运输的实际情况出发,形成纵横交错、多层次、全方位的监督模式,从不同的角度可对监督模式作不同的分类:

(1)根据监督主体的不同,可以分为权力机关的监督、行政机关的监督、司法机关的监督和社会监督。

权力机关的监督,是指各级人民代表大会及其常务委员会和地方各级人民代表大会及其常务委员会对道路运输管理机构及其工作的监督。

行政机关的监督,是指由交通管理机构内部形成的监督系统所进行的监督,包括层级监督、审计监督和行政监察。

司法机关的监督,是指检察机关和审判机关依照司法职权和程序对道路运输管理机构及其工作人员的监督。

社会监督,是指社会组织、团体以及公民个人对道路运输管理机构及其工作人员的活动通过提出批评、建议、申诉、控告、检举、揭发等方式进行的监督。

(2)根据监督时间的不同,可以分为事前监督、事中监督和事后监督。

事前监督是指监督主体在道路运输管理机构的行政强制行为开始之前所实施的监督,如实施行政强制行为前向本道路运输管理机构负责人报告并经批准后实施。

事中监督是指监督主体实施行政强制活动进行过程中的监督,如行政相对人对道路运输管理机构的行政强制行为提出意见。

事后监督是指监督主体在道路运输管理机构实施的行政强制行为之后而实施的监督,如行政复议和行政诉讼就是事后监督。

二、道路运输行政强制中的法律责任

道路运输行政强制中的法律责任是指道路运输管理机构及其工作人员因违法实施行政强制所应承担的法律责任。道路运输行政强制中责任的追究,指有权机关根据法律规定和交通行政责任的构成要件,按法定程序和方式对道路运输管理主体的行政责任进行认定和追究的过程。对道路运输行政强制中责任的追究,首先应确认道路运输行政强制行为是否是违法行为。若行政强制行为违法,只要一经确认,就可以追究其责任。对于行政强制行为不当,一般应对其程度加以区分,只对较为明显的不合理、不公正才予以追究。

(一)道路运输行政强制中的法律责任

(1)调查责任。

在检查中发现或者接到举报,经现场调查核实,由两名以上交通运输行政执法人员参加,出示执法身份证件;对案件事实基本调查清楚,确有实施行政强制措施的必要的,实施前须制作《交通运输行政强制措施(执行)审批表》,向交通运输行政执法机关负责人报告并经批准(紧急情况需当场实施的按规定履行补办手续)。

(2)告知责任。

通知当事人到场;作出行政强制措施决定前,应告知当事人采取行政强制措施的理由、依据以及当事人依法享有的权利和救济途径。

(3)决定责任。

执法人员听取当事人的陈述和申辩；认为当事人的陈述、申辩理由成立的，暂停实施行政强制措施，经补充调查并按照行政强制措施决定作出决定，报送道路运输管理机构负责人审查决定。

(4)执行责任。

实施行政强制措施，制作《交通执法现场笔录》；笔录由当事人和行政执法人员签名或者盖章，当事人拒绝的，在笔录中予以注明；当事人不到场的，邀请见证人到场，由见证人和交通运输执法人员在《交通执法现场笔录》上签名或者盖章；制作并当场向当事人交付《交通运输行政强制措施决定书》；妥善保管查封、扣押的场所、设施或者财物；情况紧急，需要当场实施行政强制措施的，执法人员应当在24小时内向道路运输管理机构负责人报告，并补办批准手续。道路运输管理机构负责人认为不应当采取行政强制措施的，应当立即解除。

(5)事后监管责任。

依法处理后，及时解除行政强制措施。

(6)其他法律法规规章文件规定应履行的责任。

(二)道路运输行政强制中的追责情形

在道路运输行政强制中有下列情形的，需要追究道路运输管理主体或执法人员的责任：

(1)没有法律、法规依据采取强制措施的；

(2)违法扣留运输车辆；

(3)改变行政强制对象、条件、方式的，不按规定程序履行告知义务的；

(4)不按规定程序报告负责人批准或事后不补报手续采取强制措施的；

(5)在查封、扣押法定期间不作出处理决定的；

(6)使用或者损毁查封、扣押场所、设施或者财物的；

(7)将查封、扣押的财物或者划拨的存款、汇款以及拍卖和依法处理所得的款项，截留、私分或者变相私分的；

(8)利用职务上的便利，将查封、扣押的场所、设施或者财物据为已有的；

(9)利用行政强制权为单位或者个人谋取利益的；

(10)未依法及时解除查封、扣押的；

(11)索取、收受他人财物，或者谋取其他利益的；

(12)工作人员玩忽职守、滥用职权、徇私舞弊的；

(13)其他违反法律法规规章文件规定的行为。

(三)道路运输行政强制行为违法承担的责任形式

(1)撤销违法行为。

若道路运输执法人员行政强制行为违法，如主要证据不足，适用法律、法规错误，违反法定程序等，道路运输管理机构就应当承担撤销违法行为的行政责任。

(2)纠正不当的交通行政行为。

纠正不当的行政强制行为，是对道路运输管理机构自由裁量权进行控制的责任方式。对于行政强制不当行为，复议机关可以予以撤销，但实践中，多是道路运输管理机关进行自我纠正。

(3)停止侵害。

停止侵害是指道路运输管理主体停止正在实施的侵害道路运输行政相对人合法权益的行为。这种形式主要适用于行政强制行为持续地侵害交通行政相对人人身权、财产权的情形。

(4)履行职务。

这种责任形式多适用于道路运输管理机构行政失职行为。交通行政主体不履行或者拖延履行行政强制的不作为行为一旦被定性为违法行为,就应当承担在法定期限内应履行的责任。

(5)返还权益。

道路运输管理主体剥夺相对人的权益属于违法或者不当时,在撤销或者变更行政强制行为的同时,应当向相对人返还其合法权益。这里的权益主要指财产权益,如返还被违法查封、扣押的财物、被不合法吊销的证照等。

(6)恢复原状。

道路运输管理主体的行为被确认为违法行为时,如果能使相对人的财产恢复原状,则应首先使其恢复原状,然后再承担其他责任。

(7)行政赔偿。

行政赔偿一般是针对道路运输行政强制侵权行为而适用的。当违法行政强制行为侵犯了相对人的合法权益,并且造成了财产、人身的实际损害时,应当进行金钱赔偿。

(8)恢复名誉、消除影响。

当违法行政强制行为造成相对人名誉上的损害时,一般应当在造成影响的范围内公布正确决定,撤销原处理决定,或者向有关单位寄送更正书面材料。

(9)承认错误、赔礼道歉。

当道路运输管理主体的违法行为影响了相对人的合法权益时,应当向其承认错误、赔礼道歉。承担这种责任形式一般由道路运输管理主体的领导人和直接责任人员亲自出面,可以采用口头形式,也可以来用书面形式。承认错误、赔礼道歉可以与其他责任形式合并使用。

(10)通报批评。

对于道路运输执法人员的违法行政强制行为,有权机关可以在会议上或文件中公布对其的批评。其目的在于警戒有责任的执法人员本人,对其他执法人员也可以起到教育作用。

(11)行政处分。

行政处分是道路运输执法人员承担行政责任的主要形式,是交通行政机关依照行政隶属关系对违法失职的执法人员给予的惩戒措施。行政处分的形式有警告、记过、记大过、降级、撤职和开除六种。

(12)道路运输执法人员违法情节严重,构成犯罪的,依法追究其刑事责任。

第四节 典型案例分析

一、案情简介

2011 年初,高某将其所有的现代瑞风小型客车借给邹某使用,2011 年 1 月 10 日,邹某

驾驶该小型客车从A市前往B市的途中,没有营运资质非法搭载4名乘客,被B市公路运输管理局以无《道路运输证》从事道路运输经营,涉嫌非法营运为由将该车暂扣,并出具《云南省道路运输暂扣凭证》,但该"暂扣凭证"没有文号,没有出具时间,有严重的程序瑕疵。高某认为该"暂扣凭证"未填写当事人与所有人的关系及被暂扣车辆和维修设备、工具所有人的情况,表明B市公路运输管理局在采取暂扣车辆的强制措施时,没有查明当事人与所有人的关系,对高某是涉案车辆所有人这一基本事实未予查明,也没有通知高某。直至2011年3月中下旬,邹某在事先未告知高某的情况下,悄悄将"暂扣凭证"塞进高某家里,高某才知道其车辆因涉嫌非法营运已被B市公路运输管理局暂扣。此后,高某曾多次到B市公路运输管理局处说明情况,请求发还被暂扣的车辆未果。而B市公路运输管理局一直没有对邹某的行为是否构成非法营运加以明确认定,也没有进行任何处理或作出行政处罚决定,高某的车辆一直被扣押至今。高某认为,涉嫌非法营运的车辆,是由违法当事人邹某所向高某借用的,邹某并非涉案车辆的所有人,因此,B市公路运输管理局暂扣涉案车辆对邹某无任何实质性影响,但却导致没有任何过错的高某即涉案车辆的实际所有人数月来不能使用该车辆,蒙受了实际经济损失,自己属于"代人受过"。因此,B市公路运输管理局的具体行政行为实际上没有针对违法当事人,反而针对的是没有任何违法行为或过错的高某,违背了行政强制措施针对违法当事人的基本原则,不具有合法性。根据《云南省道路运输条例》(云南省人大常委会公告第12号)第四十八条规定,针对涉嫌非法营运的行为,暂扣车辆并非B市公路运输管理局必须采取的行政强制措施,B市公路运输管理局还可以采取其他行政强制措施。而且暂扣车辆的目的是为了实现对违法当事人进行处理或者为了确保对违法当事人作出的行政处罚得以执行。目前,邹某对此事置之不理,而且下落不明,事实上已经证明通过暂扣车辆的行政强制措施已无法实现对其进行行政处罚的目的。B市公路运输管理局完全可以采取其他行政强制措施对涉嫌违法的邹某进行处罚,而不应继续暂扣车辆,使高某的损失继续扩大。因此,B市公路运输管理局的行政行为已使高某的合法权益受到不应有的侵害。

2011年5月3日,高某因不服市B市公路运输管理局作出的车辆扣押行为向B市交通运输局申请行政复议,要求撤销B市公路运输管理局作出的《云南省道路运输暂扣凭证》,向高某发还被扣车辆。B市交通运输局经审查后认定B市公路运输管理局适用法律依据正确,执法程序合法,故决定维持B市公路运输管理局作出的暂扣车辆的决定。

之后高某又向法院提起行政诉讼,B市人民法院于2011年7月14日受理高某的诉讼。高某请求判令:撤销B市公路运输管理局作出的《云南省道路运输暂扣凭证》,向高某发还被扣车辆。

在庭审中,被告市B市公路运输管理局辩称:被告暂扣邹某驾驶的车辆程序合法,且被告在作出暂扣车辆决定后已经将《云南省道路运输暂扣凭证》送达给了车辆驾驶人邹某,邹某已经签收,且有执法人的签字,并加盖了执法机关的印章,被告的执法程序是合法的。因此,被告作出将邹某驾驶的车辆暂扣的决定是符合法律规定的。原告的起诉没有事实和法律依据,请法庭依法驳回原告的诉讼请求。

被告B市公路运输管理局在举证期限内向法院提交了如下证据:

(1)组织机构代码证及法定代表人身份证明书。

经质证,原告对被告执法机关的主体资格无异议,但对执法人员的主体资格有异议。

(2)邹某身份证复印件、邹某机动车驾驶证复印件、现场检查笔录、询问笔录(邹某、王某、陈某等三人)申请、执法证。

经质证,原告认为询问笔录是伪造的,并非记录人所书写,几组询问笔录相互矛盾。对邹某身份证、机动车驾驶证的真实性无异议,但认为证据与本案无关。原告认为两名执法人员的执法证没有进行年检,因而执法资格是已失效,其没有执法主体资格。

(3)《云南省道路运输暂扣凭证》。

经质证,原告对真实性无异议,认为被告是在没有查清事实的情况下就作出暂扣凭证,所以执法程序不合法。原告对执法者主体资格有异议,执法人员叫什么名字都看不清楚,执法证号也看不清楚。

(4)《交通行政处罚决定书》、延长办案期间申请书、交通违法行为通知书、公告。

经质证,原告对证据真实性无异议,但对其合法性有异议。原告认为被告严重违反了行政程序法,没有告知当事人听证的权利,对关联性也不予认可。

(5)《道路运输条例》《云南省道路运输条例》。

经质证,原告认为本案应当适用《中华人民共和国物权法》,本案原告不是被处罚人,被告侵犯的是原告的物权,故被告的法律依据对本案不适用。原告认为,被告作出处罚超过法定期限,落款用的不是单位公章。属于程序违法。B 市交通运输管理局作为被法律、法规授权的组织,具有执法权,但其将执法权转给其他组织或内部机构是没有权利的。另外,公告的事实没有任何证据来加以证明。

B 市人民法院经审理认为,根据《道路运输条例》第六十二条之规定,道路运输管理机构的工作人员在实施道路运输监督检查的过程中,对没有车辆营运证又无法当场提供其他有效证明的车辆予以暂扣。第三人邹某驾驶小型客车非法从事旅客运输,且无法提供运营证和其他的有效证明,虽然车辆系原告所有,但并不能改变第三人利用该车辆进行非法营运的事实,故被告 B 市公路运输管理局对该非法营运车辆予以暂扣符合法律的规定。《云南省道路运输条例》第四十八条规定,道路运输管理机构暂扣车辆、维修设备和工具的,应当向当事人开具有关凭证,并要求其在被暂扣之日起 15 日内到指定的地点接受处理。当事人接受处理后,应当发还车辆、维修设备和工具。第三人邹某自车辆被暂扣后一直拒不到 B 市公路运输管理局接受处理,致使车辆至今未发还给原告,其责任在于第三人而非本案的被告 B 市公路运输管理局,故原告诉称被告 B 市公路运输管理局扣押车辆对象错误无法律依据。针对原告主张被告采取暂扣车辆的行政强制措施程序违法,法院认为,被告向第三人邹某出具暂扣凭证向邹某说明了暂扣车辆的原因、法律依据,附有两名执法人员的签名和 B 市公路运输管理局的行政处罚专用章,其形式完善,但 B 市公路运输管理局未在暂扣凭证上注明暂扣凭证的文号,行政程序确实存有一定瑕疵,只是该瑕疵尚未达到应予撤销、确认违法之程度,系 B 市公路运输管理局工作中的不足,应当在以后的工作中改进。

一审认为被告 B 市公路运输管理局在对小型客车作出暂扣的具体行政行为,主体合法、事实清楚、程序合法,适用法律法规正确。原告的诉讼请求没有法律和事实依据,判决驳回原告诉讼请求。

原告高某不服一审判决,向 B 市中级人民法院提起上诉。B 市中级人民法院审理后认

为:一审判决认定事实清楚,审理程序合法,适用法律正确,依法应予维持。判决驳回上诉,维持原判。

二、法理分析

(一)非法营运的认定

本案涉及非法从事客运经营。所谓"非法从事客运经营",就是指道路运输经营者未经道路运输管理机构批准,未取得道路运输经营许可证,擅自从事道路旅客运输经营活动的行为。非法从事客运经营的行为侵犯了其他经营者的合法权益,导致市场上出现不平等竞争,严重扰乱了道路运输市场秩序。根据我国《道路运输条例》第六十三条和第六十四条之规定,道路运输管理机构的工作人员在实施道路运输监督检查过程中,对没有车辆营运证又无法当场提供其他有效证明的车辆予以暂扣的,应当妥善保管,不得使用,不得收取或者变相收取保管费用。对未取得道路运输经营许可,擅自从事道路运输经营的,由县级以上道路运输管理机构责令停止经营;有违法所得的,没收违法所得,处违法所得 2 倍以上 10 倍以下的罚款;没有违法所得或者违法所得不足 2 万元的,处 3 万元以上 10 万元以下的罚款;构成犯罪的,依法追究刑事责任。

从本案的实际情况来看,邹某驾驶高某所有的小型客车从 A 市前往 B 市的途中,没有营运资质非法搭载 4 名乘客,可以被认定为非法营运。因此,根据《道路运输条例》的规定可以暂扣车辆。B 市公路运输管理局以从事道路运输经营无道路运输证,涉嫌非法营运为由将该车暂扣,并出具《云南省道路运输暂扣凭证》,是有法律依据的。

(二)非法营运处罚的相对人

在对非法营运做出强制措施或处罚时,应该针对谁来进行?是车主,还是直接从事营运的行为人?在实际中,若车主和行为人为同一人,则不存在这个问题,直接针对行为人即可。但许多时候,车主和行为人是分离的,这就应该进行具体的分析和确定。实际中,一般有以下几种情况:

(1)车主是单位,由单位的人员私自驾驶营运。

(2)行为人借用、租用车主的私车或汽车租赁公司的车,谎称私用,暗地擅自营运,车主不知情。

(3)以亲属、朋友等他人的名义买车,实际车主就是行为人,行为人自己跑"黑车"。

(4)买他人的二手车不过户,用来跑"黑车"。

(5)车主和行为人采取承包等形式暗中约定由行为人跑"黑车",车主和行为人分享"渔利"。

(6)车主雇佣行为人跑"黑车",车主给驾驶员发工资,车主取得"黑车"营运的收入。

对上述情况如何处理,我们认为具体情况具体分析。对于(1)、(2)、(3)、(4)四种情况应当处罚行为人,因为非法营运是行为人的意图,其非法营运的所得也是行为人所有。对于情况(5),应当同时处罚车主和行为人,因为非法营运是车主和行为人的共同意图,其非法所得由车主和行为人共同分享;情况(6)应处罚车主,因为非法营运是车主的意图,而且非法所得也主要由车主获得,同时行为人是受车主雇佣从事非法经营活动,当然,如果行为人在知道或应当知道车主是"黑车"的情况下,仍然为车主开"黑车",也应当对其进行处罚,共同追究其责任，但车主应当承担主要责任。

本案属于情况(3)，所以应对行为人邹某进行行政处罚。根据《云南省道路运输条例》第四十八条之规定，道路运输管理机构暂扣车辆、维修设备和工具的，应当向当事人开具有关凭证，并要求其在被暂扣之日起15日内到指定的地点接受处理。当事人接受处理后，应当发还车辆、维修设备和工具。暂扣车辆是一种行政强制措施，不属于行政处罚。该项行政强制措施的设定是为了制止违法行为的继续实施、敦促行为人能尽量主动接受处罚。但本案中邹某自车辆被暂扣后一直拒不到B市公路运输管理局接受处理，致使车辆至今未发还给原告。虽然车辆系原告所有，但并不能改变第三人利用该车辆进行非法营运的事实，所以B市公路运输管理局对该非法营运车辆予以暂扣符合法律的规定。

三、执法启示

《道路运输条例》赋予了道路运输管理机构在查处非法营运时可以采取暂扣车辆的强制措施的权利，但道路运输管理工作人员在实施道路运输行政强制措施时一定要严格按照法律规定的内容和程序进行，否则就会受到相对人的质疑，甚至在侵权的情况下还要承担赔偿责任。

暂扣车辆应当按照下列程序进行：

(1)制作并送达暂扣车辆告知书，告知当事人作出暂扣车辆决定的事实、理由及依据，并告知当事人依法享有的权利；

(2)听取当事人陈述和申辩；

(3)复核当事人提出的事实、理由和依据；

(4)制作并送达暂扣车辆决定书，并告知当事人依法享有的权利；

(5)实施暂扣车辆决定；

(6)制作暂扣车辆笔录。

在本案中，虽然复议机关及两审法院都支持了B市公路运输管理局的扣押决定，但B市公路运输管理局在扣押车辆过程中仍存在着瑕疵，如：“暂扣凭证”没有文号，没有出具时间。这些都影响了行政执法的权威性，因此，在道路运输管理执法实践中一定要注意这些问题，严格按照法律办事。

第五章　道路运输管理行政检查权力清单与责任清单解析

第一节　行政检查基本原理

一、行政检查的概念及特征

（一）行政检查的概念

行政检查是一种重要的行政执法方式，是行政机关在行政执法活动中经常要采取的一种手段。

行政检查是行政主体为实现管理职能，依据法律的规定，对相对人是否遵守法律和具体行政决定的情况进行强制直接了解并作出法律结论的行政行为。

（二）行政检查的特征

它具有以下特征：

（1）职权性。行政检查是行政主体依职权实施的行政行为，行政行为按其启动方式可分为依职权的行政行为和依申请的行政行为。依职权的行政行为是行政主体依法定职权主动实施而无须行政相对人申请启动的行政行为，也叫主动行政行为或积极行政行为。行政检查都是行政机关积极主动采取的行为，因而具有职权性，与行政许可具有明显区别。

（2）单方性。由于行政检查是行政主体依职权实施的行政行为，它的启动无须征得相对人同意，因而从参与行政行为的主体，它是单方面行政行为，与行政委托、行政合同等具有明显区别。

（3）直接性。行政检查的对象主要是人、物、行为、场所，不管是针对哪种对象的行政检查，都直接面对被检查的对象进行，而不是通过第三方进行。

（4）强制性。行政检查具有单方性，排除相对人的参与，又具有直接性。行政检查是和被检查对象面对面的检查，直接限制了相对人的权利义务，极易引起相对人的反感甚至抵制，因而必须具有强制性。即使相对人不服从或不协助，具有直接强制性质的行政检查也可强制进行，不接受具有直接强制性质的行政检查，相对人将会承担相应的法律责任，如受到行政处罚等。

（5）法定性。由于行政检查对人、物、行为、场所的检查直接限制相对人的人身权、财产权等基本权利，因而行政检查必须有直接的法律依据才可进行。

（6）独立性。行政主体可依据法律的规定直接启动行政检查，它的启动、实施、结束不需依托其他的任何行政行为。从行政行为的过程看，行政检查也独立于其他行政行为。例如，一个典型、完整的行政过程往往经过立法取得依据，通过行政检查发现问题，由行政处罚作出处理,遇到不履行时实施行政强制执行,最后发生行政救济。在这个过程中,无论是行政检查、行政处罚,还是行政强制执行,都包含权力运用的因素,也都具有独立作出决定的特点,因而可以认定是一个个独立的行政行为。

二、行政检查的作用

行政检查是行政执法行为的组成部分。该行政执法行为的运用,对法律实施、督促公民自觉守法及其他行政执法行为均具有不可忽视的作用,这些作用具体表现在:

(1)有利于行政管理职能的实现。

行政主体如果不通过行政检查对行政相对人是否违法的状况进行了解,或者了解得不全面、不清楚,就不可能准确地作出相应的处理,甚至会导致出现违法情形。只有进行经常性和有效地检查,才能使行政机关及时获取各种信息或情报,为行政机关的正常运作提供"燃料"。

(2)有利于保障法律的实施。

公民、法人或者其他组织是否遵守法律、法规和规章,都需要通过行政检查来确认。依法行政的现实要求加强行政检查,从而使法律、法规及规章的效力得以实现,而不至于使法律处于虚置状态,也有利于提高公民的法律意识。

(3)是作出和执行行政处理决定的前提和基础。

在行政处理前,行政主体要对行政相对人的守法情况进行了解,根据不同的情形作出不同的处理:或给予行政奖励,或给予行政处罚等。

三、行政检查的分类

根据不同的标准,对行政检查可作出不同的分类:

(1)依据行政检查对象是否确定、具体,将行政检查分为一般行政检查与特定行政检查。

一般行政检查是指行政主体对不确定的相对人的守法情况进行的监督检查,如交通警察上路对驾驶员是否酒后驾车进行的监督检查。

特定行政检查,是指行政主体对具体、特定的行政相对人的守法情况进行的检查,如税务局根据举报对某企业的纳税情况进行的监督检查。

(2)依据行政检查权的来源,将行政检查分为依职权的行政检查、依授权的行政检查与依委托的行政检查。

依职权的行政检查是指行政主体依据其成立时,组织法规定的行政检查权而进行的检查。如某县公安机关对其辖区范围的治安问题进行监督检查,便属于这类行政检查。

依授权的行政检查,是指某一行政主体(包括行政机关或者法律、法规授权的组织)依据法律、法规的授权规定而进行的行政检查。如港务监督和渔政渔港监督管理机构依据《海洋环境保护法》的规定对船舶排污的调查,即属依授权的行政监督检查。

依委托的行政监督检查,是指行使行政检查权的行政主体将其行政检查权依法委托给其他行政机关或组织、个人行使,受委托者依此进行的检查。对于受委托而实施的行政检查,由委托行政机关作为行政主体,其后果由委托行政机关承受。

(3)依据行政主体是否亲自到相对人的活动场所进行检查为标准,将行政检查分为书面

检查与实地检查。

书面检查是指行政主体通过查阅书面材料,对相对人的守法状况进行的检查。书面检查表现为行政主体通过对检查对象报送的有关书面资料进行审查,来检验其守法情况。书面检查多和许可、批准行为相联系。

实地检查是指行政机关的工作人员或者其他公务人员代表其行政主体,直接到检查对象所在地对其守法情况进行的现场检查。

(4)依据行政检查实施时间的不同,将行政检查分为事前行政检查、事中行政检查和事后行政检查。

事前行政检查,是指行政检查的实施在相对人某一行为开始之前的检查。事前行政检查的作用在于防患于未然,防止违法行为的发生,也可为行政决策或决定提供情报和资料依据。

事中行政检查,是指行政监督检查的实施存在于相对人行为开始之后尚未完成之前的检查。如果相对人的某种行为具有连续性,就可能发生事中行政监督检查。

事后行政检查,是指相对人的行为已经完成,行政主体对这一行为或这一行为后果进行的检查。事后行政监督检查多发生在无法或难以进行事前行政监督检查的情况下。

这三种行政检查也是相对而言的,并且也只是一种学术研究上的分类。

(5)依据行政检查主体的多少,将行政检查分为联合行政检查与单独行政检查。

联合行政监督检查是指多个行政主体对相对人某一方面情况进行的检查。联合行政监督检查产生的原因有两点:一是由于两个以上的行政主体对某一方面的事务均有行政监督检查权;二是由于所进行的检查在内容上相关联,为提高行政效率而进行联合检查。

(6)依据行政检查的规律性不同,将行政检查分为经常性行政检查和临时性行政检查。

经常性行政检查是指行政主体对相对人日常活动的监督检查。对检查主体来说,这种行政检查不存在时间上的中断,如出入境检查、机动车辆运输检查等。

临时性行政检查,是指行政主体对相对人突然性的监督检查。

四、行政检查的方法

行政检查的方法是指行政主体为了达到行政检查的目的而采取的具体措施和手段。

我国实施行政检查的方法多种多样,大体来说,方法主要有如下几种:

(1)审查。

审查是行政主体对相对人呈送的有关书面材料,如文件、证件、报告、账册、单据和报表等进行核实、查验,以判断其是否真实、合法,以便进一步作出相应决定的行为,是书面检查的一种方法。

(2)调查。

调查指行政主体采用调查的手段查明行政相对人守法的情况,调查对象可以不限于行政检查的对象。调查可通过询问、讯问、审查书面材料等方式进行,可以根据情况决定是否事先通知相对人,也可根据情况决定是否公开进行。调查一般是在事后,为了使行政处理决定建立在合法、真实的基础上,由行政主体采取的一种手段,是一种比较正式的手段。

(3)检查。

检查作为行政检查的方法之一,是发现问题、消除隐患、总结经验、表彰先进的一种十分有效的行政检查手段。检查的形式多种多样,大致可分为专题检查、综合检查、抽样检查三种。

(4)听取汇报。

听取汇报是指行政主体通过行政相对人自己的说明来了解行政相对人守法的情况。这种检查手段常常需要和其他手段合并使用,才能收到较好的效果。

(5)统计。

统计是行政主体通过对有关数据的采集、汇总来对行政相对人的有关情况进行调查的一种方法。统计是一种较为常用的行政检查方法,其适用的范围非常广,凡负有统计义务的相对人必须依法按期如实提交统计资料。

(6)检验检疫。

它是行政主体或其委托的其他合法的技术机构对行政相对人的有关物品进行检查、鉴别或化验,以确定其是否符合标准的一种检查方法。

(7)鉴定。

鉴定是行政主体或其委托的具有相关资质的技术机构对相对人的有关物品、证件和材料等进行鉴别、评定,以辨明真伪、确定优劣或确定成分及性质的一种检查方法。

(8)勘验。

勘验是行政主体或其委托的其他合法主体对行政相对人所实施有关行为的现场进行实地了解、查看,以确定有关相对人是否参与了相关行为以及参与者相应责任的一种检查方法。

五、行政检查的程序

行政检查的程序是指行政监督检查的步骤、方式。行政检查程序一般应包括下列内容:

(1)表明身份。

实施行政检查时,行政主体必须表明自己是有权检查的主体。一般要口头说明身份并应出示其身份证件,对于要求必须着制服检查的,还应穿着制服。

实施行政检查时,行政检查主体必须表明自己有权进行检查。表明身份是行政检查程序的首要阶段,不表明身份或身份与相应的检查行为不符,行政相对人有权拒绝检查。

(2)说明理由。

说明理由的程序是为了表明行政检查主体的检查权限,或是为了说明行政检查的原因和根据。除了可能泄露国家机密、影响公共安全或具有法律明确规定的事由外,不论行政检查的对象是公民、法人还是其他组织,说明理由都是一个必须经历的程序,因为相对人有知悉理由的权利,这也是行政检查程序公开原则的要求。不说明理由,相对人同样有权拒绝检查。说明理由应采取书面形式,如送达行政检查通知书等,也可以采取口头形式告知。此外,除基于临时目的或必须突击进行以外,应事先告知相对人要实施行政检查。

(3)提取证据。

证据包括各种可以证明某种事实的信息形式,如书证、物证等。提取证据必须遵守合法

程序,必须有当事人的签名(拒绝签名的,应将这一情况记录在案)。提取的证据必须和检查的目的相关,提取证据必须遵守时间的限制。如果行政检查涉及公民人身自由,则时间上要求应更加严格。提取证据必须通过合法手段,用非法手段提取的证据无效。

(4)告知权利。

在进行行政检查时或检查后,行政检查主体应当依法告知相对人所享有的权利。告知权利是行政机关在作出具体行政行为时必须履行的程序上的义务,与此对应,被检查人在接受检查时应享有一定的权利,这些权利主要包括:对行政检查的异议权;对行政检查发表自己主张、陈述意见的权利;对行政检查人员获取的对自己不利的证据的申辩权;对行政检查行为不服的申请复议权,提起行政诉讼权以及相应的赔偿请求权等。如果行政检查主体不依法告知相对人相应的权利,则违反法定程序,将导致检查行为无效,或导致依据该检查结果作出的其他行政行为(如行政处罚行为)无效。

第二节　道路运输行政检查权力清单解析

一、道路运输行政检查的概念

道路运输行政检查是指道路运政执法机关对道路运输市场的经营者贯彻执行法律、法规及有关政策的情况所进行的检查工作。道路运输行政检查目的是规范道路运输经营活动,促进道路运输业健康、协调地发展,全面提高社会效益和经济效益。

二、道路运输行政检查的作用

道路运输行政检查具体作用主要体现在:

(1)实现平等竞争。

道路运输管理机构通过监督检查,可以纠正、处罚不正当的竞争手段和方法,克服欺行霸市、垄断客货源等不法行为,保证在政策和法规允许的范围内开展竞争,实现社会主义市场机制在道路运输行业的有效运行。

(2)保护合法经营。

通过监督检查,制止和取缔无证经营、超越经营范围的经营活动。

(3)保护经营者、旅客及消费者的合法权益。

通过监督检查,纠正和制止违法运输、野蛮装卸、乱收费用、不讲求质量等违法行为,切实保障经营者、旅客及消费者的合法权益不受侵害。

(4)维护运输市场秩序。

通过监督检查,督促经营者在批准的经营范围和营运线路上开展经营活动,调解经济纠纷和处理商务事故,维护运输市场的正常秩序。

(5)保证国家财政政策和价格政策的贯彻执行。

道路运输管理机构通过监督检查,可以督促经营者依法纳税、照章缴费;监督经营者执行国家的运价政策,结合完善市场机制,充分发挥经济杠杆的调节作用。

(6)收集信息。

道路运输管理机构通过监督检查,作好原始记录,可以掌握道路运输经济活动的第一手资料,便于道路运输管理机构摸清情况、科学决策,从而提高行政管理水平。

三、道路运输行政检查应遵循的原则

(1)实体合法原则。

所谓实体合法,是指道路运输行政检查的范围、内容必须严格遵守法律,不得超越法定权限。交通行政检查的内容一般由法律明文规定,如《中华人民共和国道路运输条例》(以下简称《道路运输条例》)第五十九条规定:“道路运输管理机构的工作人员应当严格按照职责权限和程序进行监督检查,不得乱设卡、乱收费、乱罚款。道路运输管理机构的工作人员应当重点在道路运输及相关业务经营场所、客货集散地进行监督检查。道路运输管理机构的工作人员在公路路口进行监督检查时,不得随意拦截正常行驶的道路运输车辆。”

(2)正当程序原则。

正当程序,指道路运输管理机构工作人员在实施交通行政检查过程中,必须严格遵守法律规定的方式、步骤等。如《云南省道路运输管理条例》(云南省人大常委会公告第12号)第四十七条规定:“道路运输管理机构的工作人员在执行检查任务时,应当有2名以上人员参加,按照规定着装,佩带执法标志,出示有效执法证件,文明执法。用于道路运输监督检查的专用车辆,应当设置统一的稽查标志灯具。”

(3)民主与效率相结合原则。

道路运输行政检查既要保证公平行政,又要符合效率行政。如果道路运输行政检查出于一定行政目的或公务需要,在特殊情况下,可以省去某些程序。这种程序的省略既可以由道路运输行政检查主体自己决定,也可以在征得道路运输行政相对方的同意后而省略,但必须严格遵守法律规定,不能因此而造成权力滥用。

(4)紧密配合原则。

紧密配合是指道路运输行政检查主体在实施道路运输行政检查过程中,要得到其他行政主体,如审计、财政、公安、技术监督、银行等部门的积极配合,以提高行政效率。

四、道路运输行政检查的内容

(一)道路运输行政检查内容的分类

1.道路运输经营资质监督检查

经营者必须具备经营资质,按由道路运输管理机关实行市场准入管理中依据其经营资质核定的经营范围从事道路运输,否则,将不能保证运输经营质量,损害消费者的利益。道路运输经营资质监督检查主要包括检查经营手续是否完备;营业证照与营业范围、营业身份是否相符;车辆是否按核定线路或区域经营;客车营运标志是否齐全有效;从业人员是否持有有效的上岗证件等。道路运输管理机关不仅应该检查经营者是否具有经营资质凭证,而且要定期检查实际的现有资质状况。车辆、驾驶员资质可以实行现场检查,其他资质如经营信誉、资金、站场(库场)设施、运行管理能力等可以一年或两年检查一次。对于不合资质条件或者资质条件下降的经营者,要限期整顿。在一定时期内不予以整顿或者整顿不合格者,

要取消或者改换资质凭证。

2. 经营行为监督检查

经营行为的监督检查主要包括经营活动是否符合费率规定；是否开展正当竞争；是否有强装强运、野蛮作业、违法操作、弄虚作假、坑害客户等违法行为；是否按规定使用、填写道路运输专用票据；是否按规定费率和期限缴纳管理费；运输服务费是否坚持"多服务多收费，少服务少收费"的原则；是否按规定标准收费，从而防止运输经营者坑蒙拐骗；查处不平等交易与各种类型的非法交易行为。

3. 道路运输安全监督检查

在所有道路运输监督检查的内容中，安全监督检查应当被放在首位。为确保道路运输安全，道路运输管理机构应定期或不定期地组织对从事道路运输的车辆和设施、设备的安全技术状况的全面检查。督促企业（单位）加强安全生产管理，配备专职安全管理人员，要结合本企业（单位）的生产实际需要，建立健全岗位责任制，安全操作规程、车辆及设施维修、检测、检查制度，安全学习制度，事故应急处理制度和事故应急预案及有关从业人员培训计划等管理制度。

（二）道路运输的具体检查内容

1. 道路运输经营监督检查

道路运输管理机构的工作人员应当严格按照职责权限和程序进行监督检查，不得乱设卡、乱收费、乱罚款。道路运输管理机构的工作人员应当重点在道路运输及相关业务经营场所、客货集散地进行监督检查。道路运输管理机构的工作人员在公路路口进行监督检查时，不得随意拦截正常行驶的道路运输车辆。道路运输管理机构的工作人员实施监督检查时，应当有 2 名以上人员参加，并向当事人出示执法证件。道路运输管理机构的工作人员实施监督检查时，可以向有关单位和个人了解情况，查阅、复制有关资料。但是，应当保守被调查单位和个人的商业秘密。被监督检查的单位和个人应当接受依法实施的监督检查，如实提供有关资料或者情况。

2. 道路货物运输经营和货运站经营活动的监督检查

道路运输管理机构应当加强对道路货物运输经营和货运站经营活动的监督检查。道路运输管理机构工作人员应当严格按照职责权限和法定程序进行监督检查。县级以上道路运输管理机构应当定期对货运车辆进行审验，每年审验一次。审验内容包括车辆技术等级评定情况、车辆结构及尺寸变动情况和违章记录等。审验符合要求的，道路运输管理机构应在《道路运输证》审验记录中或者 IC 卡注明；不符合要求的，应当责令限期改正或者办理变更手续。道路运输管理机构及其工作人员应当重点在货运站、货物集散地对道路货物运输、货运站经营活动实施监督检查。此外，根据管理需要，可以在公路路口实施监督检查，但不得随意拦截正常行驶的道路运输车辆，不得双向拦截车辆进行检查。

3. 道路客运和客运站经营活动的监督检查

道路运输管理机构应当加强对道路客运和客运站经营活动的监督检查。道路运输管理机构工作人员应当严格按照法定职责权限和程序进行监督检查。道路运输管理机构及其工作人员应当重点在客运站、旅客集散地对道路客运、客运站经营活动实施监督检查。此外，根据管理需要，可以在公路路口实施监督检查，但不得随意拦截正常行驶的道路运输车辆，不得双向拦截车辆进行检查。

县级以上道路运输管理机构应当定期对客运车辆进行审验,每年审验一次。审验内容包括车辆违章记录、车辆技术等级评定情况、客车类型等级评定情况、按规定安装、使用符合标准的具有行驶记录功能的卫星定位装置情况、客运经营者为客运车辆投保承运人责任险情况。审验符合要求的,道路运输管理机构在《道路运输证》审验记录栏中或者 IC 卡注明;不符合要求的,应当责令限期改正或者办理变更手续。

客运经营者在许可的道路运输管理机构管辖区域外违法从事经营活动的,违法行为发生地的道路运输管理机构应当依法将当事人的违法事实、处罚结果记录到《道路运输证》上,并抄告作出道路客运经营许可的道路运输管理机构。

4. 客(货)运经营者车辆监督检查

道路运输管理机构应当按照职责权限对道路运输车辆的技术管理进行监督检查。应当将车辆技术状况纳入道路运输车辆年度审验内容,查验车辆技术等级评定结论、客车类型等级评定证明等相应证明材料。道路运输管理机构应当建立车辆管理档案制度,档案内容主要包括:车辆基本情况,车辆技术等级评定、客车类型等级评定或年度类型等级评定复核、车辆变更等记录,并将运输车辆的技术管理情况纳入道路运输企业质量信誉考核和诚信管理体系。积极推广使用现代信息技术,逐步实现道路运输车辆技术管理信息资源共享。

道路运输管理机构、公安机关交通管理部门、安全监管部门应依据法定职责,对道路运输车辆动态监控工作实施联合监督管理。充分发挥监控平台的作用,定期对道路运输企业动态监控工作的情况进行监督考核,并将其纳入企业质量信誉考核的内容,作为运输企业班线招标和年度审验的重要依据。道路运输管理机构、公安机关交通管理部门、安全监管部门监督检查人员可以向被检查单位和个人了解情况,查阅和复制有关材料。被监督检查的单位和个人应当积极配合监督检查,如实提供有关资料和说明情况。道路运输车辆发生交通事故的,道路运输企业或者道路货运车辆公共平台负责单位应当在接到事故信息后立即封存车辆动态监控数据,配合事故调查,如实提供肇事车辆动态监控数据。肇事车辆安装车载视频装置的,还应当提供视频资料。鼓励各地利用卫星定位装置,对驾驶员安全行驶里程进行统计分析,开展安全行车驾驶员竞赛活动。

5. 机动车维修监督检查

道路运输管理机构应当加强对机动车维修经营活动的监督检查。

道路运输管理机构应当依法履行对维修经营者所取得维修经营许可的监管职责,定期核对许可登记事项和许可条件。对许可登记内容发生变化的,应当依法及时变更;对不符合法定条件的,应当责令限期改正。道路运输管理机构应当加强对机动车维修经营的质量监督和管理,采用定期检查、随机抽样检测检验的方法,对机动车维修经营者维修质量进行监督,可以委托具有法定资格的机动车维修质量监督检验单位,对机动车维修质量进行监督检验。

道路运输管理机构应当积极运用信息化技术手段,科学、高效地开展机动车维修管理工作。实施监督检查时,可以采取下列措施:①询问当事人或者有关人员,并要求其提供有关资料;②查询、复制与违法行为有关的维修台账、票据、凭证、文件及其他资料,核对与违法

行为有关的技术资料;③在违法行为发现场所进行摄影、摄像取证;④检查与违法行为有关的维修设备及相关机具的有关情况。检查的情况和处理结果应当记录,并按照规定归档,当事人有权查阅监督检查记录。从事机动车维修经营活动的单位和个人,应当自觉接受道路运输管理机构及其工作人员的检查,如实反映情况,提供有关资料。道路运输管理机构的工作人员应当严格按照职责权限和程序进行监督检查,不得滥用职权、徇私舞弊,不得乱收费、乱罚款。

6. 机动车驾驶员培训经营活动监督检查

各级道路运输管理机构应当加强对机动车驾驶员培训经营活动的监督检查,积极运用信息化技术手段,科学、高效地开展工作。道路运输管理机构的工作人员应当严格按照职责权限和程序进行监督检查,不得滥用职权、徇私舞弊,不得乱收费、乱罚款,不得妨碍培训机构的正常工作秩序。道路运输管理机构实施现场监督检查,应当指派2名以上执法人员参加。执法人员应当向当事人出示交通运输部监制的交通行政执法证件。执法人员实施现场监督检查,可以行使下列职权:①询问教练员、学员以及其他相关人员,并可以要求被询问人提供与违法行为有关的证明材料;②查阅、复制与违法行为有关的教学日志、培训记录及其他资料;核对与违法行为有关的技术资料;③在违法行为发现场所进行摄影、摄像取证;④检查与违法行为有关的教学车辆和教学设施、设备。

执法人员应当如实记录检查情况和处理结果,并按照规定归档。当事人有权查阅监督检查记录。机动车驾驶员培训机构在许可机关管辖区域外违法从事培训活动的,违法行为发生地的道路运输管理机构应当依法对其予以处罚,同时将违法事实、处罚结果抄送许可机关。机动车驾驶员培训机构、管理人员、教练员、学员以及其他相关人员应当积极配合执法人员的监督检查工作,如实反映情况,提供有关资料。

7. 出租汽车经营服务活动监督检查

县级以上地方人民政府交通运输主管部门及设区的市级或者县级道路运输管理机构应当加强对出租汽车经营行为的监督检查,会同有关部门纠正、制止非法从事出租汽车经营的行为及其他违法行为,维护出租汽车市场秩序。道路运输管理机构应当对出租汽车经营者履行经营协议情况进行监督检查,并按照规定对出租汽车经营者和驾驶员进行服务质量信誉考核。不再用于经营的出租汽车,设区的市级或者县级道路运输管理机构应当组织对出租汽车配备的运营标志和专用设备进行回收处理。设区的市级或者县级道路运输管理机构应当建立投诉举报制度,公开投诉电话、通信地址或者电子邮箱,接受乘客、驾驶员以及经营者的投诉和社会监督。

8. 交通运输安全生产监督检查

根据《中华人民共和国安全生产法》(以下简称《安全生产法》)规定,生产、经营、运输、储存、使用危险物品或者处置废弃危险物品的,由有关主管部门依照有关法律、法规的规定和国家标准或者行业标准审批并实施监督管理。生产经营单位生产、经营、运输、储存、使用危险物品或者处置废弃危险物品,必须执行有关法律、法规和国家标准或者行业标准,建立专门的安全管理制度,采取可靠的安全措施,接受有关主管部门依法实施的监督管理。

县级以上地方各级人民政府应当根据本行政区域内的安全生产状况,组织有关部门按照职责分工,对本行政区域内容易发生重大生产安全事故的生产经营单位进行严格检查。

安全生产监督管理部门应当按照分类分级监督管理的要求，制定安全生产年度监督检查计划，并按照年度监督检查计划进行监督检查。发现事故隐患，应当及时处理。安全生产监督管理部门和其他负有安全生产监督管理职责的部门应依法开展安全生产行政执法工作，对生产经营单位执行有关安全生产的法律、法规和国家标准或者行业标准的情况进行监督检查。监督检查不得影响被检查单位的正常生产经营活动。生产经营单位对负有安全生产监督管理职责的部门的监督检查人员（以下统称安全生产监督检查人员）依法履行监督检查职责，应当予以配合，不得拒绝、阻挠。

安全生产监督检查人员应当将检查的时间、地点、内容，发现的问题及其处理情况，作出书面记录，并由检查人员和被检查单位的负责人签字；被检查单位的负责人拒绝签字的，检查人员应当将情况记录在案，并向负有安全生产监督管理职责的部门报告。负有安全生产监督管理职责的部门在监督检查中，应当互相配合，实行联合检查；确需分别进行检查的，应当互通情况，发现存在的安全问题应当由其他有关部门进行处理的，应当及时移送其他有关部门并形成记录备查，接受移送的部门应当及时进行处理。

9. 国际道路运输监管检查

县级以上道路运输管理机构在本行政区域内依法实施国际道路运输监督检查工作。口岸国际道路运输管理机构负责口岸地包括口岸查验现场的国际道路运输管理及监督检查工作。口岸国际道路运输管理机构应当悬挂“中华人民共和国××口岸国际道路运输管理站”标识牌；在口岸查验现场悬挂“中国运输管理”的标识，并实行统一的国际道路运输查验签章。道路运输管理机构和口岸国际道路运输管理机构工作人员在实施国际道路运输监督检查时，应当出示交通运输部统一制式的交通行政执法证件。

口岸国际道路运输管理机构在口岸具体负责如下工作：①查验《国际汽车运输行车许可证》《国际道路运输国籍识别标志》、国际道路运输有关牌证等；②记录、统计出入口岸的车辆、旅客、货物运输量以及《国际汽车运输行车许可证》；定期向省级道路运输管理机构报送有关统计资料；③监督检查国际道路运输的经营活动；④协调出入口岸运输车辆的通关事宜。

10. 道路危险货物运输企业监管检查

道路运输管理机构工作人员应当定期或者不定期对道路危险货物运输企业或者单位进行现场检查。设区的市级道路运输管理机构应当定期对专用车辆进行审验，每年审验一次。审验按照《道路运输车辆技术管理规定》进行，并增加以下审验项目：①专用车辆投保危险货物承运人责任险情况；②必需的应急处理器材、安全防护设施设备和专用车辆标志的配备情况；③具有行驶记录功能的卫星定位装置的配备情况。

道路危险货物运输企业异地经营（运输线路起讫点均不在企业注册地市域内）累计3个月以上的，应当向经营地设区的市级道路运输管理机构备案并接受其监管。道路运输管理机构工作人员对在异地取得从业资格的人员监督检查时，可以向原发证机关申请提供相应的从业资格档案资料，原发证机关应当予以配合。道路危险货物运输监督检查按照《道路货物运输及站场管理规定》（交通运输部令2016年第35号）执行。

11. 放射性物品道路运输企业、专用车辆、设备及安全生产制度等安全条件监督检查

国务院交通运输主管部门主管全国放射性物品道路运输管理工作。县级以上地方人民

政府交通运输主管部门负责组织领导本行政区域放射性物品道路运输管理工作。县级以上道路运输管理机构负责具体实施本行政区域放射性物品道路运输管理工作。

设区的市级道路运输管理机构应当按照《道路货物运输及站场管理规定》的规定，定期对专用车辆进行审验，每年审验一次。对监测仪器定期检定合格证明和专用车辆投保危险货物承运人责任险情况进行检查。检查可以结合专用车辆定期审验的频率一并进行。县级以上道路运输管理机构应当督促放射性物品道路运输企业或者单位对专用车辆、设备及安全生产制度等安全条件建立相应的自检制度，并加强监督检查。县级以上道路运输管理机构工作人员依法对放射性物品道路运输活动进行监督检查的，应当按照劳动保护相关规定配备必要的安全防护设备。

12. 危险化学品安全监督检查

道路运输主管部门负责危险化学品道路运输的许可以及运输工具的安全管理，以及危险化学品道路运输企业驾驶员、装卸管理人员、押运人员、现场检查员的资格认定。

道路运输管理部门依法进行监督检查，可以采取下列措施：①进入危险化学品作业场所实施现场检查，向有关单位和人员了解情况，查阅、复制有关文件、资料；②发现危险化学品事故隐患，责令立即消除或者限期消除；③对不符合法律、行政法规、规章规定或者国家标准、行业标准要求的设施、设备、装置、器材、运输工具，责令立即停止使用；④经本部门主要负责人批准，查封违法生产、储存、使用、经营危险化学品的场所，扣押违法生产、储存、使用、经营、运输的危险化学品以及用于违法生产、使用、运输危险化学品的原材料、设备、运输工具；⑤发现影响危险化学品安全的违法行为，当场予以纠正或者责令限期改正。

道路运输管理部门依法进行监督检查，监督检查人员不得少于 2 名，并应当出示执法证件；有关单位和个人对依法进行的监督检查应当予以配合，不得拒绝、阻碍。

县级以上人民政府应当建立危险化学品安全监督管理工作协调机制，支持、督促负有危险化学品安全监督管理职责的部门依法履行职责，协调、解决危险化学品安全监督管理工作中的重大问题。负有危险化学品安全监督管理职责的部门应当相互配合、密切协作，依法加强对危险化学品的安全监督管理。

13. 机动车大气污染监督检查

县级以上人民政府其他有关部门在各自职责范围内对大气污染防治实施监督管理。机动车生产、进口企业应当向社会公布其生产、进口机动车车型的排放检验信息、污染控制技术信息和有关维修技术信息。机动车维修单位应当按照防治大气污染的要求和国家有关技术规范对在用机动车进行维修，使其达到规定的排放标准。交通运输、环境保护主管部门应当依法加强监督管理。禁止机动车所有人以临时更换机动车污染控制装置等弄虚作假的方式通过机动车排放检验。

禁止机动车维修单位提供该类维修服务。禁止破坏机动车车载排放诊断系统。环境保护主管部门应当会同交通运输、住房和城乡建设、农业行政、水行政等有关部门对非道路移动机械的大气污染物排放状况进行监督检查，排放不合格的，不得使用。

五、道路运输行政检查的方法

道路运输管理机构履行监督检查的方法可以分为“户检户查”和“路检路查”两类。户检户查属于“源泉”管理办法,路检路查则是属于运输生产过程管理办法。“源泉”管理是道路运输管理机构在经营者登记注册的城镇所在地开展的、以基础管理工作为主的管理活动;发生在运输生产过程中的管理行为是过程管理。道路运输管理机构在营运车辆运行的道路中途、装运现场进行的道路运输行政管理都属于过程管理。

(一)户检户查

户检户查是发生在经营业户注册地、非车辆运行过程的监督检查行为,户检户查是一种“源泉”控制的方法。道路运输管理机构对其辖区内的道路运输情况是最清楚的。当地注册登记的运输企业和经营业户在当地道路运输管理机构提出申请并由当地道路运输管理机构核发经营证照,在当地缴纳税费,在当地进行一年一度的经营资格审验,在当地领缴票据等,其大部分经营活动在当地进行。当地道路运输管理机构通过加强“源泉”管理,掌握完整的资料,实施就地监督,可以最大限度地减少经营活动中的违法和违章行为,最直接、最有效地发挥监督检查的作用。实行户检户查主要有五种形式:档卡核查、上户查询、驻点监督、现场检查和全面普查。

1. 档卡核查

由县级和区(镇、乡)道路运输管理机关对辖区内的道路运输企业(户)的车辆、设备、证照及其他单证的颁发、道路运输管理费缴纳等情况,建立分户的档案或卡片,认真做好记录,按月整理一次,列出单证发放、缴费等情况的清单,派出人员,上门核查。这是做好证照、收费等监督工作和及时掌握异动情况的有效方法,也是通过“源泉”管理做好就地监督的主要方式。档卡核查的关键是道路运输管理机关要做好扎实的基础工作,建立简明而又实用的档卡,形成一套合理而又高效的内部工作程序。

2. 上户查询

由道路运输管理机关组织人员,定期或不定期到运输企业或车辆比较集中的乡、镇,上门了解和检查经营活动、单证使用、运价执行、税费缴纳和运输(修理)质量等情况。发现问题,及时解决,必要时会同物价、税务、工商、公安等有关部门,组织联合检查。采用“部门协同”的办法,可以取得事半功倍的效果,又可以清除企业(户)频繁接待的麻烦。

3. 驻点监督

道路运输管理机关可以根据实际需要对一些比较重要的大型货物集散地和客运站,派驻道路运输管理人员,配合场站的业务人员搞好运输的组织指挥和秩序的维护,现场监督服务质量,调解运输纠纷,纠正和处理各类违章。为了做好车辆维修质量的监督,应在有条件的地方设立监测中心或监测站,配置一定的技术人员和必要的检测设备,对维修出厂的车辆进行抽检,做出检测纪录,随时掌握维修质量状况,督促企业(户)不断提高维修质量水平。

4. 现场检查

《道路运输条例》第五十九条规定,道路运输管理机构的工作人员应当重点在道路运输及相关业务经营场所、客货集散地进行监督检查。道路运输管理机构可以根据需要组织人员到客运停、发车现场,客货运码头和货场、工地等,对客运、货运车辆运输证照和规费缴纳情况进行检查。

5. 全面普查

全面普查主要有两种方式:一是通过年审对业户的经营资格、经营行为、遵章守法、服务

质量等方面进行全面检查；二是定期召开业户会议，宣传道路运输管理法规，了解业户经营情况，全面检查运输证照和规费缴纳情况。对全面普查中发现的违法行为要及时处理，解决业户的疑难问题，达到监督检查和宣传法规的目的。

（二）路检路查

路检路查是指通过在道路上设点设站或巡回流动的检查方式，对运行中的运输车辆所进行的监督检查，属于一种过程控制的方法。路检路查主要有两种形式：设站检查和流动检查。

1. 设站检查

由省级交通运输主管部门统一规划，报省级人民政府批准，设立道路运输检查站。省级道路运输管理机构应当制定统一的检查站工作职责、工作制度和管理措施。一般只在中心城市出入口或者省际边境便于检查的交通要道设置检查站，负责对运行中车辆进行监督。检查站设置，宜"少而精"，一般在中心城市和省际边境便于检查的交通要道设置为好。省际边境检查站最好由两省联合组建，联合检查，或只设"单边站"；不能联合组建又必须两方设站的，也应有适当分工，如各自只检出境车辆，不检入境车辆，避免重复检查。

2. 流动检查

在必要时由道路运输管理机关组建路检队（组）或联合路检队（组），在道路上巡回检查。流动检查具有不定时、不定点、不定人的特点，弥补了定点设站检查的不足。流动检查可以对躲避定点检查的不法经营业户进行有效监督，制止各种非法经营活动。流动检查应在地方人民政府统一安排下进行，应当有目的、有重点。检查对象应以本地车辆为主，不要任意拦检过境的外地车辆。

路检路查宜由地市或县级道路运输管理机关统一组建，区、乡管理站不应成为"路检站"或变相的检查站。

"户检户查"和"路检路查"在整个道路运输行政监督检查中互相补充，相辅相成。应当说，户检户查是基础，路检路查是补充。如果基础工作做好了，可以将路检路查减少到最低限度，这也是运政管理达到法制化和规范化水平的具体表现。

实行户检户查，应是道路运输管理机关在监督检查中采用的主要方法。因为当地道路运输管理机关对当地的公路运输业情况最了解、最清楚，证照核发、税费缴纳在当地，经营活动也主要在当地，当地道路运输管理机关通过加强"源泉"管理，掌握完善的资料，实施就地监督，就可以最有效地发挥监督检查的作用，最大限度地减少经营活动中的违章行为，取得最佳的工作效果。然而，由于公路运输业具有点多、面广、流动、分散的特点，运输生产是在动态中进行的，就地监督不可能做到"天衣无缝"，毫无疏漏。所以有必要对运行中的车辆进行适当的检查。同时，如果没有适当的路检路查予以必要的制约，必然增加就地监督和管理工作的难度，这也是不行的。但如果片面强调路检路查的作用，把重点放在这一方面而轻视了户检户查，又会产生相反的效果，使违章增多，造成"堵不胜堵"的局面。所以路检路查过多、过密，势必出现"三里一岗、五里一卡"的现象，造成人为的"行车难"，产生滥收费、滥罚款问题，这样就有违于运输管理的基本宗旨，显然是不足取的。所以以户检户查为主，路检路查为辅，是道路运输管理机关在实施监督检查时必须掌握的原则和分寸。

六、道路运输行政检查的程序

（一）道路运输行政检查准备工作

（1）制定检查工作方案，重大执法活动前应召开准备工作会议，做好部署、协调、落实工作，注意做好保密工作；

（2）明确检查重点、执法区域及人员职责分工；

（3）执法人员按照有关规定着装整齐，佩戴执法证件；

（4）备齐并检查执法用摄像机、录音笔、执法车辆、示警牌、通信器材等设备；

（5）备齐执法文书、法律法规原文；

（6）保持联系畅通，行动服从统一指挥和调度。

（二）道路运输行政检查的程序

（1）表明身份。

道路运输管理行政检查主体实施道路运输行政检查时，必须向道路运输行政相对人表明自己是依法享有交通行政检查职权的主体。

表明身份需要向道路运输相对人出示证件、口头告知身份、佩戴公务标志等。如不表明身份，则被检查者有权拒绝接受检查。

（2）说明理由。

说明理由的目的在于让道路运输行政相对人了解实施道路运输行政检查的原因和根据，从而取得相对人的理解、情愿或经说服教育后同意接受检查，从而配合检查的进行。同时，说明理由程序也可以促使道路运输行政检查主体谨慎运用检查权。

（3）实施检查。

在表明身份、说明理由之后，就可以在检查项目的范围内，遵循法定的原则程序实施检查。道路运输监督检查人员应根据有关政策、法规，对应检查的内容逐项检查，将检查情况及时登记入册，并由当事人双方签名。运输服务业户现场检查或查验有关设备、资料时，应有受检单位领导或作业现场的负责人在场。受检单位经营活动符合政策、法规规定的，要给予肯定；受检单位有违法行为的，要详细记录违法的内容，向受检指出违法事实，并将处理结果记入业户档案。

（4）告知权利。

道路运输行政检查主体应当告知道路运输行政相对人保护其合法权益的途径和手段。包括对道路运输行政检查发表见解、提出意见的权利；针对道路运输行政检查主体获取的与己不利的证据为自己辩解的权利；如对道路运输行政检查不服，认为交通行政检查主体违法、越权、偏私等，如何申诉控告寻求法律救济的权利。

（三）监督检查注意的问题

（1）道路运输管理机构的工作人员实施监督检查时，应当有2名以上人员参加。检查人员应着装整齐，佩戴统一标志，仪表端庄，举止文明，检查时讲究礼貌，并出示交通部门统一颁发的执法证件，态度严肃但不失亲切。

（2）坚持以礼待人，以理服人。对受检人员要热情相待，先敬礼、后询问。执勤时不许抽烟、不许闲谈。道路运输监督检查人员应根据有关政策、法规，对应检查的内容逐项检查，将

检查情况及时登记入册，并由当事人双方签名。受检单位经营活动符合政策、法规规定的，要给予肯定；受检单位有违法行为的，要详细记录违法的内容，向受检者指出违法事实，并将处理结果记入业户档案。

（3）道路运输管理机构的工作人员在实施监督检查时，可以向有关单位或者个人了解情况，查阅、复制有关资料，但是应当保守被调查单位和个人的秘密。

（4）检查人员应严于律己、遵纪守法、不徇私情，不得收取财物，更不得利用职权贪污受贿、敲诈勒索。

（5）监督检查的过程中，不得乱设卡、乱收费、乱罚款。

所谓“乱设卡”，是指违反有关法律或者国务院有关规定，在公路上设置拦截车辆的障碍物，包括固定的建筑物，也包括可移动的构筑物、栅栏、墩柱、车辆等，还包括站立在公路上的人员。“乱收费”，是指违反有关法律、法规和规章收取任何费用，包括超出在法律、法规和规章规定的范围增设收费项目、提高收费标准。“乱罚款”，是指违反有关法律、法规和规章实施罚款，包括超出在法律、法规和规章规定的范围增设罚款事项、提高罚款标准。

根据有关法律和行政法规的规定，设卡、收费、罚款都必须有合法依据。道路运输管理机构的工作人员进行监督检查必须严格遵守，不得违反。否则，就是乱设卡、乱收费、乱罚款，就应当承担相应的法律责任。

（6）道路运输管理机构的工作人员可以在路口进行监督检查，但是不得随意拦截正常行驶的道路运输车辆。这里所说的“正常行驶的道路运输车辆”，是指符合《道路运输条例》规定，技术良好、装载合格、手续齐备、运行安全的道路运输车辆。

（7）在路检路查过程中，对于车辆的指挥要得当，不得在同一地点同时检查相向行驶的运输车辆。检查地段应选择在路面开阔、视线良好处。实施检查时，应使用停车牌，负责车辆指挥的人员及其站立的位置和姿态、红绿旗或手势等动作都要符合规范，示意明确。

（8）路检路查坚持快检查、快处理、快放行的原则，对证照完备无违法的车辆迅速放行。对证照不全或有违法行为的车辆按规定处理后放行，并将处理结果记入查车记录中。

（9）监督检查人员发现车辆有超限超载行为的，应当立即予以制止，并采取相应措施安排旅客改乘或者强制卸货。

（10）在实施监督检查的过程中，对于没有车辆营运证而又无法当场提供其他有效证明的车辆予以暂扣的，应当妥善保管，不得使用，不得收取或者变相收取保管费用。

所谓“暂扣”，是指将车辆暂时扣留。暂扣车辆是一种行政强制措施，因此，必须严格依照本条例规定的权限和条件实施。严格地说，还应当依照规定的程序实施。一般来说，暂扣车辆应当制作并送达暂扣车辆告诫书，告知当事人作出暂扣车辆决定的事实、理由、依据，以及暂扣车辆的期限，并告知当事人依法享有的权利；听取当事人陈述和申辩，复核当事人提出的事实、理由和依据；制作并送达暂扣车辆决定书，并告知当事人依法享有的权利；实施暂扣车辆决定后制作暂扣车辆笔录。

（11）在进行监督检查的过程中，要做好简明的检查记录，要说清所查的问题。笔录要认真，并分类整理有关信息，以备日后查询。

（12）监督检查人员要业务精通，工作熟练，应当尽量提高车辆检查的效率、避免发生不必要的道路阻塞现象。对于装运鲜活货物的车辆或者其他时间紧迫的车辆，应优先检查放行。

第三节　道路运输行政检查责任清单解析

一、道路运输行政检查的监督

（一）实行道路运输行政检查监督的意义

实行道路运输行政检查监督制度，对于树立道路运政执法机关的良好形象，提高道路运输管理人员素质和执法水平，搞好廉政建设都有重要意义。

1. 有利于道路运政执法机关依法行政

对道路运政执法机关及其工作人员履行职责中的行政检查行为，通过广泛的行政监督和社会监督，能够及时地纠正和制止违法行政行为，保证依法行政，减少和避免行政执法败诉，维护道路运政执法机关的形象。

2. 有利于纠正道路运输行政检查工作上的不正之风

在道路运输行政检查作中，不同程度地存在以权谋私或态度冷便、动辄罚款、以罚代管等问题。这些现象，严重影响了道路运政执法工作的权威性，败坏了道路运政执法机关的声誉，应当给予必要的、全面的监督和制约。

3. 有利于与社会各界沟通

加强道路运输行政检查监督工作，使道路运输执法机关能够及时听取各方面对道路运输行政检查工作的意见和要求，改进工作方法，提高工作质量，增进道路运政执法工作的透明度。

（二）道路运输行政检查监督的原则

道路运输行政检查监督的原则是指实施道路运输行政检查监督所应遵循的具有普遍指导意义的基本准则。根据有关法律、法规的规定，可将道路运输行政检查监督的原则归纳为：

1. 有法必依、执法必严、违法必究的原则

在道路运输行政检查监督中，首先要做到有法必依，即应依照有关道路运输行政检查监督的法律、法规、切实履行法定的监督职责；执法必严就是要上级交通行政执法监督中必须严格执行有关行政检查监督的各种法律规范的规定，而不能马虎从事，把监督当作是走过场，搞形式；违法必究是指实施交通行政执法监督交通管理部门要及时制止和纠正违法的道路运输行政检查行为，对有直接责任的有关部门和执法人员一定要依法追究法律责任而不能姑息放纵。

2. 专门机构统一组织协调原则

开展道路运输行政检查监督工作首先必须对交通行政管理业务较为熟悉，同时又必须熟悉各种交通行政法律、法规、规章等规范性文件及其适用范围。而相比其他机构，各级道路运输管理部门的法制工作机构恰恰符合上述两方面的要求。因此，由法制机构或者法制工作归口部门负责组织、协调执法监督工作有利于道路运输行政检查监督的有效进行。

3. 行业内部监督与其他监督相结合原则

虽然交通运输主管部门系统内部的监督虽然有自身的优点，而其他监督主体由于受道

路运输行政管理所具有的技术性、专业性的限制，目前只能在宏观上进行监督。但是，仅有内部监督是远远不够的，因为这种监督毕竟是一种系统内部监督，难免有其自身局限性。所以，除了行业内部的执法监督之外，还必须接受权力机关、上级政府、监督机关、社会组织、公民及社会舆论的监督。只有将交通运输主管部门系统内部的监督与其他方式的监督相互结合，才能更好地促进道路运输行政执法工作的进行，提高执法水平，保障公民的合法权益和道路运输管理的顺利进行。

（三）道路运输行政检查监督方式

道路运输行政检查监督包括两个方面：一是行政检查的内部监督，行政检查的内部监督是指上级道路运政执法机关对下级道路运政执法机关及其执法人员的执法活动实施的监督。二是行政检查的外部监督，即社会监督，指社会组织、团体以及公民个人对道路运政执法机关及其执法人员的活动提出批评、建议、申诉、控告、检举、揭发等。

1. 道路运输行政检查的内部监督

为了保证各级道路运输管理机构及其工作人员依法切切实实履行职责，及时有效地纠正违法和不当的执法行为，同时防止权力的滥用，保护道路运输经营企业以及其他公民、法人和社会组织的合法权益，保证道路运输活动安全有序开展，《道路运输条例》规定了道路运输执法的内部监督制度。内部监督制度是指上级道路运输管理机构对下级道路运输管理机构、道路运输管理机构对其工作人员行政检查活动进行监督检查的具体制度。道路运输管理行政检查活动内部监督制度，是道路运输管理机构提高执法水平和执法质量，加强自身组织建设的重要保证。只有将行政检查活动内部监督制度化、规范化，才能保证上级道路运输管理机构对下级道路运输管理机构的行政检查活动进行监督这一原则规定不流于形式，真正落到实处，发挥应有的约束作用。

实施行政检查内部监督的方式主要包括：依照法律、法规和规章规定的程序和制度进行的监督；对下级道路运输管理机构执法过程中存在的疑难问题，有意见、分歧、容易出问题的执法行为进行监督；定期组织执法检查和评议；对有公众举报或者群众意见较大、反映强烈的执法行为进行组织调查、监督以及进行执法活动的过错责任追究等。

2. 道路运输行政检查的外部监督

道路运输管理是一项十分复杂的系统工程。从主体上说，涉及全国范围内道路运输管理机构及其工作人员，点多、面广；从内容上说，涉及客运、货运、机动车维修、机动车驾驶员培训等范围，内容繁多。因此，加强道路运输管理机构及其工作人员行政检查的监督工作，不仅需要县级以上人民政府交通主管部门和上级道路运输机构依法行使监督管理职责，同时还必须充分鼓励和调动社会各方面力量和全体公民的积极性，才有可能真正建立起经常性的、有效的、全面的监督机制。

社会组织和公民享有监督权是法定的权利。《中华人民共和国宪法》第四十一条规定：“中华人民共和国公民对于任何国家机关和国家工作人员，有提出批评和建议的权利；对于任何国家机关和国家工作人员的违法失职行为，有向有关国家机关提出申诉、控告或者检举的权利，但是不得捏造或者歪曲事实进行诬告陷害。对于公民的申诉、控告或者检举，有关国家机关必须查清事实，负责处理。任何人不得压制和打击报复。由于国家机关和国家工作人员侵犯公民权利而受到损失的人，有依照法律规定取得赔偿的权利。”为了使公民、法人或其他组织能够真正行使宪法赋予的这些权利，国家制定了一系列相关法律。如《中华人民共和国行政复议法》《中华人民共和国行政诉讼法》《中华人民共和国国家赔偿法》等。《道路运输条例》第五十八条也明确规定，“任何单位和个人都有权对道路运输管理机构的工作人员滥用职权、徇私舞弊的行为进行举报。交通主管部门、道路运输管理机构及其他有关部门收到举报后，应当依法及时查处。”

社会组织和公民大多是道路运输管理的行政相对人，与道路运输管理机构及其工作人员接触最多、最密切，对道路运输管理机构及其工作人员执行职务的情况了解更清楚、更细致，因此，与其他监督方式相比，社会和公民的监督更及时、更具体、更广泛、更灵活、更具有针对性，具有交通主管部门和上级道路运输管理机构实施的层级监督所不能替代的作用和意义。

(四)建立道路运输行政检查监督举报制度

道路运输举报制度是指道路运输管理机构对社会和公民举报的线索，依照法律或者其他有关规定进行调查处理，保障公民依法行使民主权利的一种制度，一般由宣传、登记、受理、分流、审报、转办、初查、催办、督办、答复、复查、保密、奖励、档案等具体制度组成。我国在《道路运输条例》第五十八条中首次确立了道路运输举报制度，为保证社会和公民能够切实监督道路运输管理机构及其工作人员提供了方便而有效的途径。该制度的主要内容包括：

(1)道路运输管理机构应当建立道路运输举报制度，公开举报电话号码、通信地址或者电子邮件信箱。

这里所说的“举报”，是指社会和公民向道路运输管理机构或者其他有关国家机关检举、控告违纪、违法行为，依法行使其民主权利的行为。公开举报电话号码、通信地址或者电子邮件信箱，是道路运输举报制度的重要组成部分。其中，“电话号码”，是指道路运输管理机构专门用于接听社会和公民举报的电话号码，包括传真电话号码；“通信地址”，是指道路运输管理机构用于通信的地址，包括邮政编码；“电子邮件信箱”，也称电子邮件地址，是指道路运输管理机构专供举报人投递举报电子邮件的地址。

(2)接受举报的机构主要是道路运输管理机构。

根据《道路运输条例》第七条第三款的规定，县级以上地方道路运输管理机构负责具体实施道路运输管理工作。此外，该条例第五十六条第二款还明确规定，道路运输管理机构应当建立健全内部监督制度，对其工作人员执法情况进行监督检查。因此，县级以上地方道路运输管理机构是接受举报的主要机构。同时，根据该条例第七条第一款、第二款规定，国务院交通主管部门主管全国道路运输管理工作，县级以上地方人民政府交通主管部门负责组织领导本行政区域的道路运输管理工作；第五十四条规定，县级以上人民政府交通主管部门应当加强对道路运输管理机构实施道路运输管理工作的指导监督；第五十六条第一款规定，上级道路运输管理机构应当对下级道路运输管理机构的执法活动进行监督；第五十八条第二款还明确规定，交通主管部门、道路运输管理机构及其他有关部门收到举报后，应当依法及时查处。因此，县级以上人民政府交通主管部门、上级道路运输管理机构也可以作为接受举报的机关。

(3)任何单位和个人都有权对道路运输管理机构的工作人员滥用职权、徇私舞弊的行为

进行举报。

这里所说的“任何”，意味着毫无例外，一视同仁，都享有举报权。无论其与所举报的行为是否有直接的利害关系，只要他们认为或者确认所举报的行为是非法的，都可以举报。举报是公民参与管理社会事务的一种方式，也是公民对国家机关和国家机关工作人员实行监督的一种方式。对于公民的申诉、控告或者检举，有关国家机关必须查清事实，负责处理。任何人不得压制和打击报复。

(4)举报的重点对象为道路运输管理机构的工作人员。

根据《道路运输条例》第七条第三款的规定，县级以上地方道路运输管理机构负责具体实施道路运输管理工作。事实上，道路运输管理机构具体实施道路运输管理工作主要是通过其工作人员完成的。可以说，道路运输管理机构的工作人员是否严格依照本条例执行职务，是衡量道路运输管理机构实施道路运输管理工作好坏的关键。因此，道路运输管理机构的工作人员就顺理成章地成为监督的对象，或者说是举报的重点对象。

(5)举报的行为重点是滥用职权、徇私舞弊的行为。

“滥用职权”，是指国家机关工作人员违背法律、法规授权的宗旨行使职权，超越职权范围或者违反职权行使程序，导致公共财产、国家和人民利益遭受损失的违法行为。“徇私舞弊”，是指国家机关工作人员利用职务之便，以权谋私、弄虚作假、枉法包庇、违法行使职权、职务的行为。此外，与道路运输管理机构的工作人员执行职务比较常见的相关违法行为还有玩忽职守。“玩忽职守”，指国家机关工作人员严重不负责任，不履行或不正确履行职责，导致公共财产、国家和人民利益遭受损失的行为。

(6)交通主管部门、道路运输管理机构及其他有关部门收到举报后，应当依法及时查处。《道路运输条例》第五十八条第二款明确规定，交通主管部门、道路运输管理机构及其他有关部门收到举报后，应当依法及时查处。因此，县级以上人民政府交通主管部门、上级道路运输管理机构也可以作为接受举报的机关。

这里的“其他有关部门”，是指除交通主管部门、道路运输管理机构以外的信访部门、监察机关等依照有关法律、法规对道路运输管理机构工作人员具有行政处分权和行政监督权的部门。如《中华人民共和国行政监察法》规定，监察机关行使行政监察职能，履行受理对国家行政机关、国家公务员和国家行政机关任命的其他人员违反行政纪律行为的控告、检举职责。监察机关根据检查、调查结果对违反行政纪律，依法应当给予警告、记过、记大过、降级、撤职、开除行政处分的，可以作出监察决定或者提出监察建议。

(7)查处举报必须及时，不得拖延。

如属于本部门职责范围内的事项应当及时查处，不属于本部门职责范围的事项，应当及时移送有权查处的部门。“及时”旨在强调讲究效率，这里所说的“及时”，是指应在法律、法规和规章规定的期限内处理完毕。法律、法规和规章未规定时间限制的，应当在合理的时间内处理完毕。如《中华人民共和国信访条例》第三十三条规定，各级行政机关直接办理的信访事项应当在60日内办理完毕，并视情况将办理结果答复信访人；情况复杂的，时限可以适当延长。行政机关在信访工作中不履行职责、推诿、敷衍、拖延的，上级行政机关可以通报批评，并视情节对有关责任人员依法给予行政处分。

(五)道路运输行政检查监督中应避免的问题

道路运输行政检查监督是道路运输管理系统纠正自身在执法中的错误，提高执法水平，促进道路运输管理目标的实现,保障相对人合法权益的重要手段。然而在监督实践中,还存在着一些不可忽视的问题,影响着道路运输行政检查监督有效地发挥作用。这些问题归纳起来主要在于:

(1)从形式上看,重视突击性监督检查,忽视经常性监督。

突击性监督检查固然有其自身作用,但这种监督方式的局限性也是不言而喻的。这种监督方式虽然可以制止一时的违法,但风头过后,各种违法现象又重新出现,甚至出现恶性循环。要真正实现有效的监督,一个重要的条件就是要坚持监督的经常性、连续性。只有搞好经常性监督,才能控制道路运输管理部门的行政行为。突击性监督检查也是必要的,但不能代替经常性的监督。

(2)重视合法性监督,忽视合理性监督。

法治原则是行政检查工作中最根本的一项原则。它要求道路运输管理部门及其工作人员在检查过程中不仅要严格依照法律规定办事,还要注重在法律没有明确规定的情况下,恰当地运用自由裁量权,保证检查行为的合理性。

在当前的道路运输行政检查监督实践中,对合法性监督比较重视,而对合理性监督的必要性认识不足。究其原因主要有:第一,有些同志认为执法行为更重要的是是否合法、是否合理,而与合理性关系不大,因而不太重要;第二,有时判断执法行为是否合理不像判断其是否合法那样一目了然。但实际上,不合理的执法行为的危害性也不容忽视,有时甚至超过不合法的执法行为。所以,必须重视对执法行为合理性监督,不仅要审查执法行为是否合法,还要审查执法行为是否符合法定目的,是否考虑了相关因素等。可以说,当前道路运输管理实践存在的行业不正之风很大程度上与对执法行为的合理性监督不力有关。

(3)重视对实体法执行的监督,忽视对程序法执行的监督。

道路运输行政检查工作固然应该符合实体法的规定开展,但是同样应该重视审查检查行为是否符合法律规范的程序性规定。虽然人们对行政程序的认识已经有了很大提高,但是有些同志头脑中重实体、轻程序的观念依然根深蒂固,认为程序是为实体服务的,甚至是碍手碍脚、可要可不要的,因此,检查过程中往往出现许多违反法定程序方面的违法现象。检查的程序对于保证道路运输管理部门正确执法,保障相对人合法权益起着重大作用。因此,无论监督者还是被监督者,对于程序都应予以足够的重视。

(4)重视事后监督、忽视事前和事中监督。

事前、事中和事后监督是监督过程中三个不可分割的环节,不可偏废任何一方。事前、事中监督具有预防的作用,事后监督具有追惩的作用。具体运用时可以有所侧重,但不能放弃其他监督方式。

(5)重视对执法人员个人的监督。

在监督实践中,还存在着一种现象,就是对于执法人员的违法和不当的行为监督比较严格,但对道路运输管理部门的行为,则比较宽容,因此纵容了一些道路运输管理部门以合法的目的为借口,谋求非法或不当利益,如乱摊派、乱收费等。

二、道路运输行政检查中的法律责任

(一)道路运输行政检查中的法律责任

(1)决定责任:科学制定检查计划。根据特殊时节或企业实际情况,采取抽查、突查、专

项检查、交叉检查、年度检查等检查方式。

(2)检查责任:组成检查组,到被检查单位查阅档案并深入一线进行现场勘验(查)、鉴定、询问。现场形成检查意见和整改建议,并填写检查意见反馈表。

(3)督促责任:督促有关单位对所查处隐患限期整改,并及时上报整改报告,逾期不整改的将进行通报。

(4)监管责任:接到整改报告后,对整改情况进行抽查,并将整改事项列入日常检查内容,杜绝类似问题重复发生。

(5)处置责任:应予以行政处罚的,依法给予行政处罚。应移交有关机关处理的,予以移交。

(6)其他法律法规规章文件规定应履行的责任。

(二)道路运输行政检查中的追责情形

因不履行或者不正确履行应尽义务,有下列情形的,道路运输机关及相关工作人员应承担相应的责任:

(1)发现违法行为不及时查处的。

加强道路运输市场监管,保护道路运输各方当事人的正当权益,是道路运输相关管理部门和工作人员的法定职责。在当前道路运输市场秩序逐渐建立、完善的过程中,各种违法活动还比较猖獗,道路运输管理机构应当加大对违法行为的打击力度,及时查处、纠正违法行为,不得怠于行使职权和行政不作为,更不得徇私舞弊,纵容违法行为的发生。

(2)违反规定拦截、检查正常行驶的道路运输车辆的。

当前,在道路运输行政执法工作中,随意拦截运输车辆的现象较为普遍。这一方面侵犯了道路运输经营者依法开展经营活动的权利;另一方面又极易造成交通事故,危及执法人员和道路运输从业者的生命、财产安全。鉴于此,执法人员应当在法律、法规规定的执法地点开展执法稽查活动,不得随意上路执法,杜绝公路"三乱"行为。

(3)索取、收受他人财物,或者谋取其他利益的。

道路运输管理相关工作人员在依法行使职权时,应当遵循公开、公平、公正、便民、高效的原则,依照法定权限和程序办事,不得利用职权索取、收受他人财物,或者谋取其他利益,不得进行权钱交易和搞权力寻租。

(4)在监督管理工作中滥用职权、玩忽职守、徇私舞弊的。

(5)其他违反法律法规规章文件规定的行为。

(三)道路运输行政检查行为违法承担的责任形式

(1)撤销违法行为。

道路运输执法人员行政强制行为属于违法的,如主要证据不足,适用法律、法规错误,违反法定程序等,道路运输管理机构就应当承担撤销违法行为的行政责任。

(2)纠正不当的交通行政行为。

纠正不当的行政强制行为,是对道路运输管理机构自由裁量权进行控制的责任方式。对于行政强制不当行为,复议机关可以予以撤销,但实践中,多是道路运输管理机关进行自我纠正。

(3)停止侵害。

停止侵害是指道路运输管理主体停止正在实施的侵害道路运输行政相对人合法权益的行为。这种形式主要适用于行政强制行为持续侵害交通行政相对人人身权、财产权的情形。

(4)履行职务。

这种责任形式多适用于道路运输管理机构行政失职行为。交通行政主体不履行或者拖延履行行政强制的不作为行为一旦被确定为违法行为,就应当承担在法定期限内履行的责任。

(5)返还权益。

道路运输管理主体剥夺相对人的权益属于违法或者不当行为时,在撤销或者变更行政强制行为的同时,应当返还相对人的合法权益。这里的“权益”,主要指财产权益,如返还被违法查封、扣押的财物、被不合法吊销的证照等。

(6)恢复原状。

道路运输管理主体的行为被确认为违法行为时,如果能使相对人的财产恢复原状,应首先使其恢复原状,然后再承担其他责任。

(7)行政赔偿。

行政赔偿一般是针对道路运输行政强制侵权行为而适用的。当违法行政强制行为侵犯了相对人的合法权益,并且造成了财产、人身的实际损害时,应当进行金钱赔偿。

(8)恢复名誉、消除影响。

当违法行政强制行为造成相对人名誉上的损害时,一般应当在造成影响的范围内公布正确决定,撤销原处理决定,或者向有关单位寄送更正书面材料。

(9)承认错误、赔礼道歉。

当道路运输管理主体的违法行为影响了相对人的合法权益时,应当向其承认错误、赔礼道歉。承担这种责任形式一般由道路运输管理主体的领导人和直接责任人员亲自出面,可以采用口头形式,也可以来用书面形式。承认错误、赔礼道歉可以与其他责任形式合并适用。

(10)通报批评。

对于道路运输执法人员的违法行政强制行为,有权机关可以在会议上或文件中公布对其的批评。其目的在于警戒有责任的执法人员本人,对其他执法人员也可以起到教育作用。

(11)行政处分。

行政处分是道路运输执法人员承担行政责任的主要形式,是交通行政机关依照行政隶属关系对违法失职的执法人员给予的惩戒措施:行政处分的形式有警告、记过、记大过、降级、撤职和开除六种。

(12)道路运输执法人员违法情节严重,构成犯罪的,追究其刑事责任。

第四节　典型案例分析

一、案情简介

2001 年 6 月,A 市的一些非法营运车辆泛滥。他们逃避各种管理费和税收,降低车费吸

引乘客，严重损害了合法出租汽车营运者的正当利益，造成当地出租汽车市场的混乱。合法出租汽车营运者向该市主管出租汽车经营的某委员会提出整顿建议，没有得到回应。此后，几百名合法驾驶员数次联名上访，也始终没有从根本上解决问题。

2001 年 6 月，以李某为代表的 300 余名合法出租汽车驾驶员向 A 市 × × 区人民法院提起行政诉讼，状告 A 市交通运输管理局不履行对出租汽车市场的法定管理职责，没有及时取缔非法营运车辆，损害了合法出租汽车营运者的合法权益。

在审理中，被告 A 市交通运输管理局辩解称，自己确实有管理出租汽车市场的法定职责，并且也对出租汽车市场采取了一些整顿措施。虽然由于种种原因整顿效果不明显，但法律、法规并没有明确扼定取缔非法营运的具体期限。由于整顿工作难度大，需要综合治理，客观上需要有一个过程。

法院经审理认为，判断具体行政行为是否构成行政不作为，不能以行政行为是否达到顶期目的、是否取得令人满意的结果作为标准。原告认为被告没有履行对出租汽车市场管理的法定职责，诉其不作为的理由缺乏法律和事实根据，应该驳回诉讼请求。同时，法院也清楚地认识到合法出租汽车营运者的正当权益因非法营运的猖獗而受到侵害的事实是客观存在的，如果简单下判，原告不会接受，并会使矛盾激化。为了能使判决达到法律效果和社会效果的统一，法官们向原告诉讼代表人做工作，耐心细致地讲解行政不作为的构成要件，引导他们从法律的角度来评判本案的胜败；另一方面，他们提出司法建议，向被告某市交通运输管理局指出工作中存在的问题，督促被告采取切实有效的措施整顿出租汽车市场。被告对司法建议极为重视，立即制定和完善了相关的整顿方案，并联合公安、工商、税务等部门，采取多种措施，加大整顿力度，使一度混乱的出租汽车市场情况大为好转。通过一段时间的整改，原告方的不满情绪逐步化解。

2001 年 9 月，法院对判决进行了宣判，驳回原告的诉讼请求。300 余名出租汽车驾驶员尽管输了官司，却通过诉讼维护了自己的合法权益，表示服判；被告虽然赢了官司，却也认识到自己工作中存在问题，表示今后继续加大执法力度，整顿出租汽车市场。

二、法理分析

本案涉及出租汽车管理部门行政不作为的问题。

行政不作为是指行政主体负有某种法定职责而其不履行或拖延履行该职责的行为。因不作为提起的行政诉讼案件，为行政不作为案件。并不是所有的行政不作为都可以被提起行政诉讼，只有法律规定的部分行政不作为才是可诉性行政不作为。可诉性行政不作为必须具备以下三个条件：

（1）相对人已向行政主体提出合法申请，要求行政主体作出一定的行政行为，并且这种申请符合法律规定的条件。

（2）行政主体依法负有履行职责的义务。这是构成行政不作为的法定条件。

（3）行政主体具有不履行或者拖延履行法定职责的行为存在，且不履行或拖延履行没有正当的理由。

本案是一起典型的注重了法律效果与社会效果相统一的行政案件，其争议的焦点是政府主管出租汽车的某部门是否构成了行政不作为。

《行政诉讼法》第十一条第五项规定，公民、法人或者其他组织“申请行政机关履行保护人身权、财产权的法定职责，行政机关拒绝履行或者不予答复的”，属于人民法院的受案范围。对行政不作为的界定范围、具体表现形式等历来是行政诉讼司法实践中很有争议的问题。因为不作为涉及行政机关自身的法定职责和行为能力，涉及原告提出请求时的客观环境等复杂因素，法院在判断什么是可诉的“不作为”情形时面临很多困难。本案中被告的表现即是如此。其所提出的“整顿工作难度大，需要综合治理，客观上需要有一个过程”成为法庭考虑的一个重要因素。

最高人民法院《关于执行〈中华人民共和国行政诉讼法〉若干问题的解释》第五十六条第一项规定，对于“起诉被告不作为理由不能成立的”，人民法院应当判决驳回原告的诉讼请求。本案中，法院的判决即属此类情形。实践中，还有的行政不作为可能是违法的，但由于原告提供不了有力的证据，法院无法作出认定。在这种情况下，法院不能作出确认被告不作为合法的判决，而只能驳回原告的诉讼请求。

本案中，300 余名出租汽车驾驶员向管理机关讨说法、要环境的做法是正确的，因为正是由于管理机关的监管不力造成当地非法营运车辆的泛滥。非法营运车辆驾驶员逃避各种管理费和税收，降低车费吸引乘客的不法行为，造成了出租汽车客运市场的不平等竞争，严重损害了合法出租汽车营运者的正当利益，从而引发一系列的上访直至诉讼到人民法院才引起管理机关的重视。这起案件的发生，管理机关是有一定责任的。而××区人民法院以大局为重，照顾到方方面面，既认识到合法出租汽车营运者的正当权益因非法营运的猖既而受到侵害的事实是客观存在的，又体谅管理机关整顿工作难度大，需要综合治理，客观上也需要有一个过程。××区人民法院在审理此案的过程中督促被告采取切实有效的措施整顿出租汽车市场，制定和完善相关的整顿方案，并联合公安、工商、税务等部门，采取多种措施，加大整顿力度，使一度混乱的出租汽车市场情况大为好转。虽然判原告败诉，但达到了原告诉讼的目的，给了原告一个良好的运输环境，维护了原告的合法权益。

三、执法启示

本案是关于执法机关不作为的诉讼案件。虽然因原告败诉而结案，但此案给我们的启示十分重大。一方面，行政相对人的法律意识越来越强，对于执法程序也越来越重视。他们可能通过自己学习而熟知法律程序，更可能聘请律师为其提供法律咨询和代理，许多企业甚至公民个人都聘请了律师作为常年法律顾问，随时为其遇到的法律问题提供专业的法律服务。因此，作为行政执法机关及行政执法人员必须高度重视执法程序，严格执行法律、法规、规章规定的执法程序。否则，稍有不慎，就会引发诉讼甚至败诉，致使行政管理和行政执法处于被动局面。另一方面，行政相对人对执法的效果提出了新的高度，执法人员不仅要依法执法，同时要实现良好的社会效益，这才是执法的最根本目的。

虽然通过法院的判决，本案结果实现了法律效果与社会效果相统一，但我们也看到，我国很多法律规定了行政人员的不作为行为要承担的法律责任，如《行政许可法》第七十七条规定：“行政机关不依法履行监督职责或者监督不力，造成严重后果的，由其上级行政机关或者监察机关责令改正，对直接负责的主管人员和其他直接责任人员依法给予行政处分”。此案也给道路运输管理部门敲响了警钟，依法行政必须常抓不懈。

第六章 道路运输管理行政确认权力清单与责任清单解析

第一节 行政确认基本原理

一、行政确认的概念和特征

行政确认是指行政主体依法对行政相对人的法律地位、法律关系或者有关法律事实进行甄别，给予确定、认可、证明(或否定)并予以宣告的具体行政行为。

行政确认行为是行政主体的行政行为，行政主体的确认权直接来源于国家行政管理权，是由相关法律规范授予的。所以，行政确认行为是行政主体所做出的具有强制力的行政行为，有关当事人必须服从。

在行政确认行为中，除土地所有权确认等直接规定行政相对人的法律地位或者权利义务的行为外，还有些行政确认行为属于技术鉴定，其本身并不直接规定行政相对人的权利义务。但是，鉴定的结论却是决定行政相对人权利义务的先决条件。也就是说，技术鉴定间接确定行政相对人的权利义务。在许多情况下，行政主体一般是首先有行政确定行为，然后才能据此作出有关处理决定。因此，行政机关所进行的技术鉴定也是一种准行政行为——前置性行政行为。

行政确认行为是行政行为，并不意味着其一定要直接规定行政相对人的法律地位或者权利义务。行政确认行为的直接对象是那些与行政相对人的法律地位或者权利义务紧密相关的特定法律事实或者法律关系。通过对这些事实、关系进行审核、鉴别，以确定行政相对人是否具备某种法律地位，是否享有某种权利，是否应承担某种义务。可以说，对行政相对人的法律地位、权利义务的确认或否定，是行政确认的目的和内容。

行政确认是羁束性行政行为。行政确认是对特定法律事实或者法律关系是否存在的宣告，而某种法律事实或者法律关系是否存在，是由客观事实和法律规定决定的。因此，行政主体的确认行为，很少存在自由裁量的余地甚至没有自由裁量的空间，一般应严格按照法律规定和技术鉴定规范进行。

二、行政确认的主要形式与基本分类

1. 行政确认的主要形式

根据法律规范和行政活动的实际情况，行政确认主要有如下五种具体形式：确定、认定(认证)、证明、登记、鉴证。

(1)确定。确定是指对个人或者组织法律地位与权利义务的确定，如颁发土地使用证、

宅基地使用证与房屋产权证书,以确定相对人的财产所有权。

(2)认定(认证)。指对个人或者组织已有的法律地位、权利义务以及确认事项是否符合法律要求的承认和肯定。例如,对交通事故责任的认定、对产品质量的认证等。

在道路运输行政执法中,客运站站级核定、客货运输企业等级评定、教练车证配发认证、营运客货车辆、教练车、租赁车、危险货物运输等专用车辆的年度审验即属于认定(认证),即由道路运输行政执法根据相应标准客运站站级和客货运输企业等级进行评定和认定;对教练车证的配发进行认证;对营运客货车辆、教练车、租赁车、危险货物运输等专用车辆的技术状况、是否符合从事相关道路运输经营活动的条件进行认定。

(3)证明。证明是指行政主体向其他人明确肯定被证明对象的法律地位、权利义务或者某种情况,如各种学历、学位证明,居民身份,货物原产地证明等。

(4)登记。登记是指行政主体应申请人申请,在政府有关登记簿册中记载相对人的某种情况或者事实,并依法予以正式确认的行为。例如,工商业登记、房屋产权登记和户口登记等。该项登记需要对申请材料的实质内容进行审核,并且行政机关应当指派两名以上工作人员进行核查。

(5)鉴定。鉴定是指行政主体对某种法律关系的合法性予以审查后,确认或者证明其效力的行为。如工商管理机关对经济合同的鉴证,有关部门对选举是否合法的确认、对文化制品是否合法的确认等。

2. 行政确认的内容

以上各种形式的行政确认,其所确认的内容可分为两个方面,即法律事实和法律关系。

(1)法律事实。行政确认中的法律事实,除具有一般法律事实的性质外,还着重于强调其特定的确定行政相对人的法律地位和权利义务的属性。即这些法律事实都与能否确认管理相对人的法律地位或者权利义务紧密相关,是一种特定的法律事实。对特定法律事实的确认,是行政确认中数量较多的部分,涉及的范围也较广,内容较复杂。

道路交通行政执法行政确认的事项均属于对法律事实的行政确认。

(2)法律关系。行政确认中的法律关系是特定的,是确定行政相对人的法律地位或者权利义务的法律关系。行政确认行为所引起的法律关系和行政确认行为所要予以确认的法律关系,是两个不同的概念。前者是行政主体在行政确认行为中引起,并由行政法律规范予以规定的,实施确认行为的行政主体与管理相对人之间的权利义务关系,后者则是行政确认行为所要确认的对象。这些作为确认对象的法律关系,可以是行政法律关系,也可以是民事法律关系或者其他法律关系。

目前我国法律、法规规定的有关特定法律关系的行政确认大致包括不动产所有权的确认、不动产使用权的确认、合同效力的确认以及专利权的确认等。

3. 行政确认的基本分类

(1)依申请的确认和依职权的确认。根据行政机关是否主动进行确认,可分为依申请的确认(如对所有权、使用权的确认)和依职权的确认(如饮食行业,经行政机关监督检查,合格者给予合格证,即卫生合格证明)。实际上,依职权实施行政确认的情形较少,行政确认绝大多数是基于行政相对人的申请而得以实施的。

(2)对身份的确认、对能力的确认和对事实的确认。根据行政确认的内容,还可以分为

对身份的确认(如居民身份证、结婚证等)、对能力的确认(如各种技术职称)和对事实的确认(如专利权、商标权、土地所有权的确认等)。

三、行政确认的作用

(1)行政确认是国家实施行政管理的一种重要手段,并能为法院审判活动提供准确、客观的事实依据。现代行政管理几乎离不开行政确认,无论是对合法行为的肯定,还是处理行政违法行为,都需要首先确定其行为的性质和状态。并且,随着行政审判工作的深入发展,事实审和法律审将逐步呈现职能分离的趋势,法院的审判活动将越来越依赖于行政机关对事实的认定。因此,行政确认能为法院审判活动提供准确、客观的事实依据,对于迅速、有效、准确地开展行政审判,具有极其重要的意义。

(2)实施行政确认有利于行政机关进行科学管理,有利于保护个人、组织的合法权益。行政确认的本质在于使个人、组织的法律地位和权利义务取得法律上的承认。在这种法律承认的基础上,个人、组织才能申请各种需要取得但尚未取得的权利,才能保护各种以往存在或者已取得的权利,并且通过证明等手段使其权利和地位为他人所公认。行政确认可以是事先对既有法律关系的确认,也可以是对权利义务的确定,两者都和个人、组织的合法权益有关。行政确认,将使个人、组织的权益受到法律的承认,任何人不得侵犯。例如,对合同的确认是一种事先保护;在权利之争中,行政机关依法确定权利的归属,如对土地所有权的确认,则是一种事后对个人、组织合法权益的保护。

(3)实施行政确认有利于预防和解决各种纠纷。行政确认可以使当事人的法律地位和权利义务都得以明确,不致因含糊不清而发生争议。同样,运用行政确认手法,也有利于正确解决纠纷。例如,行政机关对土地权属实施行政确认,有利于土地侵权赔偿争议的解决。

四、行政确认与行政许可的区别

行政许可作为一种行政行为方式,在行政管理活动中广泛存在。一般认为,行政许可是指在法律一般禁止的情况下,行政主体根据行政相对人的申请,通过颁发许可证或者执照等形式,依法赋予特定的行政相对人从事某种活动或实施某种行为的权利或资格的行政行为。

行政确认与行政许可作为现代行政管理的两种重要手段,二者的关系较为特殊,与其他方式的行政行为相比联系最为密切,因此,二者非常容易混淆。

1.行政确认与行政许可不易区分的原因

(1)行政确认与行政许可之间存在很多相似的特征。如二者都是要式行政行为,行政许可与行政确认都应以正规的文书、格式、日期、印章等形式予以批准、认可和证明,必要时还应附加相应的辅助性文件。另外,行政确认与行政许可在行为的程序上也比较接近,一般都要经历申请、判断、审查以及决定等步骤。上述相似特征的存在,很容易使我们对行政确认与行政许可产生混淆。

(2)行政确认与行政许可在表现方式上存在交叉。在现行的法律规范中,确认与许可往往都是以“登记”“认定”“确认”“认证”等字样出现的,并以“证书”“执照”等作为表现形式。

(3)行政许可“验证”或“确认”性质的学说造成其与行政确认的混淆。行政许可不是建立在法律一般禁止的基础上,来解除禁止赋予行政相对人权利或资格,它应是建立在权利行使应具备一定条件这一基础上,对权利人行使权利的资格和条件加以验证,并给予合法性的证明。依据此说来考察行政许可,就会与行政确认的概念存在交叉,造成混乱。

(4)行政许可中包含的“确认”行为造成了其与行政确认的混淆。在作出行政许可之前,行政主体为判断相对人是否具有被许可的资格,往往会作出对当事人主体资格、技术标准等的判断、确认。程序上的“确认在先,许可在后”使二者形成了一种“前期”与“后续”的关系,两种行政行为的同时存在,使得二者难以被区分。

2. 行政确认与行政许可的区别

(1)所针对的事项不同。行政确认是对已有权利、资格或行为进行承认、确定或否定;而行政许可则是针对未获得行使的某种权利、资格的请求进行的解除限制,即一般来说,前者是已经存在,而后者则是许可之前不得为,否则为“违法”。

(2)行为性质不同。行政确认属于确认性或宣示性行政行为,确认式行政行为只是将实际存在的、本有的行政法的法律关系加以确认,而行政许可则属于形成性行政行为,是使现存的、实质行政法上的法律关系产生变动。另外,行政确认的内容具有“中立性”,它并不直接为当事人设定权利或义务,对当事人是有利还是不利,取决于确认时原已存在的法律状态或事实状态;而行政许可则是一种授益性行政行为,直接使申请人授益。

(3)设定目的及行为人申请目的不同。行政确认是对已经存在的、具有法律意义的、需要依法确认的事项的真实性、合法性、等级性、资格性等依法作出评价和证明,以预防各种纠纷;而行政许可由于主要涉及国家安全、公共安全、宏观经济调控、有限自然资源的开发利用以及直接关系公共利益的职业、行业的准入等,着重于强调保护公共利益、公共安全、社会秩序和国家对社会经济和其他事务的宏观管理。在依申请的行政确认中,申请人的目的是经过行政主体的宣示而确定法律地位、证明主体资格;在行政许可中,申请人的目的是获得从事某种职业或者进行某种行为的资格,区别显而易见。

(4)行为动因不同。行政确认分为依申请启动和依职权启动两种,而行政许可只能依行政相对人的申请启动。因为行政许可是对法律一般禁止的解除,行政主体无权主动对法律一般禁止给予解除,只有权对行政相对人的申请进行审查,对符合法律要求的给予许可。

(5)是否具有裁量权不同。行政确认是羁束性行政行为,行政主体只能根据客观事实、相关法律规范的规定和特定的技术规范作出,没有裁量的余地;然而,行政许可拥有广泛的裁量性,法律一般只规定许可的内容、原则和范围,具体的许可标准和条件则由行政机关自主制定,审查、发放、中止、吊销许可证等亦由行政机关裁量决定。

纵观我国的行政许可制度,其目的在于进行国家对社会经济和其他事务的宏观调控,强调保护公共利益、公共安全和社会秩序,而不是用法律规范的形式将所有需要禁止的事项全部开列。因此,法律抑制是手段,保障公共利益和公共安全才是目的。反观行政确认,首先制定一般性法律性规定,在此规定的指导下进行甄别、确认活动,符合法律规定的予以确认,不符合法律规定的,则不能生效。因此,行政确认是基于法律上的抑制。审视我国现有关于行政许可与行政确认的法律规范,可以看出,未经行政许可实行的行为后果不是无效而是违法,当事人应负行政责任甚至刑事责任,如未取得海关部门颁发的对限制货物的进口许可证而进口的,当事人轻则受到行政处罚,重则受到刑事处罚;而未经行政确认的行为实施的后果并不完全是违法,甚至大部分均为无效,当事人不会承担行政责任,只可能不发生相对人

预计的法律效果。因此，行政许可是以法律手段进行的事实层面的抑制，而行政确认是单纯的出于法律层面的抑制。

五、行政确认与行政裁决的区别

行政确认和行政裁决同样属于行政处理的范畴，同样是保证立法实现的重要执法手段。在法律机制中，立法者通过授予和确定各种社会主体、市场主体的权利、义务来调整和规范各种社会关系与市场经济关系。从理论上讲，只要立法授予和确定各种不同利益团体和个人的权利、义务是合理的、平衡的、明确的，人们又都能自觉依法行使法定权利和履行法定义务，相应社会关系和市场经济关系就会处于顺畅、有序的状态。然而在实践中，理论上的假设条件是很难全部存在的，且不要说人人并非都是君子，都会自觉地依法行使法定权利和履行法定义务，就是立法者，也并非都是圣贤，能将各种不同利益团体和个人的权利、义务都规定得完全合理、平衡和明确。正因为如此，人们在现实生活中经常会相互就其权利、义务归属或界限产生争议和纠纷，从而使相应的法律关系处于不稳定或失序状态。为了明确争议、纠纷各方的权利义务，使相应法律关系恢复到立法者所欲设定的状态，国家除了建立司法机关，为争议、纠纷各方提供司法裁判机制以外，另一重要措施就是建立行政确认和行政裁决制度，为相对人提供较司法廉价的、程序简便的纠纷解决机制。作为准司法性质的行政确认和行政裁决，相对于司法的另一个重要优势是其专业知识和专业经验，以及由此形成的高效率。行政确认和行政裁决所具有的这些优势，使其在现代法律机制中不可被替代。

行政确认与行政裁决同属于具体行政行为，但作为不同种类的具体行政行为，两种行政行为各有特点。此外，两种行为亦存在一定的联系，主要体现在：第一，一般情况下，行政确认是前提。没有行政确认（这里主要是指附属性行政确认）就无法进行行政裁决，即行政确认是行政裁决的依据。但是，行政裁决并非一定是行政确认的必然结果。第二，个别情况下，裁决是确认的形式。在财产权发生争议时，确认有时通过裁决来表现。例如，土地所有权、使用权发生争议后，主管行政机关依法将争议的土地确认给一方所有和使用，是通过裁决形式来表现的。处理这种争议，本质上是权利的“确认”，但形式上却是纠纷的解决。

当然，既然是不同的具体行政行为，两者必然有明显的区别。因此，在探讨两者联系的同时，还应该注重研究行政确认行为与行政裁决的区别。这些区别表现在：

第一，对象不同。行政确认的对象可以是合法行为或事实，也可以是违法行为和事实；可以是争议的事项，也可以是没有争议的事项。行政裁决的对象必须是双方提起的有争议的事实。

第二，内容不同。行政确认的内容是确认法律地位、法律关系和法律事实；行政裁决的内容是解决争议当事人的权利义务关系。

第三，法律效果不同。行政确认不创设权利，不增加义务，对行政相对人不直接产生强制执行力，法律法规有特别规定者除外；行政裁决则可以直接涉及甚至设定、增减、免除当事人的权利义务，当事人必须接受和履行行政裁决的内容，否则，会由此产生行政强制执行的法律后果。

总之，作为一种具体行政行为，行政确认行为有其特殊性。因此，我们在进行研究时，必须将行政确认与其他行为进行严格区分。

第二节　道路运输行政确认权力清单解析

一、道路运输管理行政确认的内容

(1)客运站站级核定。

(2)客货运输企业等级评定。

(3)教练车证配发认证。

(4)营运客货车辆、教练车、租赁车年度审验。

(5)危险货物运输等专用车辆年度审验。

二、道路运输管理行政确认的原则

1. 依法确认的原则

行政确认的目的在于维护公共利益,保护公民、法人和其他组织的合法权益。因此,行政确认必须严格按照法律、法规和规章的规定进行,遵循法定程序,确保法律所保护的权益和行政相对人的权益得以实现。

2. 客观、公正的原则

行政确认,是对法律事实和法律关系的证明或者明确,因而必须始终贯彻客观、公正的原则,不允许有任何偏私。为此,需要建立一系列监督、制约机制,还需完善程序公开、权利告知等有关公证程序。

3. 保守秘密的原则

行政确认往往较多涉及商业秘密和个人隐私,尽管其确认程序要求公开、公正,但同时必须坚决贯彻保守秘密的原则,并且,行政确认的结果不得随意用于行政管理行为以外的信息提供。

三、道路运输管理行政确认的实施程序

(1)公示行政确认的内容及应提交的材料清单:对道路运输管理行政确认的事项、管辖、申请程序、提交的材料应做出明确、具体的公示。

(2)行政相对人申请:行政相对人申请向行政机关提出行政确认的申请并填写行政确认申请书,提交相关材料。

(3)材料受理:由行政机关受理行政确认的窗口依法对行政确认申请人提交的材料进行初审,如行政确认申请人提交的材料不齐全,一次性告知申请人补齐相关材料;行政确认申请人提交的材料不符合要求的,书面通知申请人依法改正;如行政确认申请人提交的材料齐全,应依法告知申请人受理意见并收取和妥善保管申请人提交的申请材料;如申请人提出的行政确认申请不属于本部门管辖,应依法作出不予受理意见,并告知申请人相应理由和法律依据。

(4)行政确认的审查:审查人员对确认申请提交的相关材料进行审查,提出审查确认意见;如需进行现场审查,则指派两名以上行政执法人员前往现场进行检查。现场检查符合要

求的，提出现场审核确认意见；不符合要求的，提出书面整改建议。

(5)行政确认的核准：核准人员根据审查人员提出的审查确认意见作出是否核准的决定。

(6)行政确认的告知：通过确认的，向行政确认申请人颁发行政确认的相关证明、证牌、认证等；不予确认的，向行政确认申请人作出不予确认的书面决定。

(7)行政确认后的监督检查：行政确认后，行政确认机关仍然负有监督检查责任，应定期或不定期对行政确认的企业、单位及行政确认事项进行监督检查。

第三节　道路运输行政确认责任清单解析

一、道路运输管理行政确认的岗位职责

在道路运输管理行政确认中，各部门应依法履行岗位职责。这些职责包括：

(1)受理岗位责任：主要包括公示一、二级客运站站级核定应当提交的材料；依法、及时收取申请人提交的申请材料；一次性告知补正材料；提出依法受理或不予受理意见。

(2)审查岗位责任：主要包括对确认申请提交的相关材料进行审查，提出审查确认意见；对现场审查工作人员前往现场进行检查，如实、客观记录现场状况，提出现场审查确认意见。

(3)核准确认岗位责任：主要包括作出是否通过确认的决定；通过核准的，向行政确认申请人颁发行政确认的相关证明、证牌、认定；不予核准的，向行政确认申请人作出不予确认的书面决定。

(4)监管岗位责任：主要对行政确认的事项进行监督检查。

(5)其他法律法规规章文件规定应履行的责任。

二、道路运输管理行政确认的监督与监管

由于法律法规对于行政确认的规定较少，不仅缺少对行政确认范围的具体规定，还缺少行政确认程序的具体规定，导致行政确认行为缺少足够的法律依据，在实践中操作不规范。虽然行政确认应作为羁束性行政行为存在，但是，由于立法的模糊导致一些行政确认带有很多自由裁量的色彩，行政确认实施主体在进行确认的过程中带有很大的随意性和可操作性。

为了确保道路运输管理行政确认的合法性，必须加强对道路运输管理行政确认的监督与监管，落实道路运输管理行政确认责任，提高执法水平，规范道路运输管理行政确认。一般来说，道路运输管理行政确认的监督与监管包括行政执法活动的内部监督和行政执法外部的监督。

1. 行政确认的内部监督

对于行政确认的内部监督，《交通运输行政执法评议考核规定》(交通运输部令2010年第2号)对包括道路运输管理行政确认在内的交通行政执法行为的监督作出了规定。该规定明确了交通运输行政执法评议考核是指上级交通运输主管部门对下级交通运输主管部门、部直属系统上级管理机构对下级管理机构、各级交通运输主管部门对所属行政执法机构和行政执法人员行使行政执法职权、履行法定义务的情况进行评议考核。交通运输行政执

法评议考核由交通运输部主管和指导全国执法评议考核工作,地方各级交通运输主管部门在各自的职责范围内负责管理和组织本辖区的执法评议考核工作。在执法评议考核过程中,发现已办结的案件或者执法活动确有错误或不适当的,应当依法及时纠正。需要追究有关领导或者直接责任人员执法责任的,依照相关规定予以追究。

《云南省交通运输行政执法监督办法》规定,云南省各级交通运输行政主管部门应依据有关法律、法规和规章,对本辖区内交通运输行政执法实施监督,具体工作由各级交通运输法制工作部门组织相关部门实施。交通行政执法监督的主要内容包括:法律、法规、规章和规范性文件执行情况;执法组织的执法主体资格及其行使职权是否合法;制定发布的规范性文件是否合法、适当;行政许可、行政处罚、行政强制等具体行政行为是否合法、适当;行政执法文书是否合法、规范;行政复议及行政应诉情况;重大事项和决策的合法性审查情况;执法资格、装备、服装的管理和使用情况;执法风纪的遵守情况;法律法规规定的其他需要监督的行政执法事项。

道路运输行政执法监督的方式包括:进入被监督单位办公场所、执法现场实施监督;建立信息化执法监督平台,对执法人员、执法车辆、执法行为进行跟踪监督;开展明察暗访;对执法人员的风纪进行纠察;受理、调查对执法行为的投诉举报;开展行政执法评议考核等方式。

道路运输行政执法监督的措施包括:制止正在进行的违法或不当的执法行为;暂扣或建议吊销执法证件;纠正、收缴违反规定使用的执法装备和标志标识;查阅行政执法卷宗及账目、票据、凭证,收集有关证据;在证据可能灭失或者以后难以取得的情况下,经本级法制工作部门负责人批准,可以先行登记保存;要求被监督单位和人员提供与监督事项有关的资料,并就监督事项作出解释和说明;询问执法人员、行政相对人、证人,并制作笔录,必要时对相关车辆、船舶等进行检查;委托鉴定、评估、检测、勘验或者组织有关机构、专家论证和咨询,必要时可以组织召开听证会等措施。

对于无正当理由不履行法定职责的或拖延履行法定职责的,交通行政执法监督部门应当责令被监督的部门限期履行;对于具体行政执法行为存在瑕疵,但未对公民、法人和其他组织合法权益造成影响的,交通行政执法监督部门应当责令被监督部门限期补正或者更正。对于道路运输管理行政确认行为所依据的主要事实不清、证据不足的、适用依据错误的、违反法定程序的、超越或者滥用职权的、具体行政行为明显不当等情形的,交通行政执法监督部门应当决定撤销该行政确认行为。对于道路运输管理行政确认行为存在不履行法定职责,且责令其履行已无实际意义的、行政执法行为违法,但不具有可撤销内容的、行政执法行为违法,依法不予撤销等违法行为,交通行政执法监督部门应当确认该具体行政确认行为违法。交通行政执法监督部门决定撤销或者确认具体行政执法行为违法的,可以责令被监督的道路运输管理行政部门在一定期限内重新作出具体行政行为。

2. 行政确认的外部监督

对于行政确认的外部监督,当事人对行政确认持有异议,可以通过行政复议、行政诉讼的渠道予以救济。

《中华人民共和国行政复议法》(以下简称《行政复议法》)第二条规定:“公民、法人或者其他组织认为具体行政行为侵犯其合法权益,向行政机关提出行政复议申请,行政机关受理行政复议申请、作出行政复议决定,适用本法。”《中华人民共和国行政诉讼法》(以下简称

《行政诉讼法》)第二条规定:“公民、法人或者其他组织认为行政机关和行政机关工作人员的具体行政行为侵犯其合法权益,有权依照本法向人民法院提起诉讼。”

依照现行有关规范性文件的规定,对行政确认不服的,可以通过申请重新认定来使相对人得到救济。例如,当事人对火灾事故责任认定不服的,根据《火灾事故调查规定》第三十一条的规定,“当事人对火灾事故责任认定不服的,自收到《火灾事故责任认定书》之日起 15 日内,可向火灾事故发生地的主管公安机关或上一级公安消防机构申请重新认定;对省级公安消防机构作出火灾事故责任认定不服的,向省级公安机关申请重新认定。”“火灾事故发生地主管公安机关或上一级公安消防机构在收到重新认定申请书后,应当在两个月内作出维持、变更或撤销的决定。”“重新认定的决定作出后,应当制作《火灾事故责任重新认定决定书》,分别送交申请人和原认定机构”。在其他的有关行政确认的法律条文中,也有类似规定,如《道路交通事故处理办法》第二十二条所述上级公安机关对事故责任的“重新认定”、《军人抚恤优待条例》第二十四条所述伤残等级的“重新评定”等。但是,在道路运输行政确认相关法律法规中,没有申请重新认定的规定,因此,在道路运输行政确认中,相关利害关系人仅可以通过申请复议或行政诉讼的方式进行救济。

(1)行政复议。

根据交通运输部《交通行政复议规定》(交通运输部令 2015 年第 18 号)的规定,为防止和纠正违法或者不当的具体行政行为,保护公民、法人和其他组织的合法权益,保障和监督交通运输行政机关依法行使职权,公民、法人或者其他组织认为具体行政行为侵犯其合法权益,有权向交通运输行政机关申请交通运输行政复议。

对县级以上地方人民政府交通运输主管部门的具体行政行为不服的,可以向本级人民政府申请行政复议,也可以向其上一级人民政府交通运输主管部门申请行政复议。对县级以上地方人民政府交通运输主管部门依法设立的交通运输管理派出机构依照法律、法规或者规章规定,以自己的名义作出的具体行政行为不服的,向设立该派出机构的交通运输主管部门或者该交通运输主管部门的本级地方人民政府申请行政复议。对县级以上地方人民政府交通运输主管部门依法设立的交通运输管理机构,依照法律、法规授权,以自己的名义作出的具体行政行为不服的,向设立该管理机构的交通运输主管部门申请行政复议。

道路运输行政复议申请自交通运输行政复议机关设置的法制工作机构收到之日起即为受理。道路运输行政复议机关无正当理由不予受理的,上级交通运输行政机关应当制作《责令受理通知书》责令其受理;必要时,上级交通运输行政机关可以直接受理。

道路运输行政复议原则上采取书面审查的办法,但是申请人提出要求或者交通运输行政复议机关设置的法制工作机构认为有必要时,可以向有关组织和个人调查情况,听取申请人、被申请人和第三人的意见。复议人员调查情况、听取意见,应当制作《交通运输行政复议调查笔录》。

道路运输行政复议机关在对被申请人作出的具体行政行为审查时,认为其依据不合法,本机关有权处理的,应当在 30 日内依法处理;无权处理的,应当在 7 日内按照法定程序转送有权处理的国家机关依法处理。处理期间,中止对具体行政行为的审查。道路运输行政复议机关中止对具体行政行为审查的,应当制作《交通运输行政复议中止审查通知书》送达申请人、被申请人、第三人。

道路运输行政复议机关设置的法制工作机构应当对被申请人作出的具体行政行为进行审查,提出意见,经道路运输行政复议机关的负责人同意或者集体讨论通过后,按照下列规定作出道路运输行政复议决定:①具体行政行为认定事实清楚、证据确凿、适用依据正确、程序合法、内容适当的,决定维持;②被申请人不履行法定职责的,责令其在一定期限内履行;③具体行政行为存在主要事实不清、证据不足、适用依据错误、违反法定程序、超越或者滥用职权、具体行政行为明显不当等情形的,决定撤销、变更或者确认该具体行政行为违法;决定撤销或者确认该具体行政行为违法的,可以责令被申请人在一定期限内重新做出具体行政行为;④被申请人不按照《行政复议法》第二十三条的规定提出书面答复、提交当初做出具体行政行为的证据、依据和其他有关材料的,视为该具体行政行为没有证据、依据,决定撤销该具体行政行为。道路运输行政复议机关责令被申请人重新做出具体行政行为的,被申请人不得以同一事实和理由做出与原具体行政行为相同或者基本相同的具体行政行为。

道路运输行政复议机关作出道路运输行政复议决定,应当制作《交通运输行政复议决定书》,加盖道路运输行政复议机关印章,分别送达申请人、被申请人和第三人;道路运输行政复议决定书一经送达即发生法律效力。

道路运输行政复议机关应当自受理道路运输行政复议申请之日起 60 日内作出交通运输行政复议决定;但是法律规定的行政复议期限少于 60 日的除外。情况复杂,不能在规定期限内作出道路运输行政复议决定的,经道路运输行政复议机关的负责人批准,可以适当延长,并告知申请人、被申请人、第三人,但是延长期限最多不超过 30 日。

道路运输行政复议机关设置的法制工作机构发现有《行政复议法》第三十八条规定的违法行为的,应当制作《交通运输行政复议违法行为处理建议书》,向有关行政机关提出建议,有关行政机关应当依照《行政复议法》和有关法律、行政法规的规定做出处理。

(2)行政诉讼。

在我国的司法实践中,相对人对行政确认不服而提起行政诉讼的案件日益增多。然而,由于我国目前的行政确认理论对行政确认的范围、性质没有定论,法律、法规对于行政确认的可诉性规定又很不一致,在《行政诉讼法》和相关司法解释中也找不到行政确认属于行政诉讼受案范围的直接依据,导致司法实践中对行政确认的可诉性问题存在很大的争议,法院对行政确认案件的受理非常混乱。不同的法院对同一种形式的行政确认案件是否受理采取不同的标准,有的法院将其作为行政诉讼案件予以受理,而有的法院则认为其不属于行政诉讼案件的受案范围不予受理,甚至在同一个法院也会存在以往受理的案件现在不受理的情况。

这种混乱的局面使得一些行政确认违法行为被排除在司法审查的范围之外,无论对行政确认权的监督,还是对相对人合法权益的保护都是极其不利的。由于没有统一的法律规定,不同的法院基于不同的理由和考虑会采取不同的审查标准,作出不同的裁判。同样的行政确认违法行为,得不到相同的处理,损害法院权威性的同时也使违法行使行政确认权造成的损害得不到有效的司法救济。

我国《行政诉讼法》对行政行为审查标准没有明确规定,仅规定了对具体行政行为进行合法性审查的情况,因此,可以理解为我国《行政诉讼法》规定的审查标准是合法性标准。作为行政诉讼审查对象的具体行政行为,是由与法院同为法的适用机关的行政主体做出的,而行政主体作出具体行政行为的活动本身就是一种将法的一般规范适用于特定行政相对人或

事的活动,因此法院对具体行政行为合法性的审查,也就是对行政主体适用法的过程的审查,它所审查的事实是行政主体作出具体行政行为时已经认定的事实,它所审查的法律是行政主体作出具体行政行为时所依据的立法,因此,行政诉讼中法院适用法的活动带有“二次适用”的性质。法院审查的内容主要包括:证据是否确凿、适用法律法规是否正确、是否符合法定程序、是否超越职权、是否不履行、拖延履行法定职责、是否滥用职权、是否有失公正。从这几个标准可以看出,我国行政行为的司法审查标准既包括了事实审也包括了程序审;既重视对行政行为的事实审查也重视对行政行为的法律审查,可以说,在事实问题上,《行政诉讼法》确立的司法审查标准接近“重新审查”的标准,在法律问题上,法院可以以自己的判断取代行政机关的判断。因此,在法院受理行政确认诉讼案件中,法院可以从事实、法律和程序三个方面对行政机关的行政确认行为进行认定,从而对行政确认行为进行权威性的监督。

三、道路运输管理行政确认中的法律责任

1. 确定道路运输行政执法过错责任人的基本规则

确定道路运输行政执法过错责任人的基本规则包括:

(1)直接作出过错行为的工作人员是行政执法过错责任人,经审核、批准作出的,审核人、批准人同为过错责任人;

(2)因工作人员隐瞒事实、隐匿证据或者提供虚假情况等行为造成审核人、批准人的审核、批准失误或者不当的,具体工作人员是行政执法过错责任人;

(3)因审核人的故意行为造成批准人失误或者不当的,审核人是行政执法过错责任人;

(4)审核人变更工作人员的正确意见,批准人批准该审核意见,出现行政执法过错的,审核人、批准人是行政执法过错责任人;

(5)批准人变更工作人员和审核人的正确意见,出现行政执法过错的,批准人是行政执法过错责任人;

(6)集体讨论决定而导致的行政执法过错,决策人为行政执法过错主要责任人,参加讨论的其他人员为次要责任人,提出并坚持正确意见的人员不承担责任;

(7)因不作为发生行政执法过错的,根据岗位责任确定行政执法过错责任人。

2. 道路运输行政执法过错责任的种类及内容

道路运输运输管理部门的工作人员在行政执法过程中,因故意或者重大过失,违法执法、不当执法或者不履行法定职责,给国家或者行政相对人的利益造成损害的行为应当承担交通行政执法过错责任。

道路运输行政执法过错责任的主体分为三类,包括道路运输管理行政执法部门的责任、道路运输管理行政执法部门主要负责人的责任及道路运输管理行政执法人员的责任三种。

(1)道路运输管理行政执法部门的责任。

道路运输管理行政部门违反行政确认相关规定的,应由道路运输行政执法监督部门责令限期改正,并视情况予以通报批评。同时,道路运输管理部门应当约谈行政执法中存在问题较多的下级道路运输管理行政执法部门负责人。

(2)道路运输管理行政执法部门主要负责人的责任。

对行政执法过错行为不及时报告、虚报、瞒报甚至包庇、纵容的道路运输管理行政执法

部门主要负责人应当承担责任。

从目前的各种规定来看,对此项道路运输管理行政执法部门主要负责人的责任尚没有明确的规定,但是从实践中,道路运输管理行政执法部门主要负责人对此承担的行政处分责任大体包括:责令书面检查、通报批评、警告、记过、记大过、降级、撤职、开除等行政处分,情节严重或者造成重大事故、涉嫌犯罪的,应当移送司法机关处理,并承担刑事责任。

(3)道路运输管理行政执法人员的责任。

道路运输管理行政执法人员存在滥用职权、徇私舞弊、玩忽职守等行为的,可暂扣、吊销其行政执法证件,给予批评教育、离岗培训、调离执法岗位等处理,并依法给予行政处分。

追究行政执法过错责任,给予行政处分的方式包括:责令书面检查;通报批评;暂扣或者吊销行政执法证件或者调离行政执法工作岗位;警告、记过、记大过、降级、撤职、开除等行政处分;因故意或者重大过失的行政执法过错引起行政赔偿的,承担全部或者部分赔偿责任;涉嫌犯罪的,移送司法机关处理。行政处分可视情节单独或者合并使用。

对于存在不配合有关部门调查,或者阻挠行政执法过错责任追究的;对举报人、控告人或者案件调查人员进行打击报复的;一年内发生两次行政执法过错的;执法过程中有索贿受贿、敲诈勒索、徇私舞弊等行为的;因行政执法过错给他人造成严重损害,或者造成严重不良影响等严重情形的,应当从重处理。

从上述内容可以看出,道路运输管理行政各岗位工作人员应依法、认真、尽责、廉洁履行岗位职责,不得滥用职权、徇私舞弊、玩忽职守。如果相关工作人员违反岗位职责,滥用职权、徇私舞弊、玩忽职守,在特定情况下,道路运输管理行政部门及其主要负责人要承担行政处分,负有责任的工作人员由其所在单位或者上级主管部门给予行政处分;构成犯罪的,依法追究其刑事责任。

第四节　典型案例分析

一、案情简介

某公司原股东章某将其股份转让给吴某,并在工商局进行了股东变更登记,工商局依法予以核准。后因吴某未及时付清全部股权转让款,与章某约定将股权再退回章某,并将身份证复印件签名后交给章某。章某在股东会决议、股份转让协议上代签了吴某的名字。该公司持相关资料向工商局申请办理法定代表人及股东变更登记手续。工商局经依法进行了审查,认为申请材料齐全、符合法定形式,作出了准予变更登记的决定。

吴某认为,公司登记机关应当审慎对待变更登记,对申请资料进行实质审查,工商局未按有关规定进行实质性审查,准予变更股东及股权的工商登记,违反了法律相关规定,故请求法院撤销工商局核准该公司股权变更登记行为。

工商局认为,工商局对股东变更登记依法进行了审查,认为申请材料齐全、符合法定形式,作出了准予变更登记的决定,程序合法、适用法律、行政法规准确。公司登记管理机关对公司涉及股东、法定代表人的变更申请事项进行的审查是形式审查,没有法律规定变更登记是行政许可并进行实质审查。

法院经审理认为，行政确认性质的行政登记是法律关系的记载和加强，使原有的法律关系产生相应的公示公信效力。行政机关在办理行政确认登记审查时，只负有形式审查义务，原则上是采用形式审查方式，申请人申请登记的民事法律关系在实质上处于何种状态，不是登记机关作出行政行为时的审查范围。因此，判决驳回吴某要求撤销工商局核准股东变更的行政行为的诉讼请求。

二、法理分析

1. 行政确认的法律性质

行政确认性质的行政登记属于对既有的法律关系的记载，登记行为只不过是以原有的法律关系为基础的一个附加行为，不会产生权利义务关系从无到有的变化，但却有加强原有法律关系的作用。如使原有的法律关系的变动得到国家的认可，或者使原有的法律关系具有相应的公示公信效力等。

2. 行政确认的审查方式

形式性审查是指行政机关仅对申请材料的形式要件进行审查，仅限于审查其申请材料是否齐全，是否符合法定形式，对于申请材料的真实性、有效性不作审查。实质性审查是指行政机关不仅要对申请材料的形式要件是否具备进行审查，还要对申请材料的实质内容是否符合条件进行审查。

由于行政确认行为是行政机关依相对人申请而实施的行政行为，这种行为也是一种羁束性行政行为，即法律为该具体行政行为设定了详细、具体、明确的条件和方式，行政机关必须依照法定的条件和方式作出行政确认，完全不享有自由裁量权，这就决定了行政机关在办理行政确认登记申请时，只负形式审查的义务，即是否给予相对人的行政登记取决于相对人的申请是否符合法律规定的条件。行政机关的职责在于审查申请人是否依法提交了申请登记所需的全部材料，申请登记事项有无违反法律的禁止性或限制性规定，申请材料的内容之间是否一致等。只要申请人提交的申请材料符合法律规定，登记机关即应该依法予以登记。至于申请人申请登记的民事法律关系状态在实质上是否真实、合法有效，则不在登记机关行政确认的审查范围之内。简言之，“形式合法”属于登记机关行政确认的形式审查职责范围，对申请资料真实性这一法律基础，依法应由申请人负责。

三、执法启示

虽然本案并非道路运输管理行政确认案件，但本案争执的焦点在于行政行为的定性以及行政确认中行政机关的审查义务。本案判决认为，在行政确认中，行政机关只负有形式性审查义务，并不对实质性审查义务，也就是说行政机关在行政确认中只对申请人提交资料的齐全性和表面性负责审查，并不对材料所反映的内容的真实性负责。如果道路运输管理行政部门遇到此类诉讼，可以以本案的判决理由为依据进行申辩。

但是，为了确保行政确认行为的有效性，避免纠纷的发生，建议道路运输管理行政机关在行政确认中对相关材料的真实性进行必要的审查，或者派员进行现场核查，以确保行政确认行为的有效性和权威性。

第七章　道路运输管理其他行政权力清单与责任清单解析

第一节　行政收费

一、行政收费的概念

行政收费也可称为政府收费，是政府在征税之外参与国民收入分配的一种形式，是世界各个国家普遍存在的政府行为。

在我国，行政收费不是一个独立的立法概念，而是理论上的概念，其准确名称为行政事业性收费。根据《行政事业性收费标准管理暂行办法》（国家发展与改革委员会 财政部令2006年第532号）的规定，行政事业性收费是指国家机关、事业单位、代行政府职能的社会团体及其他组织根据法律法规等有关规定，依照国务院规定程序批准，在实施社会公共管理，以及在向公民、法人提供特定公共服务过程中，按照成本补偿和非营利原则，向特定对象收取的费用。

行政收费制度是指规范行政机关和法律、法规授权的特定组织，依据职权向行政相对人提供一定的公益服务或授予国家资源和资金的使用权，为补偿其特别行政支出，而向与特别支出存在特定关系的受益方，即行政相对人收取相应对价的具体行政行为的法律规范的总称。

二、行政收费的法律性质

行政收费与行政征税一样，都具有法定性、强制性、羁束性。行政收费的法定性体现在它是收费主体按照法律预先确定的范围、标准、程序实行的一种固定征收，缴费人和征收机关都无权变更法律的这种事先规定。法律规定了缴费义务，并对不履行缴费义务的人规定了相应的制裁办法，这就赋予行政收费一种强制性。法律、法规还对收费的具体条件、标准、程序、方式等作了详细、明确的羁束性规定，收费主体没有选择和裁量的余地。

但是行政收费与行政征税不同的是，行政收费虽然也直接处分相对人一定的财产，但它具有直接的有偿性，是对相对人的一种受益性负担，而行政征税则不具有直接的有偿性。行政收费是一种以弥补行政特别支出为直接目的的“对价性行政行为”。因此，行政收费具有明显的双向给付性。

三、行政收费的种类

根据《行政事业性收费标准管理暂行办法》的规定，我国行政事业性收费的种类主要包括行政管理类收费、资源补偿类收费、鉴定类收费、考试类收费、培训类收费等。收费标准的

确定，根据管理或服务需要，按照成本补偿和非营利原则审核确定，不以营利为目的。

1. 行政管理类收费

行政管理类收费，即根据法律法规规定，在行使国家管理职能时，向被管理对象收取的费用，包括各种证件、牌照、簿卡等证照收费。此类收费标准按证照印制、发放的直接成本，即印制费用、运输费用、仓储费用及合理损耗审核。

2. 资源补偿类收费

资源补偿类收费，即根据法律法规规定，向开采、利用自然和社会公共资源者收取的费用。收费标准参考相关资源的价值或其稀缺性，并考虑可持续发展等因素审核确定。对开采利用自然资源造成环境污染或其他环境损害的，审核收费标准时，还应充分考虑相关环境治理和恢复的成本。

3. 鉴定类收费

鉴定类收费，即根据法律法规规定，行使或代行政府职能强制实施检验、检测、检定、认证、检疫等收取的费用，收费标准根据行使管理职能的需要，按照鉴定的实际成本审核确定。

4. 考试类收费

考试类收费，即根据法律法规、国务院或省级政府文件规定组织考试收取的费用，以及组织经人事部或劳动和社会保障部批准的专业技术资格、执业资格或职业资格考试收取的费用，收费标准按照组织报名考试的成本审核确定。

5. 培训类收费

培训类收费，即根据法律法规或国务院规定，开展强制性培训收取的费用。收费标准按照培训的社会平均成本审核确定。首先根据培训的门类、科目、等级核定培训课时的分类收费标准，其次按照培训课时设置情况，分别审核确定具体的收费标准。

四、行政收费与税收的区别

税收是指国家凭借权力，强制参与公民、经济组织的收入分配，取得财政收入的活动。行政收费与税收存在较大的区别：

(1)税收与行政收费对缴纳者的补偿途径不同。税收对纳税人的补偿是间接的，行政收费对缴纳者的补偿则是直接的。尽管“取之于民，用之于民”是税收资金的使用基本原则，但税并不直接给征收对象以补偿，即税收所取得并不与某一具体纳税人是否直接从中获取利益为条件。因此，从理论上说，税的用途是政府公共性的支出，与纳税人的支出无对应性；而行政收费在收取费用的同时会对缴费者提供相应的管理、服务或者产品，收费的资金就用于所收费的领域，收与支是相对应的，对缴费者而言，收费对其的补偿是直接的。

(2)税收与行政收费征收的规模不同。税收是依税法征收的，以国家为分配主体，对一定时期内所形成的国民收入进行社会再分配，用于保证公共支出，具有税种规范、税率稳定等特点，是国家财政收入最主要的来源。税收的征税对象通常具有普遍性，向税法规定范围内所有纳税人普遍征收，依法纳税是每个公民应尽的义务，其征收的范围也相当之广。行政收费的收费对象具有特定性，范围狭窄。政府收费的征收对象是特定的受益者，只有涉及某些特定行政管理和享受某些特殊服务的直接受益者才缴费，而且收费的领域限制在准公共产品领域。收费对象的非普遍性决定了收费只能是财政的补充形式。

(3)税收与行政收费的征收主体、征收对象不同。首先,税收征管主体限于税务机关、财政机关和海关,其他行政机关、事业单位都无权征税,税收的征管权具有集中统一性。行政收费的征收主体则多样化,可以是各级国家机关及授权的单位等。其次,税收的征收对象具有普遍性,凡依据税法有义务向国家纳税的单位和个人都是纳税对象,行政收费的对象具有特定性特点,特定对象是指对收费主体所提供的具有一定竞争性的公共产品进行消费的部分社会公众。

(4)税收与行政收费的资金管理与用途不同。税收资金由财政统一收支,并严格按照法律的规定进行管理,有完整、统一的税务征收管理机制。税收资金一般由国家统一支配,用于社会公共利益的需要,由财政统一分配,目的和途径单一而明确。我国目前对收费资金管理没有统一的立法(法律或行政法规),使用一种独立于国家统一财政预算的预算外管理方式,总体比较松散。此外,收费资金的用途也较为广泛,一般用于收费单位本身的业务支出的需要,并且采用专款专用的原则。

西方国家把税和费分得非常清楚,税就是指国家强制、无偿、固定地征收的货币、实物或力役而获得的收入;而费则是行政机关在提供行政服务,分配社会利益的过程中有偿收取的费用。费和税最大的区别就是是否具有有偿性。

五、道路运输管理部门的行政收费

道路运输管理部门的行政收费主要包括行政管理类收费、鉴定类收费和考试类收费。

行政管理类收费主要包括道路运输管理机构发放各类证件收取的费用,比如《道路货物运输及站场管理规定》(交通运输部令 2016 年第 35 号)第六十八条规定的道路运输管理机构依照规定发放道路货物运输经营许可证件和《道路运输证》收取的工本费、《道路危险货物运输管理规定》(交通运输部令 2016 年第 36 号)第六十六条规定的道路运输管理机构依照规定发放道路危险货物运输许可证件和《道路运输证》收取的工本费、《道路旅客运输及客运站管理规定》(交通运输部令 2016 年第 82 号)第九十三条规定的道路运输管理机构依照规定发放道路运输经营许可证件和《道路运输证》收取的工本费等。

鉴定类收费主要包括营运客货车辆、教练车、租赁车、道路运输危险货物车辆的年度审验收费。

考试类收费主要包括机动车检测维修专业技术人员职业水平考试考务费、经营性道路客货运输驾驶员从业资格考试费、机动车驾驶培训教练员从业资格考试费等各类道路运输类考试费用。

道路运输管理机构在进行行政收费时,应当严格按照由省级人民政府财政、价格主管部门会同同级交通运输主管部门核定的具体收费标准进行收取,不得擅自变更收费标准;收费时,应出具由财政部门统一印制的机关事业单位收费发票,并及时依法上交财政。

第二节 行政给付

一、行政给付的概念

行政给付是指行政主体在特定情况下,依法向符合条件的申请人提供物质利益或赋予

其与物质利益有关的权益的行为。“物质权益”主要表现为给付相对人一定数量的金钱或实物;“与物质有关的权益”的表现形式很多,如有让相对人免费入学接受教育、给予相对人享受公费医疗待遇等形式。

行政给付是一种受益性行政行为,是行政主体向行政相对人给付金钱或者实物的行为。行政给付法律关系是通过行政主体的行政行为单方面形成的,给付主体与受领人之间是一种金钱或者实物的给付关系,这种关系的实现即是给付主体的职责,亦是受领人的权利。相对于税收是行政主体“取之于民”,行政给付则是行政主体给行政付金钱或者实物于民,是无偿的“用之于民”,是典型的受益性行政行为。行政给付的对象是特定的行政相对人。与行政许可相比,行政给付的对象具有较强的限定性和倾向性,只有特定的行政相对人才能申请行政给付。当然,在符合特定对象要求的前提下,行政给付的对象依然具有广泛性和多样性,既可以是个人,也可以是组织。

目前,我国有关行政给付的法律、法规主要有《中华人民共和国残疾人保障法》《城市居民最低生活保障条例》《农村五保供养工作条例》《失业保险条例》《中华人民共和国社会保险法》等,涉及道路运输方面行政给付的政策性文件主要是《城乡道路客运成品油价格补助专项资金管理暂行办法》(根据财政部 交通运输部财建〔2009〕1008 号文件发布)。

行政给付必须按照法律、法规、规章和政策所规定的内容,并遵循法定的程序来实施。为保护相对人的权利,行政机关在实施行政给付的时候,还应当告知相对人一定的救济途径。

二、行政给付的特征

1. 行政给付以行政相对人的申请为条件

行政相对人要获得相关的物质帮助,必须事先向有权实施一定给付行为的行政机关提出申请。即使是发在自然灾难等特殊条件之下的行政给付行为,一般也需要行政相对人在领取救济物资时办理一定的手续,这些手续可以视为一种补办的行政给付申请。

2. 行政给付是一种行政行为

行政给付的主体一般是行政机关,但也包括法律、法规授权的社会组织。在许多领域内,行政给付并不由行政机关直接实施,而是由行政机关拨出专门的款项,支持某些社会福利组织或社会公益事业单位来实施。只要这种给付行为有特定的法律依据,它就仍然属于一种行政行为。

3. 行政给付的内容是赋予行政相对人以一定的物质帮助权益

行政给付的内容是行政机关给予行政相对人一定的物质利益,这种物质利益表现为一定的金钱、物品等实物。实际上,行政给付作为一种行政行为,主要是赋予行政相对人一定的物质帮助权益。至于行政主体所做的给予行政相对人一定事物的行为,只是对该行政给付行为的执行行为,在性质上属于行政事实行为。

4. 行政给付的对象是处于某种特殊状态之下的行政相对人

究竟何种特殊状态之下的行政相对人可以成为行政给付行为的对象,必须由规范性法律文件作出明确的规定。因为行政给付的基础是国家的财税收入,国家机关的一切财政收支必须依法进行,而不得随意支配。一般而言,行政给付的对象包括因某种原因而导致生活陷入困境的公民与对国家、社会曾经做出过特殊贡献的公民，如灾民、残疾人、鳏寡孤独的老人与儿童，革命军人及其家属、革命烈士家属等。此外，还包括从事特定行业的经营者或实施者。

三、道路运输行政给付的种类

在道路运输领域，行政给付主要体现在国家财政部门针对特定运输行业给予的专项资金补贴等，例如《城乡道路客运成品油价格补助专项资金管理暂行办法》规定，国家财政支出专项补助资金对城乡道路客运经营者进行成品油价格补助，以弥补高油价给城乡道路客运经营者带来的不利影响，确保城乡道路客运市场稳定，确保广大城乡道路客运畅通有序。该办法规定，补助资金，是指中央财政预算安排的，用于补助城乡道路客运经营者，因成品油价格调整而增加的成品油消耗成本而设立的专项资金。补助对象是城乡道路客运经营者，包括城市公交企业和农村客运经营者。具体补助对象，由道路运输管理机构按照许可的经营范围认定。省级财政部门收到财政部下达的上年度补助资金后，应当会同同级交通运输部门逐级下拨资金。基层交通运输和财政部门应当按时将补助资金发放到补助对象。基层财政、交通运输部门应当完善补助资金的发放管理制度，并将补助程序、补助对象、补助标准和金额等内容及时向社会公布。

另外，部分省市财政列支了专项财政资金，作为促进交通行业发展和落实交通领域节能政策的手段。比如，安徽省以资金补助的形式对新建道路运输客运站进行行政给付。《安徽省道路运输客运站场建设专项资金管理办法》（财建〔2016〕169 号）规定："本办法所称道路运输客运站场专项资金，是指省财政预算安排的，专项用于我省道路运输客运站场建设的补助资金。站场专项资金使用遵守'规划先行，引导为主、突出重点、竞争分配的原则。市、县（区）交通运输、财政部门要加强项目实施的组织、协调和指导，督促项目单位严格按照项目申报的实际方案组织项目实施，严格按照计划筹建措施落实资金，确保项目建设按期完成。"

四、道路运输行政给付的原则

1. 公平、公正、平等的原则

行政给付，其目的在于赋予特定行政相对人一定的物质权益或者与物质权益有关的权益，应坚持公平、公正的原则，对符合条件的公民一律平等实施，不允许有差别对待。对于行政给付的申请，行政机关通常只要没有正当理由，便不得拒绝给付。

为了确保公平、公正和平等，最为有效的途径就是建立、健全公开制度。公开制度不仅应当致力于规范、标准和程序的透明性，而且对实体性的内容包括最后的结果应当广泛公开，接受社会公众的监督。

2. 信赖保护与持续给付的原则

除了一次性或者临时性发放的行政给付外，大多数行政给付是定期的，需要进行连续、稳定的供给。当情况发生变化，需要改变有关基准时，应以法律或者行政法规的形式予以规定，对行政方面的改变权应设置适当的限制。

信赖保护和持续给付是以受给人所提供的真实、全面的相关信息为基础的。所以，申请人应当如实向行政给付主体提交有关材料和反映真实情况，并对其申请材料实质内容的真

实性负责。受给人方面的相关情况发生变化的，应当及时向行政给付主体反映。行政给付主体应当建立完善的给付人信息数据库，并根据变化后的情况作出适宜的调整。

3. 程序规范、透明的原则

行政给付作为行政机关的一种法律行为，须按照一定程序实施。目前我国不同的法律、法规、规章对不同形式的行政给付程序只是作了一些简单规定，需要进一步加以完善和规范，以提高行政给付活动程序的透明度。鉴于我国目前在行政给付方面尚无统一的法律规定，学界尚没有形成共识，对行政给付程序的理解，需要注意各个领域的差异性。

对于全国统一实施的城乡道路客运经营者成品油价格补助，《城乡道路客运成品油价格补助专项资金管理暂行办法》规定的程序主要包括申请程序、评议程序、审查程序、批准程序与实施程序。交通行政主管部门必须科学统计，严格审核，准确上报，如实发放，依法公开信息，确保该项行政给付准确、及时办理，避免滥用职权、徇私舞弊、玩忽职守等违法违纪行为的发生。

五、城乡道路客运成品油价格补助专项资金给付的性质

根据《城乡道路客运成品油价格补助专项资金管理暂行办法》的规定，道路运输管理部门只负责补贴主体的认定、数据的统计上报和协助发放等方面的工作。各级道路运输管理部门对该补助专项资金不具有决定权，决定权在财政部门，各级道路运输管理部门更多的是为财政部门决定和发放该项资金提供信息统计的服务。而且，该补助专项资金的发放是财政部门将资金直接发放到各受给付主体的资金账户，不是由道路运输管理机构向各受给付主体发放。因此可以认为，财政部门是城乡道路客运成品油价格补助专项资金给付的主体，各级道路运输管理部门并不具备该项行政权力。

第三节　行 政 指 导

一、行政指导的概念和特征

行政指导是行政机关基于国家法律、政策的规定而做出的，旨在引导行政相对人自愿采取一定的行为或者不作为，以实现行政管理目的的一种非职权行为。它既是现代行政法中合作、协商的民主精神发展的结果，也是现代市场经济发展过程中对市场调节失灵和政府干预双重缺陷的一种补救方法。在现代行政法中，行政指导具有了行政职权行为无可替代的法律地位。

行政指导具有以下三个特征。

1. 行政性

对行政指导的行政性，可作如下几个方面的理解：其一，行政指导是发生在行政领域中的一种法律现象。它不是一种行政职权性的行为，但它却是基于行政职能做出的行政活动。其二，行政指导的目的是通过一种非法行政职权性的行为，达到与实施行政职权行为殊途同归的目的，并降低行政成本。其三，行政指导仍是以调整行政关系为其基本内容的一种与行政相关的行为。行政性决定了行政指导仍然是行政领域中的一种现象。

2. 多样性

行政指导的多样性是指在具体方法上,法律没有对行政指导作出明确的羁束性规定,而是由行政机关根据实际情况决定。这一特征既反映了行政机关在行政指导中拥有更大的行政裁量权,也说明了它在具体实施中的复杂性以及在法律上防止行政机关滥用行政指导的重要性。如常见的行政指导方式有引导、劝告、建议、协商、示范、制定导向性政策、发布官方信息等。"为了使行政指导相对人的权利自由不受行政官僚主义及便宜主义的侵害,保证裁量判断、决策过程的公开及其他公正程序的统制,是极其重要的。"因此,对于行政指导行为,当行政实体法在控制其滥用方面无能为力的情况下,行政程序法的控制就是一种更好的选择。

3. 自愿性

行政指导自愿性的确立与其非强制性紧密相连。行政指导的本质是非行政权的行为,承受行政指导的行政相对人是否接受指导取决于其自由意志。行政相对人对行政指导不具有必须服从的义务,行政指导也不具有行政行为法律上的可救济性。行政相对人接受行政指导产生一定的法律后果,只能视为行政相对人在接受行政指导之前已经自愿接受此种后果。

行政指导行为的产生和发展与市场经济之间具有密不可分的关系。市场经济的发展促进经济理论不断更新,这无疑会使政府管理经济的具体手段发生变化。行政机关通过行政命令对经济、社会发展进行各种安排,就能获得生存的空间。在生产、经营主体没有任何自主权的情况下,作为非权力性的行政指导不可能具有存在的社会基础。虽然在当时的一些法律、政策中也有"指导"等字样,但它在行政管理中往往质变成具有不可违抗的行政命令。

市场经济体制在我国的确立与发展客观上要求政府必须转变职能,因为单一的行政管理模式显然不能适应市场经济多元主体发展的需要。在保留部分必要的指令性计划外,大量的指导性计划应运而生,通过指导性计划产生的行政指导在经济、社会发展过程中产生了巨大的作用。

二、行政指导的原则

行政指导的原则是指实施行政指导行为所必须遵循的基本准则。它的作用一方面是统摄行政指导行为的行为全过程不偏离法定目的,另一方面是为了弥补行政指导行为实施过程中可能出现的漏洞。根据行政法理论和现行有关国家行政程序法的规定,行政指导行为的原则可以确立为如下三点。

1. 正当性原则

正当性原则是指指导行为必须最大限度保障行政相对人对行政指导的可接受性。对正当性作这样的界定,是因为行政指导行为是以行政相对人接受为产生预期作用的前提条件。

这一原则可以从以下几个方面理解:其一,行政指导的正当性必须以其合法性为前提,没有行政指导的合法性,行政指导的正当性也就失去了存在的基础。其二,正当性体现了行政指导是一种以理服人的"软性"行政活动,它的过程本身也应当是一个说理的过程。正是通过这一说理的过程,期望行政相对人尽可能接受行政指导。作为一种非权力性行为,行政机关必须给出充分的理由才能说服行政相对人自愿接受。其三,正当性可约束行政机关在

实施行政指导过程中滥用行政裁量权。由于行政机关实施行政指导有时仅需要职权法上的依据,行政指导与行政行为相比具有更大的行政裁量权,强调行政指导的正当性有助于约束行政机关滥用行政指导的裁量权。对于现代市场经济来说,行政指导是一种必不可少的、维持经济秩序的重要力量,因此通过行政机关实施行政指导,实现社会秩序的正常化,是我们必须首先关注的一个价值目标。

2. 自愿性原则

自愿性原则是指行政指导应被行政相对人自愿接受。行政指导不是一种行政机关以行政职权实施的,并期以产生法律效果的行政行为,对行政相对人不具有法律上的约束力。行政相对人不愿意接受行政指导,行政机关不能借助国家强制力驱使行政相对人违心接受,否则,行政机关的行政指导就质变为具有强制力的行政行为了。

行政指导实质上是为行政相对人作决策提供了一个可选择的方案,它对行政相对人如何决策没有约束力,只有说服力。行政相对人接受行政指导完全是出于其自己的真实意愿,而不是在受他人意志支配下作出的接受。

3. 必要性原则

行政机关行使行政职权的基本目的在于维持正常的社会秩序,促进社会的全面进步。如果通过非行政行为也能达到这一目的,行政机关完全可以作出选择。如果行政机关采取行政指导可能比实施行政行为产生更好的客观效果,那么行政机关应当优先选择行政指导。

三、行政指导的主要方法

因行政指导本身具有较大的裁量性,其实施的具体方式也因为行政事务的复杂性而多种多样,学者将行政指导方式归纳为:指导、引导、说服、教育、辅导、示范、劝告、建议、协商、帮助、通知、提示、提醒、提议、主张、商讨、沟通、赞同、表彰、提倡、宣传、推荐、推广、激励、勉励、奖励、斡旋、调解、政策指导、提供经费帮助、提供知识、技术帮助、指导性计划(规划)、公布实情等。下面简要介绍几种方法。

1. 说服

说服是指行政机关通过陈述情理,希望行政相对人接受行政指导的一种方式,它是以行政机关说理为前提。由于行政指导没有国家强制力作为后盾,因此,使行政相对人接受行政指导的重要条件之一就是行政机关要以理服人。在我国的行政实务中,行政机关说理的障碍在于行政机关工作人员内心深处的等级、特权思想观念。虽然我们也提倡在行政管理中要做说服工作,但说服经常是与“教育”联系在一起的。当说服与教育成为一个独立的行为时,说服便成了行政机关单方面的训导、灌输。因此,如要将推行行政指导作为行政管理的一种方式,行政机关必须首先平等地对待行政相对人,学会“讲道理”。

2. 建议

建议是指行政机关根据行政管理目的,将自己对实现行政管理目的的方法、途径等形成的看法告诉给行政相对人,希望行政相对人在政治、经济和文化活动中采纳其建议,从而有助于行政机关达成行政管理的目的。建议一般具有具体的内容,且在行政相对人接受后具有可操作性。如果行政相对人在接受建议后需要行政机关帮助,行政机关应当给予满足。

3. 协商

协商是指行政机关为了取得行政相对人对其实现某一行政管理目标的支持,与行政相对人就某一行政管理事项进行商讨,增进互相了解与沟通,谋求与行政相对人达成共识。当行政机关为了某行政管理目标进行活动时,必然会影响部分行政相对人的现有利益,如拓宽城市道路、建造城市污水处理设施等。如果行政机关事先就此问题与受不利影响的行政相对人进行协商,听取其意见,顾及其所受到的利益损失,那么,行政相对人便有可能在理解的基础上支持行政机关将要进行的行政管理活动。

4. 奖励

奖励是指行政机关通过给予行政相对人一定的物质和精神鼓励,引导行政相对人从事有助于行政机关达成行政管理目标的行为。物质鼓励是指行政机关给予行政相对人一定数量的奖金或者奖品,精神鼓励是指行政机关给予行政相对人一定的名誉。对行政相对人给予奖励是基于人从事社会活动具有谋利的本性,通过物质或者精神的刺激满足人的需要,可以使人从事某种特定的活动。如《中华人民共和国教育法》第十三条规定,国家对发展教育事业作出突出贡献的组织和个人,给予奖励。这些行政指导奖励方式的效果有时远远超过政府下达硬性指标的行政命令式行政管理活动。

四、行政指导的实施条件

行政机关在实施行政指导时,必须遵守如下条件:

(1)行政机关对行政指导的事务具有法定的管辖权。行政指导不是行政行为,但它与行政机关行政职权之间的法律关系仍然存在,即行政指导是行政机关基于职权实施的、不产生法律效果的行为。正是基于这种法律关系,才能将行政指导限定在行政机关的法定管辖权和其管辖的行政事务之内。行政机关超越法定管辖权实施行政指导,应当承担相应的行政法律责任。

(2)行政指导不以行政相对人同意为实施的前提条件。行政指导是行政机关实施的一种主动行为,它不取决于行政相对人是否同意接受,这一点与依职权做出的行政行为相同。其原理是,行政指导仍是与行政机关的行政职权有关的行为,但行政机关不能借助于行政强制力实施行政指导,迫使行政相对人接受行政指导。有时,行政机关在行政指导中指明行政相对人如不接受行政指导,可能会产生某种具体的法律后果,但这不能视为该行政指导具有强制性。

(3)行政机关实施行政指导应当明示依据,并受其约束。既然行政指导是一种与行政机关行政职权有关的行为,那么实施行政指导的依据,都应当向行政相对人明示。明示行政指导的依据,既是行政职权行使有据的基本要求,也是提高行政指导说服力的正当需要。行政机关实施的有依据的行政指导,非经法定程序不得随意撤销、变更。

五、道路运输管理部门的行政指导

道路运输管理部门行政指导的内容相对比较广泛,法律依据多见于各类法律、法规、部门规章、地方性法律法规之中。

例如,《中华人民共和国道路运输条例》(以下简称《道路运输条例》)第二十六条规定:“国家鼓励货运经营者实行封闭式运输,保证环境卫生和货物运输安全。货运经营者应当采

取必要措施，防止货物脱落、扬撒等。运输危险货物应当采取必要措施，防止危险货物燃烧、爆炸、辐射、泄漏等。”第三十二条规定：“发生交通事故、自然灾害以及其他突发事件，客运经营者和货运经营者应当服从县级以上人民政府或者有关部门的统一调度、指挥。”《道路货物运输及站场管理规定》第十九条规定：“道路货物运输经营者应当对从业人员进行经常性的安全、职业道德教育和业务知识、操作规程培训。”第二十八条规定：“道路货物运输经营者不得采取不正当手段招揽货物、垄断货源。不得阻碍其他货运经营者开展正常的运输经营活动。道路货物运输经营者应当采取有效措施，防止货物变质、腐烂、短少或者损失。”《道路运输经理人职业能力评价管理规定》(交评价发〔2011〕55 号)第六条规定：“国家鼓励道路运输经理人参加道路运输经理人职业能力考试，不断提高自身素质和经营管理能力。”以上规定均属于道路运输管理部门的行政指导。

另外，《道路旅客运输及客运站管理规定》针对道路客运企业规定了质量信誉考核制度，即在考核年度内对从事道路旅客运输的人员或企业从安全生产、经营行为、服务质量、管理水平和履行社会责任等方面进行综合评价的制度；《道路运输从业人员管理规定》(交通运输部令 2016 年第 52 号)针对道路运输从业人员规定了诚信考核制度；《机动车驾驶员培训管理规定》(交通运输部令 2016 年第 51 号)针对机动车驾驶员培训机构规定了质量信誉考核制度以及针对机动车驾驶培训教练员规定了教学质量信誉考核制度。由于诚信考核和质量信誉考核的结果并不能引起被考核道路客运企业主体资格的变化，也不能引发消极的制裁措施，只具有指导和指引的作用或者在特定事项中起到影响性作用，因此，该制度从一定程度上可以认为是综合了表彰、激励、勉励、提倡、宣传、推荐、推广等指导方式的一种行政指导行为。

六、典型案例及分析

(一)基本案情

2011 年 9 月 27 日，齐某与某公司签订协议，承包道路甲班线客车，营运路线为 A 市至 B 市。2012 年 11 月 9 日，齐某向某省交通运输厅道路运输局邮寄申请，认为另外一辆乙客车超线路经营，侵占了其营运路线，要求依法查处该车超线路经营行为；禁止该车侵占其路线营运；吊销客运经营者的道路运输经营许可证。该局收到申请后，一直未作出答复。

(二)裁判结果

A 市市中区人民法院一审认为，根据《道路运输管理条例》有关规定，客运经营者不按规定路线行驶的，由县级以上道路运输管理机构进行查处，情节严重的，由原许可机关吊销道路运输经营许可证。本案中，某省交通厅道路运输局是乙客车道路运输经营许可证的发证机关，齐某认为上述客车不按规定路线行驶，应当向县级道路运输管理机构投诉举报，县级道路运输管理机构认定违法情节严重的，才转交某省交通运输厅道路运输局处理。齐某自我认定乙客车违法情节严重，要求省级道路运输主管部门处理，不符合上述级别管辖规定，应予驳回。

A 市中级人民法院二审认为，相关条例明确规定，省内各级交通稽查机构对客运经营者不按规定路线行驶的行为进行查处。某省交通运输厅道路运输局虽然是乙客车道路客运班线经营许可证的颁证机关，但不具有对该客车是否存在不按规定线路行驶的行为进行路检路查的执法权限,只有在客运经营者存在不按规定线路行驶的行为且情节严重的情况下,该局才具有吊销道路运输经营许可证的权力。但鉴于上述规定属于《中华人民共和国行政许可法》规定的"行政许可机关对被许可人从事许可事项的活动进行监督检查"职责的一项特殊规定,因此,该局收到申请后,应当根据其职权范围的规定做出相应指导。判决撤销原审判决,责令某省交通运输厅道路运输局自接到判决之日起60日内,按照其职权范围的规定对齐某的申请做出处理。

(三)典型意义

推进行政领域办事制度公开,确保权力行使公开、高效、便民,是行政机关的重要任务。对于道路运输管理机关而言,对公民、法人或其他组织申请的事项,即使不在道路运输管理机关职责范围之内,但是由于其与道路运输管理机关的职责存在密切的联系,该道路运输管理机关应当给予适当的行政指导,确保相关单位能够依法履行职责,服务社会群众。因此,道路运输管理机关不能因内部职权划分问题对相对人的相关申请和要求置之不理,应本着全心全意为人民服务的思想,积极协调、处理相关问题,对行政相对人应该给予必要的说明和指导,推进行政权力行使的公开高效和便民。

第四节　行政裁决

一、行政裁决的概念

行政裁决是行政机关广泛应用的一种裁决方式,是指行政机关依照法律规范的授权,对当事人之间发生的、与行政管理活动密切相关的、与合同无关的民事纠纷进行审查,并作出裁决的行政行为。

行政裁决以当事人之间发生了与行政管理活动密切相关的民事纠纷为前提。随着社会经济的发展和政府职能的扩大,行政机关的活动范围打破了以前民事纠纷只能由法院裁断、行政机关只行使行政权而不裁决民事纠纷的传统,获得了对民事纠纷的裁决权。但是,行政机关对民事纠纷的裁决,并非涉及所有民事领域,只有在特定情况下,即在民事纠纷与行政管理密切相关的情况下,行政机关才对该民事纠纷给予裁决,以实现行政管理的目的。所以,成为行政裁决对象的只能是与行政管理活动密切相关的民事纠纷。例如,因土地、草原、森林等资源的所有权和使用权引起的争议,因医疗事故、环境污染、产品质量等引起的赔偿争议,都是与履行合同有关的民事争议,是行政裁决的适用对象。

行政裁决的主体是经法律规范授权的行政机关。我国法律、法规在授予行政机关行政裁决权时,大多没有对行政裁决机构作专门规定,有些虽有规定,但也很简单。《中华人民共和国土地安全法》《中华人民共和国森林法》《中华人民共和国草原法》《中华人民共和国食品安全法》《中华人民共和国专利法》《中华人民共和国治安管理处罚法》《中华人民共和国药品管理法》《医疗事故处理条例》等法律、法规或者规章等,对侵权赔偿争议和权属争议作出规定,授权有关行政机关对这些争议予以裁决。各个单行法律有关行政裁决的规定,构成了我国行政裁决制度。没有专门法律的授权,行政机关便不能成为行政裁决的主体。

行政裁决是行政机关行使行政裁决权的活动,具有法律效力。行政裁决权的行使,具有

行使一般行政权的特征，民事纠纷当事人是否同意或者是否承认，都不会影响行政裁决的成立和其所具有的法律效力，行政相对人对行政裁决不服，只能向法院提起诉讼。所以，行政裁决不包括单纯以调解方式处理而其调解处理协议并不发生强制性法律效力的行为。

二、行政裁决的作用

民事争议在传统上一概由司法机关管辖。但是，由于社会经济关系的急剧发展，国家不能不对社会经济生活进行干预。这些争议的及时解决，对于稳定既存的法律关系，纠正不法侵权行为，建立和维护良好的社会秩序，都是极其重要的。行政裁决适应了社会需要，适应了时代的需要，充分发挥了行政主体管理相关领域的特长，在坚持公平、平等原则的同时，及时、迅捷地处理有关争议，成为现代国家行政部门职能的一个组成部分。

三、行政裁决的原则

1. 公正、平等的原则

行政机关运用行政裁决，必须坚持和贯彻公正、平等的原则。首先，裁决机关必须在法律上处于独立的第三人地位。其次，裁决者应当实行严格的回避制度。再次，裁决机关必须客观而全面地认定事实，正确地适用法律，并实行裁决程序公开。行政机关行使行政裁决权，必须按照法律规定，在程序上为双方当事人提供平等的机会，以确保纠纷的双方当事人在法律面前人人平等。

2. 简便、迅捷的原则

行政机关行使行政裁决权，必须在程序上考虑行政效率和有效实现行政职能，在确保纠纷得以公正解决的前提下，尽可能地采取简单、迅速、灵活的裁决程序。

3. 客观、准确的原则

行政裁决必须客观而全面地认定事实，并且根据案情的需要，有时需要组织有关调查、勘验或者鉴定。例如，在交通事故争议、医疗事故争议、环境污染争议、产品质量争议等技术性争议案件中，必须坚决贯彻客观、准确的原则，尊重科学、尊重事实。

四、道路运输行政裁决

《道路旅客运输及客运站管理规定》第六十二条规定，客运站经营者应当禁止无证经营的车辆进站从事经营活动，无正当理由不得拒绝合法客运车辆进站经营。客运站经营者应当坚持公平、公正原则，合理安排发车时间，公平售票。客运经营者在发车时间安排上发生纠纷，客运站经营者协调无效时，由当地县级以上道路运输管理机构裁定。

第五节　行政备案

一、行政备案的概念

行政备案是指行政主管机关或法定授权组织依据行政法律法规，接收公民、法人或其他组织按照法定程序和格式提交的备案申请材料，在法定时间内形式审查报备资料，对合法的申请进行备案,并将该资料存档以备事后监督的行政管理行为。

行政备案有广义和狭义之分,狭义的行政备案是指行政相对人按照法律的规定向行政备案受理机关报送有关材料,由行政机关对审查报备材料进行审核和备案的行为,是行政系统外部的行政备案;广义的行政备案除包括狭义的备案之外,还包括行政主体本身依照法定程序向主管国家行政机关报告备案事项,由相关国家行政机关对符合法定条件的事宜予以登记以备事后考察的行为,主要有行政立法备案和行政执法备案两种,是行政系统内部的行政备案。

本书中的"行政备案"是指狭义的行政备案。例如,《广州市行政备案管理办法》(广州市人民政府令第50号)规定的行政备案是指行政机关为了加强行政监督管理,依法要求公民、法人和其他组织报送其从事特定活动的有关材料,并将报送材料存档备查的行为。

在我国,受传统行政思想影响,在行政活动中多强调"管理",主张行政权力对社会生活的主动介入。但是,政府职能的转变要求行政机关在行政管理活动中应更多体现服务性、便民性的特点。随着服务型政府的建设,许多过去适用许可的事项现在渐渐向备案方式变革。行政备案制度的价值与功能开始受到人们的重视,成为一种有效的行政管理方式。

行政备案本身的作用在于,对于行政主体需要监管但又不应强势介入的事项,以及既不纳入行政许可又不纳为其他强势行政管理对象,可以用行政备案的方式实行有效的事后监督。

现代行政要求行政主体施政的决策、措施科学合理,而相关的信息是制定行政决策的重要依据。行政执法实现法治化、和谐化同样需要具有一定的事实依据,而事实依据的获得也离不开信息的收集。行政备案是一种很有效又不需要太高行政成本的信息收集方式,将通过备案收集到的信息汇总,经过科学的统计分析可以让行政机关准确掌握相应的事实情况。比如,通过劳动合同的登记备案,劳动与社会保障机关就可以及时掌握就业情况,以便于科学地制定针对当时就业形势的政策。

行政备案制度的第二个功能是监督备查。不同于事先的监督方式,行政备案通过事后的监管来实现监察功能,行政主体对市场和社会的介入程度既不如行政许可、审批那么高,也不是完全的无所作为。行政备案可以在较少行政成本的基础上收集相关信息,其形式上是被动的信息收集,实质上是监督以备需要时审查的一个步骤。通过这些强制备案的信息,行政主体可以依申请或主动进行抽调检查,担负起监督的职责,责令违法行政相对人纠正不当备案行为,依法对行政相对人情节严重的行政违法行为予以行政处罚,从而保护更广大的公众利益。这种事后作用在于,通过行政机关介入,不仅能提高受行政备案的事项、活动、关系的可靠性,还可以使得行政机关在今后发现违法侵权情况时,根据备案信息,依法主动采取救济措施,而且促使备案事项中的相关主体自觉依法从事相关活动。

行政备案制度的第三个功能是公示作用。通过行政备案信息的公布和查询,可以直接或间接地让具体行政备案关系中的当事人和与之相关的第三人清楚地知道谁是该具体行政关系涉及合法权益的权利人,从而维护权利人、与其利益相关人的合法权益。

二、行政备案的特征

1. 行政备案是行政主体做出的行政行为

行政主体是享有国家行政权能,能以自己的名义行使行政权,并独立承担因此产生的法律责任的组织。行政备案是国家对特定领域的一种特殊行政管理行为,必须由行政主体作出,这是行政备案与其他类型备案相区别的首要特征。

2. 行政备案是行政主体针对具体行政管理事项实施的行政行为

行政备案的主体是行政主体,但并非所有行政主体实施的备案行为都是行政备案。只有行政主体针对具体行政管理事项中特定相对人实施的备案才是行政备案。

3. 行政备案是行政主体实施的具有程序性特征的行政行为

从我国现有法律规定和行政实践来看,行政备案在多数情况下需要行政主体就需要备案的事项、内容、方式、时间等条件予以规定,行政相对人按备案要求提供信息或资料。行政备案最明显的特征在于信息收集、信息披露、存档备查等。备案机关通过备案搜集、披露相关信息,为之后的行政行为提供信息资源。报送备案的一方依法将备案事项的相关材料按照要求报送备案机关即完成了备案的义务,备案的结果不对报备事项的效力产生直接影响。如果行政机关通过备案审查发现报备行为违法,则可以启动另一程序,如行政处罚等。另外,行政机关只对备案申请的合法性、适当性和协调性进行形式上的审查,并不对其提交资料的真实性做实质审查,更不对行政相对人提交资料及其内容的真实性负责。因此,行政备案的一系列活动主要是以程序性活动为主,是一种具有程序性特征的行政行为。

4. 行政备案是行政主体实施的行政法律行为

根据行政行为的法律效果不同,可以将行政行为分为行政法律行为和行政事实行为。

行政法律行为,是指行政主体运用行政职权所实施的对外具有法律意义、产生法律效果的行为。行政法律行为的构成特征包括:①行政法律行为应当是行政主体所为的行为,主要指行政机关及法律法规授权的组织作出的行为。②行政法律行为应当是行政主体运用行政职权所为的行为。任何行政法律行为都是运用行政职权的行为,行政职权是行政法律行为的内核,行政法律行为是行政职权的外化。③行政法律行为是具有法律意义、产生法律效果的行为,即行政法律行为是能够对相对人的权利义务产生影响的行为。

行政事实行为是指行政主体以不产生法律约束力,而以影响或改变事实状态为目的的行为。行政事实行为应具有如下特点:①行政事实行为是行政主体实施的行为。行政事实行为尽管不属于行政行为的范畴,不具备行政行为的构成要件,但它仍然是行政机关借助行政职权实施的一种行政活动形式,必须在自己的管辖权范围之内,必须具有法定依据,必须提供必要的行政救济途径。②行政事实行为可致权益受损。行政事实行为是为了维护社会正常发展的必要秩序,给予行政职权实施的行为,对行政相对人的权益可能产生事实上的损害。行政相对人对其具有服从的潜在压力,任何与行政事实行为相对峙的私人行为,都可能导致制裁或其他不利的法律后果。③行政事实行为在功能上是行政行为达成目的的一种补充性行为,不直接产生法律效果,即行政事实行为不具有产生、变更和消灭行政相对人权利义务关系的法律效果。因此,只要有助于实现行政行为的目的,行政法可以容许行政机关采取各类型的行政事实行为,只要不侵犯公民基本人权和不损害公序良俗即可。

将行政法律行为和行政事实行为加以比较,不难发现,是否直接产生法律效果是区分行政法律行为与行政事实行为的重要标志。如果一个行政行为没有设定、变更或消灭某种权利义务,或尚未形成或完成对某种权利义务的设定、变更或消灭,则该行政行为不具有法律意义，不是行政法律行为。

行政备案是一种行政行为。对于行政主体而言，其有权依法要求相对人对需要办理备案手续的具体行政管理事项办理备案；对于行政相对人来讲，特别是强制性备案中，则需要接受行政主体的要求，及时按照法律、法规办理备案手续。这样，在行政主体和行政相对人之间便形成了一种行政权利义务关系。因此，行政备案在性质上应是一种行政法律行为。

三、行政备案与行政许可的区别

行政备案和行政许可都涉及行政管理关系，都是实现行政管理职能的行为，都以行政法律、法规为主要行为依据，但有时候单纯从名称上还不能分辨其属于行政备案还是行政许可。

在行政主管机关介入程度和约束力方面，行政备案和行政许可有所不同。对于行政备案，行政主管机关对具体事项的介入达到“知悉”水平即可，并不对备案资料的真实性和准确性审查，因此，行政主管机关的介入呈“弱势”。而行政许可是行政机关依公民、法人或其他组织的申请，经依法审查准予其从事特定活动的行为，行政机关必须对行政相对人提交的相关资料进行实质性审查，并在核实的基础上作出行政许可的决定，因此，在行政许可关系中，行政主管机关的介入呈“强势”。

在行政主管机关实现监督职能的时间点上，行政备案与行政许可同样存在差异。行政备案包括事前备案和事后备案，而行政许可则是一种事前控制手段，需要对相对人是否具有符合法律、法规规定的权利资格和行使权利的条件进行审查。在未获得许可之前，不能从事许可事项，一旦从事即构成违法行为。

另外，行政备案与行政许可的法律依据存在差别。行政许可只能由法律规定，而行政备案则存在于各具体行政管理的法律、法规、规章中，设置的灵活性较强。

四、道路运输行政备案

道路运输管理部门行政备案的内容较多。例如，《机动车驾驶员培训管理规定》规定：“机动车驾驶员培训机构变更名称、法定代表人等事项的，应当向原作出许可决定的道路运输管理机构备案。”《机动车维修管理规定》（交通运输部令 2016 年第 37 号）规定：“机动车维修经营者变更名称、法定代表人等事项的，应当向作出原许可决定的道路运输管理机构备案。”“机动车维修经营者应当将其执行的机动车维修工时单价标准报所在地道路运输管理机构备案。”《道路危险货物运输管理规定》规定：“道路危险货物运输企业设立分公司的，应当向分公司注册地设区的市级道路运输管理机构备案。”《道路货物运输及站场管理规定》规定：“道路货物运输经营者设立分公司的，应当向设立地的道路运输管理机构报备。从事货运代理（代办）等货运相关服务的经营者，应当依法到工商行政管理机关办理有关登记手续，并持有关登记证件到设立地的道路运输管理机构备案。道路货物运输和货运站经营者变更名称、地址等，应当向作出原许可决定的道路运输管理机构备案。”《道路旅客运输及客运站管理规定》规定：“道路客运经营者设立分公司的，应当向设立地道路运输管理机构报备。”《道路运输车辆动态监督管理办法》（交通运输部　公安部　国家安全生产监督管理总局令 2014 年第 5 号）规定：“提供道路运输车辆动态监控社会化服务的，应当向省级道路运

输管理机构备案。”

在上述几种道路运输性质备案中,既有强制型备案又有任意型备案,既有确认型行政备案与审批型行政备案。其中,机动车驾驶员培训机构和机动车维修经营者变更备案、机动车维修工时单价标准备案属于强制型和确认型行政备案;道路运输企业分公司备案和变更备案、道路运输车辆动态监控社会化服务机构备案属于强制型和审批型行政备案;货运代理(代办)等货运相关服务的经营者备案属于任意型和确认型行政备案。

第六节　行政命令

一、行政命令的概念

行政法上的“行政命令”,是指行政主体依法要求行政相对人是否作出一定行为的意愿,是行政行为的一种形式,但不是唯一形式。其中,要求行政相对人作出一定行为的意愿称为“令”,即狭义上的命令;要求行政相对人不做出一定行为的意愿称为“禁令”。行政命令常用于带有强制性的行政决定。一项行政执行行为是否属于行政命令,不取决于其名称、形式,而取决于其是否具备设定义务的内容。行政命令的本质是为行政相对人设定义务,是行政处理决定的一种特殊形式。

行政命令虽然属于行政主体的一种行政行为,但它表现为一种通过指令相对人是否履行一定行为的义务而实现行政目的,而不是由自己进行是否作出一定的行为。在这一点上,可将行政命令与行政强制区分开来。相比其他行政处理决定,它更强调意愿,以意愿为基本成立要件。因此,法律、规范通常须确认:行政命令可以通过书面形式、口头形式和动作形式作出。这是行政命令与其他行政处理决定行为最显著的特征。

行政命令虽然能够设定行政相对人的义务,但不能直接处分该义务。这一点使行政命令和其他行政处理决定相区别。行政命令的实质是为行政相对人设定行为规则,但这种规则属于具体规则,表现为在特定时间内对特定事项或者特定人所作的特定规范。在这一点上,行政命令又与行政立法等规范制定行为相区别。

行政命令以行政制裁或者行政强制执行为保障。行政命令意味着必须令行禁止,相对人必须遵守和履行。相对人违反行政命令,行政主体可依法对其进行制裁,有时还可采取行政强制执行。由此可见,行政命令的作出往往会成为行政制裁或者行政强制执行的原因或者根据,而行政制裁或者行政强制执行往往只是行政命令的形成效力得以最终实现的后续保障。

二、行政命令的种类

行政命令分为形式意义上的行政命令和实质意义上的行政命令。前者是指一切使用“令”作为形式或者名称的命令,如授权令、执行令、禁止令、任免令、公告令、委任令等;后者则是指行政主体依法要求行政相对人“为”或者“不为”的意愿。这种意义上的行政命令,不拘泥于其形式和名称,既可以是书面形式,也可以是口头方式,还可以是动作方式;其名称通常冠之以“命令”(如“某某政府命令”),但在实践中也可能并不用“命令”名称,而采用“布告”“指示”或者“通知”等名称。

实质意义上的行政命令,其内容只涉及相对人的义务,而不涉及相对人的权利。行政命令所规定的义务内容,就其性质而言,包括作为义务和不作为义务。前者表现为相对人必须进行某种行为,如命令纳税、服兵役、外国人限期出境等;后者则表现为相对人的某些行为受到限制或者禁止,如因修建施工而禁止特定路段通行、禁止携带危险品的旅客上车、禁止狩猎等。因此,实质意义上的行政命令又可分为作为命令和不作为命令。《中华人民共和国行政处罚法》(以下简称《行政处罚法》)规定的责令当事人改正或者限期改正违法行为,正是作为命令的典型。

我国现行法律、法规有关行政处罚的规定,大多设有“责令改正或者限期改正”的规定。如《行政处罚法》第二十三条规定:“行政机关实施行政处罚时,应当责令当事人改正或者限期改正违法行为。”这是基于我国有关具体法律、法规的规定进行的概括性规定。

改正违法行为,包括停止违法行为、积极主动地协助行政处罚机关调查取证、消除违法行为所造成的不良后果、造成损害的,则要依法承担民事责任,依法予以赔偿等。有些违法行为可以在行政相对人受到处罚后立即改正,而有些违法行为的改正则需要一定的时间,如拆除违法建筑物、治理已被污染的环境、补种毁坏的树木等,故应责令其限期改正。

责令改正或者限期改正与行政处罚不同,主要表现为:①概念不同。行政处罚是行政主体对违反行政管理秩序的行为,依法定程序所给予的法律制裁;而责令改正或者限期改正违法行为,是行政机关实施行政处罚过程中对违法行为人发出的一种作为命令。②性质及内容不同。行政处罚是法律制裁,是对违法行为人的人身自由、财产权利的限制或者剥夺,是对违法行为人精神和声誉造成损害的惩戒;而责令改正或者限期改正违法行为,其本身并不是制裁,只是要求违法行为人履行法定义务,停止违法行为,消除其不良后果,恢复原状。③形式不同。行政处罚有警告、罚款、没收、责令停产停业、暂扣或者吊销许可证、执照和拘留等;而责令改正或者限期改正违法行为,因各种违法行为不同而分别表现为停止违法行为、责令退还、责令赔偿、责令改正、限期拆除、限期治理等形式。④角度不同。行政处罚是从惩戒的角度,告诫违法行为人不得再违法,否则将受罚;而责令改正或者限期改正则是命令违法行为人履行既有的法定义务,纠正违法,恢复原状。

当然,责令改正或者限期改正与行政处罚亦有紧密联系,这表现在:①起因相同。二者均是由于相对人的违法行为引起的。②目的一致。二者的根本目的均是维护行政管理秩序,保护公民和组织的合法权益,维护公共利益。③同步进行。仅实施行政处罚,不足以恢复正常的行政管理秩序;仅责令改正或者限期改正,不足以惩戒违法者。只有二者同步进行,才能够最终达到行政目的。

三、行政命令的作用

在现代法治国家,基于福利国家和社会国家等理念,政府不得不积极地干预市场,因此,其在社会经济生活中的管理职能不断增加。可以说,作为行政权的一种表现形式,具有较强赋课义务特征的行政命令,对于行政主体能够及时、有效地处理不断增加的行政管理事务,适应瞬息万变的社会发展,具有极其重要的意义。行政命令是现代国家实行行政管理的重要手段和方式之一。

但是，行政命令同样具有局限性。众所周知，行政命令一经作出，便为相对人设定了义务，无论该行政命令是否合法或者适当，相对人都必须依行政命令做出一定的“为”或“不为”的行为，否则将导致受到行政处罚或者行政强制执行的后果。可见，若违法或者不当地实施行政命令，将导致对行政相对人合法权益受到侵害。因此，为了确保最大限度地发挥行政命令的积极作用而抑制其负面效应，应建立和完善对于行政命令的监督、制约机制，通过立法确立实施行政命令行为的一系列程序和原则。

四、道路运输行政命令

在道路运输领域中，行政命令种类繁杂、内容较多，道路运输管理机构往往以“通知”的形式向行政相对人发送，且包括书面形式和口头形式。例如，《道路旅客运输及客运站管理规定》第五十八条规定，在春运、旅游“黄金周”或者发生突发事件等客流高峰期运力不足时，道路运输管理机构可临时调用车辆技术等级不低于二级的营运客车和社会非营运客车开行包车或者加班车。因此，道路运输管理机构既可以以书面形式又可以以口头的形式告知被调用车辆的机构或单位，以实现在特定情况下的行政管理。